山羊高产高效养殖技术

◎管 凇 李建强 张永祥 主编

中国农业科学技术出版社

图书在版编目(CIP)数据

山羊高产高效养殖技术 / 管淞，李建强，张永祥主编 . -- 北京：中国农业科学技术出版社，2023. 6 (2024.12重印)
ISBN 978-7-5116-6158-6

Ⅰ. ①山…　Ⅱ. ①管…②李…③张…　Ⅲ. ①山羊-饲养管理　Ⅳ. ①S827

中国版本图书馆 CIP 数据核字(2022)第 247209 号

责任编辑　张国锋
责任校对　马广洋
责任印制　姜义伟　王思文

出 版 者　中国农业科学技术出版社
北京市中关村南大街 12 号　　邮编：100081
电　　话　(010) 82106638 (编辑室)　　(010) 82109702 (发行部)
(010) 82109709 (读者服务部)
网　　址　https://castp.caas.cn
经 销 者　各地新华书店
印 刷 者　北京虎彩文化传播有限公司
开　　本　170 mm×240 mm　1/16
印　　张　15. 25
字　　数　300 千字
版　　次　2023 年 6 月第 1 版　2024 年12月第 2 次印刷
定　　价　49. 80 元

《山羊高产高效养殖技术》

编写人员名单

主　编　管　凇　李建强　张永祥

副主编　李　贤　王利军　杜　娟　宋天增
　　　　吴小华　邓玲玲

编　者　王　丽　薛海婷　韩东起　王洪金
　　　　郑先杞　岳向辉　田　清　李　惠
　　　　杨继业　张晓艳

前　言

我国养羊历史悠久，品种资源丰富。山羊存栏量及出栏量均居世界之首，至2020年年底，我国山羊存栏数约13 345万只，占羊总存栏数（30 655万只）的43.5%。山羊适应性强，能充分利用农作物秸秆和非常规饲料资源，为市场提供营养价值高、胆固醇含量低的优质羊肉及各类副产品。从饲养方面看，山羊投资少、见效快、易饲养、好管理、饲料来源广、产品销路好，已经成为许多非农企业或人士的投资热点和广大农民朋友增收致富的好门路。随着羊肉营养知识的普及，消费者逐渐认识到羊肉具有"细嫩、多汁、味美、营养丰富、胆固醇含量低"的品质特性，羊肉消费需求增长强劲，市场潜力巨大，养殖效益良好。为了应对山羊产业发展的新变化、新形势，推广普及山羊养殖技术，解决生产中的实际问题，我们编写了《山羊高产高效养殖技术》一书。

本书介绍了山羊的生物学特性，山羊的品种，山羊的繁育技术，山羊的饲养管理，山羊的饲草、饲料与营养，山羊的营养需要与日粮配给，羔羊培育与山羊育肥技术，山羊规模化饲养羊场建设，山羊的品种选育与杂交改良，山羊主要疾病的防治技术等。书中介绍的技术先进，实用性强，是广大肉羊养殖户和畜牧技术推广人员，特别是山羊养殖初学者理想的参考书。

本书在编写过程中参阅了许多专家学者的著作或论文，谨向原作者表示感谢，同时也向在本书编写过程中给予支持和帮助的同事和朋友们表示感谢。

因编写时间仓促，加之编者技术水平所限，书中难免有疏漏或不足之处，敬请读者批评指正。

编　者

2022年11月

目　　录

第一章　概　　论

第一节　国外山羊养殖发展概况

一、世界山羊养殖发展概况

（一）山羊业的发展

世界饲养山羊的历史悠久。在古代，人们驯化培育山羊的目的仅仅是获取羊奶、羊肉和羊皮。16 世纪至 19 世纪中叶，随着人类文化交流的加深，某些优良山羊品种开始流传到其他国家，人们开始对其所饲养的山羊某些性状有目的地进行选择。至 19 世纪，在世界范围内基本形成了具有区域经济特征、体现民族特色的山羊生产体系，并由此推动了优良山羊产业的形成。随后，世界各地先后用萨能、吐根堡、努比亚、波尔、山地阿尔泰等优良品种改良本地山羊获得了良好的杂交效果，形成了德国更森、中国崂山、俄罗斯顿河、英国阿尔卑斯等许多改良新品种。20 世纪 60 年代，山羊饲养业开始向多极化发展。肉山羊业在大洋洲、美洲、欧洲和一些非洲国家得到迅猛发展；绒山羊业在中国、印度、蒙古国、乌兹别克斯坦等亚洲国家崛起；奶山羊业也在全球范围得到了广阔的推广。山羊养殖业在品种数量和生产性能上均取得了空前的发展。

（二）山羊的分布

山羊在地球上的分布很广，世界五大洲均有分布，但各洲的分布不平衡，其中 90%饲养于亚洲和非洲的一些发展中国家。联合国粮农组织的统计表明，以赤道为坐标，以特定的地区为单位，距赤道越远，山羊就越少。据联合国粮农组织的统计，2020 年世界各国山羊存栏总数为 112 810. 6万只，其中年存栏山羊 1 000万只以上的国家有印度（15 024. 8万只）、中国（13 345. 3万只）、尼日利亚（8 371. 5万只）、巴基斯坦（7 820. 7万只）、孟加拉国、埃塞俄比亚、乍得、肯尼亚、苏丹、马里、蒙古国、印度尼西亚、尼日尔、坦桑尼亚、南苏丹、伊朗、布基纳法索、乌干达、尼泊尔、巴西、土耳其、索马里、马拉维、缅甸等24个国家，合计存栏数占全球山羊存栏总数的81%以上，为山羊集中产区。

（三）山羊分布区域的生态条件

1. 自然生态条件

山羊饲养区主要集中分布于世界各大洲的旱区，多以依赖干旱、半干旱、贫瘠、沙化、碱化和过牧退化的天然草地放牧为主，少数地区也有在良好的人工草地上围栏放牧并进行适当补饲的，如澳大利亚、新西兰等。天然草地以旱生、沙生、耐寒、抗盐碱、耐瘠薄等牧草与灌木为主，豆科牧草较少，牧草品质相对较差，且植被覆盖度小（3%~45%），产草量低。世界山羊分布区域的土壤以栗钙土为主，偏碱性，pH值为7~8，区内其他土壤类型均较差。

2. 社会经济生态条件

由于自然和生物条件的制约，旱区粮食产量多低下，许多地区粮食仍难以自给自足，加之社会经济条件的影响，羊只数量增长缓慢，生产性能中等或偏低者居多，产品质量虽多有特色但产量不高，满足不了人们的社会需求。牧业总产值一般占农业总产值的20%~30%，而如澳大利亚、美国、哈萨克斯坦、外高加索地区诸国及南非等国家却较高。

二、世界山羊品种资源优势及发展概况

世界山羊品种丰富多彩，总数约200种（不含品种群和类群羊等），按其经济用途可分为：肉用型（如著名的波尔山羊）、毛用型（如安哥拉山羊）、绒用型（如美国克什米尔、阿尔泰山地山羊、内蒙古白绒山羊等）、奶用型（如萨能山羊、努比亚山羊、吐根堡山羊等）、毛皮用型（如中卫沙毛山羊、济宁青山羊等）和兼用型等。

（一）世界肉山羊品种及发展概况

1. 肉山羊品种概况

目前，世界上能够用于羊肉生产的山羊品种众多，较为专一的品种有非洲的波尔山羊、索马里山羊、萨赫勒山羊（马里）、西非矮羊、马拉迪羊（尼日尔）；亚洲的巴尔巴里（巴基斯坦）、查帕尔（巴基斯坦）、那智（巴基斯坦）、七股（印度）、加迪（印度）、昌凡基（印度）、赫贾齐（叙利亚）、南江黄羊（中国）、菲律宾山羊、孟加拉黑山羊、卡特藏（印度尼西亚）；美洲的圣克利门蒂（美国）、昏厥羊（美国）、普杰（巴西）、SRD（巴西）；欧洲的挪威山羊、瓦莱黑颈羊（瑞士）以及新西兰基库羊和澳大利亚山羊等。其中，波尔山羊是世界最著名的大体型肉用山羊品种，有“肉羊之父”的美称，在增重速度、产肉

量和瘦肉品质等方面，有其他肉羊品种无法比拟的优势。

2. 肉山羊发展概况

20世纪六七十年代以来，随着世界经济发展和消费水平的提高，羊肉及其副产品的加工需求增加，肉山羊生产在世界许多国家得到较快的发展。据联合国粮农组织2020年统计，全球绵山羊存栏23 912.4万只，全世界年产羊肉总量为1 340.7万t，其中山羊肉523.0万t，占羊肉总量的39.0%，与1987年相比，山羊肉的产量提高了约293万t，山羊肉占羊肉总量的比例提高了12%左右。目前，山羊肉生产区主要集中在亚非国家。全球羊肉产量较高的国家，欧洲有英国、法国、俄罗斯、罗马尼亚；美洲有美国、巴西、墨西哥；亚洲有中国、印度、巴基斯坦等；大洋洲有澳大利亚、新西兰。

3. 肉山羊发展前景分析

近年来，随着全球生态环境的退化及几次重大人畜共患病的发生，许多欧美国家的羊肉产量和羊肉自给率有所下降，但是世界范围内羊肉需求量却不断增加，导致国际市场对羊肉的需求量大增，价格不断上扬。在国际上，由于疯牛病和口蹄疫等牲畜疫病的影响，欧洲各地大批的牛被深埋或焚烧，羊肉则逐渐成为一种理想的替代品。羊肉中含蛋白质12.6%~15.2%，含脂肪6.6%~13.1%。在羊肉蛋白质中，赖氨酸含量高于牛肉、猪肉和鸡肉。随着各国饮食习俗的相互渗透和影响，欧美诸国也开始喜食羊肉，羊肉的消费量和进口量呈直线上升趋势，预测今后较长时期内，肉羊业仍将以可观的经营效益和较好的商品市场持续发展下去。

（二）世界绒山羊品种及发展概况

1. 绒山羊品种概况

相对于肉山羊和奶山羊，全球绒山羊的专用优良品种较少。古老品种有山地阿尔泰、奥伦堡、顿河绒山羊、克什米尔、辽宁绒山羊、内蒙古白绒山羊、河西绒山羊等。人工培育的新品种有美国克什米尔、乌兹别克黑山羊、赛尔绒山羊、阿坝甘孜绒山羊、罕山绒山羊、乌珠穆沁绒山羊、柴达木绒山羊等。另外，还有一些产绒量较少的兼用品种，例如安那图黑山羊、加迪羊、七股山羊、沂蒙黑山羊等。上述绒山羊品种中山地阿尔泰和顿河绒山羊的产绒量最高，但两者均为黑绒山羊，经济效益不高。辽宁绒山羊、奥伦堡和内蒙古白绒山羊的绒毛洁白，细度和纯度均较理想，因而被认为是世界上最优质的高效性绒山羊品种。尤其是辽宁绒山羊在绒毛品质、产绒量等方面，在世界白绒山羊品种中居于首位，被誉为“中华国宝”。

2. 绒山羊业发展概况

近些年，由于山羊绒的重要经济价值和绒山羊的多种用途，引起越来越多的国家对绒山羊的关注和重视。据不完全统计，2002 年世界绒山羊存栏数约达 1 亿只，羊绒产量达 1.8 万 t 左右，比 1988 年增长 150%左右。羊绒产量最高的是中国，其产量占全球羊绒总量的 2/3。除中国外，蒙古国、伊朗、阿富汗、俄罗斯、乌兹别克斯坦、土耳其等国也生产部分山羊绒。20 世纪 70 年代以来，澳大利亚、新西兰、苏格兰、美国也相继开始发展绒山羊养殖业。世界山羊绒的主要进口国有英国、美国、日本、意大利等国家，这些国家每年都要花大量外汇进口山羊绒。英国是世界上羊绒加工量最大的国家，每年进口山羊绒占世界贸易量的 60%。

3. 绒山羊发展前景分析

当前世界羊绒的产量不足世界羊毛总产量的 0.4%，远远不能满足因人们生活水平的提高对高档绒制品的需求。人们回归自然的消费需求和追求轻、柔、美、软、薄、贴体、透气、保湿等性能越来越高，所以绒山羊的永续利用是今后相当长时间内不会改变的趋势。意大利是当今高档男装生产风靡西方的国家，在绒纺工业上可以用 1 kg 净绒纺出 200 支的细纱。日本和英国与蒙古国在绒山羊生产与加工领域早有合作。我国西部大开发战略的提出，加强了对绒山羊饲养限制的形势已引起国际社会绒纺工业的高度警觉。绒山羊的产品正处于供求旺盛态势，羊绒加工工艺正处在工艺改革时期，在诸多畜产品中，山羊绒已成为最受国际市场青睐的拳头产品。

（三）世界奶、毛用山羊品种及发展概况

1. 奶山羊品种及发展概况

在 50 多种世界著名的奶山羊品种中，瑞士优良品种有萨能、吐根堡、阿彭策尔和上哈斯力等，从整体情况看，这些瑞士品种无疑是当今奶山羊业中影响力最大的，尤其是萨能羊，它是世界上最优秀的奶山羊品种之一，在世界各地都有分布。现有的奶山羊品种几乎半数以上都不同程度地含有萨能奶山羊的血缘。除了瑞士萨能、吐根堡和上哈斯力外，美国奶山羊协会认可的奶山羊品种还有美国小耳拉曼查、法国阿尔卑斯、非洲努比亚等。这些品种的产奶量虽然不及萨能奶山羊和吐根堡奶山羊，但含脂率高，因而受到饲养者的欢迎。德国更森与短毛褐羊、捷克短毛白奶山羊、俄罗斯白奶山羊、巴基斯坦比陶羊及我国的崂山、关中奶山羊等品种也可生产较理想的山羊奶，具备优良奶用品种的基本特征。

另外，法国普瓦图、芬兰兰德瑞斯、德国图林根、意大利比奥那达、西班牙格兰纳达和北拉塔等均为经营规模和推广范围较小的奶山羊专用品种。由于它们存栏数量的限制以及所具备的发展潜力，引起各国政府高度重视并采取相应的保护措施，基本实现了保种和稳步发展的进程。

美国是奶山羊业发达的国家，全国有奶山羊 200 多万只，主要饲养在美国南

部各州和加利福尼亚州。奶山羊的主要品种有萨能羊、阿尔卑斯羊、努比亚羊、吐根堡羊和美国拉曼查羊，实现了鲜奶收购、加工以及奶山羊繁育、饲养、疾病防治体系配套的集约化生产。无论是发达国家，还是发展中国家，羊奶产量都是增长的，而发展中国家增长得更快，原因是当前大多数发展中国家人均乳制品消费情况不太理想，羊奶作为一种兼营养和保健的滋补品，已成为实施全球乳营养保健战略的最佳选择。羊奶含有多种矿物质和维生素，绝对含量比牛奶高 1%，相对含量比牛奶高 14%，钙、磷的含量是人奶的 4~8 倍。因此，发展中国家增加了改良奶山羊品种的利用。在美国、欧洲和地中海国家，山羊奶和奶制品，尤其是奶酪越来越受到人们的喜爱，已经为人们所广泛食用。

2. 毛用山羊及其他

原产于土耳其安卡拉地区的安哥拉山羊是世界上最著名的毛用山羊品种，主要生产山羊毛（平均年产量 4. 4 kg），国际市场上称为马海毛。马海毛（毛长平均为 30. 5 cm，毛细度一般为 18~40 支）价值很高，其价格高出美利奴羊毛数倍，属高档毛纺原料，供做时装颇受青睐。安哥拉山羊最怕潮湿，在土耳其主要饲养在安纳托利亚高原，海拔 800~1 200 m，气候干燥少雨，冬夏温差较大，年平均降水量 300~400 mm。另外，在国际上还有些特色品质的山羊，如我国青猾山羊与中卫山羊盛产具有天然色彩和花形、皮板轻、美观的猾子皮（即羔羊生后 1~2 d 屠宰剥取的皮），以及花穗美观、色白如玉、轻暖、柔软的沙毛皮，所制翻毛外衣、皮领、皮帽在国际市场上深受欢迎。

三、发展特点与趋势

世界养羊业的特点，一是山羊生产重点向肉用羊和绒山羊两个方向发展；二是山羊饲养业的经营管理和集约化水平不断提高，草场改良和杂交繁育等新技术得到了广泛推广。

（一）山羊业的重点转移到羊肉生产上

近些年，世界若干国家已将养羊业重点转到羊肉生产上，如澳大利亚、新西兰、美国、加拿大、荷兰、德国等发达国家近几年相继引入南非的波尔山羊，与当地山羊杂交，实施肉羊生产，大力发展山羊肉生产。与此同时，许多国家羊肉由数量型增长转向质量型增长，生产瘦肉量高、脂肪含量少的优质羊肉（如羔羊肉）。羊羔生长发育快，饲养周期短，饲料报酬高，一般料肉比，成年羊为（6~8）：1，羔羊（3~4）：1。羊羔肉高蛋白、低脂肪、低胆固醇，肉质细嫩多汁，美味可口，因而备受国际市场青睐。澳大利亚以饲养细毛羊而闻名于世，近年来也十分重视羊肉生产，在生产的 58 万 t 羊肉中，羔羊肉占 70%以上。东欧一些国家虽然起步较晚，但发展速度也很快。

（二）羊绒生产向提高绒纤维细度和绒毛产量方向发展

经过50年的品种改良，在全球绒山羊古老品种的基础上又出现了10多个新品种，饲养绒山羊的地区和国家数量也得到了发展。但良种及改良种绒山羊的比例较低，从全球看不足50%，特别是优质绒山羊仅占25%左右，绒山羊个体平均产量低而且差异较大。羊绒综合品质尚不理想，近年来羊绒有变粗的趋势。又由于绒山羊比绵羊更耐粗饲、粗放管理，所处的饲养环境较恶劣，并相对加剧了草原的退化、沙化，致使绒山羊的发展受到自然环境与生态的制约，可持续发展受到较大限制。因此，绒山羊养殖国家为了推动绒山羊业向高产、优质、高效方面发展，正在改变着以放牧为主、靠天养畜的习惯，建立产、供、销一体的生产模式；把今后发展重点由增加绒山羊的数量转移到提高个体产绒量和羊绒品质上，羊绒细度上也应像羊毛一样，向更细方向发展。如20世纪80年代英国收集了世界各地的绒用山羊在向白色绒方面选育，同时也在开发自然育黑、灰色山羊绒的织品；澳大利亚绒生产起步较晚，但由于绵羊业发达，技术力量雄厚，把绵羊系统技术移植到绒山羊研究上取得了显著效果。

（三）山羊杂交繁育迅猛发展

影响动物生产效率的5大因素（品种、营养、疫病、环境和加工）中，优良品种是提高动物生产水平的基础。有了良种才能在同样投入的条件下获得更高的产量和优质的产品。因此，动物新品种的选育，一直是各国动物科技工作者、经营者普遍关注的热点。20世纪80年代以来，人们在原有育成品种的基础上，又育成了一批不同生态类型地区高产山羊新品种。这些新品种的主要特点是经济早熟，生产性能好，繁殖力强，全年发情、配种与产羔，遗传性稳定，适应性强，如短毛褐羊、乌兹别克黑山羊、德国更森、柴达木绒山羊、关中奶山羊、南江黄羊等。其中，绒山羊育种工作中采取的主要途径有本品种选育和杂交改良。肉山羊改良以二元杂交为主，终端品种多用波尔山羊、琼那派雷、努比亚羊等。我国一些地区也因地制宜地选用近年培育的南江黄羊。

（四）集约化经营水平不断提高

集约化生产是现代山羊业发展的基本方向。总趋势是由较粗放的放牧、半放牧半舍饲或半舍饲半放牧转型到集约化或半集约化的放牧肥育、混合肥育、舍饲肥育（含工厂化肥育等）生产。山羊生产的科技含量与水平在增进，多系列配套技术不断完善，在追求建立在高繁殖力、高生产力和高效益基础上的山羊集约化生产体系发展迅速，不同规模山羊产业化基地逐年增加，对种羊繁育和山羊商品化生产起到了重要推动作用。

（五）天然草场改良化，人工草场不断扩大

为了提高草地载畜量，降低山羊生产成本，改良天然草场，建设人工草地，并采用围栏分区轮牧技术，已成为山羊饲养业发达国家的普遍做法，使养羊业摆脱了靠天养羊的局面。

第二节 我国山羊发展概况

中国山羊养殖历史悠久，早在夏商时代就有养羊的文字记载。山羊生产具有繁殖率高、适应性强、易管理等特点，至今在我国广大的农区、牧区广泛饲养。近 20 年来，我国的山羊业发展已跨入世界生产大国先列。目前，中国山羊饲养量、山羊绒产量、羊肉产量、生山羊皮产量均位于世界前列。中国山羊业取得的成绩是世人有目共睹的。今后，山羊业的发展将继续为农业及畜牧业产业结构的调整、振兴农村经济、加快农牧民脱贫致富作出新贡献。

一、山羊业现状

（一）山羊分布广，饲养具有显著区域性

中国山羊生产分布较广，在全国 31 个省（区、市）都饲养山羊。根据中国统计年鉴（2021），2020 年我国山羊占羊存栏总量的 43.5%，绵羊占 56.5%，山羊略少于绵羊数量。从全国山羊的生态环境、品种资源的分布、饲料饲草资源以及市场销售等情况看，全国养羊大致分为南方和北方两个区域。一是南方肉用山羊产区。山羊主要分布在中南、西南和华东区。这些地区历史上农民素有养羊习惯，山羊肉的生产销售市场较大，饲养方式为圈养。近几年来，随着市场经济的发展和人民生活水平的日益提高，南方养羊发展速度日益加快，养羊生产逐步迈入规模化、科学化和产业化。二是北方绒山羊产区。主要分布在中国的西部和东北及华北区。产区主要分布在内蒙古、新疆、西藏、青海、甘肃、宁夏等地，近年来山西、河北、陕西、辽宁、山东发展较快。目前，这 11 个省（区）已成为我国山羊绒主要产区。据国家统计局统计，2020 年饲养山羊 400 万只以上的省份有内蒙古、辽宁、安徽、山东、河南、湖北、湖南、四川、云南、陕西、甘肃，累计存栏羊约占全国山羊存栏总数的 74%，为肉用山羊生产的集中主产区。

（二）发展快，出栏大幅提高

养羊生产周期短，繁殖快，效益较好，备受广大农牧民的青睐，发展态势良好。同时，各级地方政府对养羊生产发展十分重视，并给予很大的支持。制定优

惠的发展政策，资金上积极扶持，努力开拓市场，为养羊业发展奠定了良好的外部环境和内部生产条件，加快了中国养羊业规模化、产业化进程。

据统计，2020 年山羊存栏超过 500 万只的有 9 个省（区），累计出栏羊占全国羊出栏总数的 67.6%。其中出栏量占全国羊出栏总数 5%以上的有陕西、云南、四川、山东、湖南、河南和内蒙古 7 个省（区）。羊出栏量最高的河南省占全国羊出栏总数的 12.5%。

羊绒产量 15 244 t。羊绒产量在 100 t 以上的有河北、山西、内蒙古、河南、辽宁、西藏、陕西、甘肃、青海、宁夏和新疆 11 个省（区）。

奶山羊生产的优势区域逐步形成。我国奶山羊生产历史悠久，已经形成陕西、山东两大传统奶山羊主产区和辽宁、河北、广东、河南等省奶山羊快速发展的格局。

（三）品种资源丰富，种羊生产初具规模

中国山羊品种资源十分丰富，有繁殖率高、产绒细且产绒量高及羔皮、裘皮等专用生产的品种。据查，列入国家畜禽品种志的共有 20 个山羊品种，主要品种有辽宁绒山羊、内蒙古绒山羊、中卫山羊、济宁青山羊、太行山羊、成都麻羊等。

中华人民共和国成立以来，我国畜牧科技工作者经过长期的努力，先后培育选育了山羊品种 10 多个，如南江黄羊、关中奶山羊、柴达木绒山羊、陕北绒山羊等。

在养羊业快速发展的同时，中国种羊场的建设也取得了长足的发展，布局日趋完善，规范合理。据统计，中国现有规模种羊场 211 个，分布在 24 个省（区、市）。其中：存栏种羊 3 000只以上的场有 34 个，存栏 1 000~3 000只的有 32 个，存栏 200~1 000只的有 94 个，其余存栏为 200 只以下，分别占种羊场总数的 16%、15%、45%、24%。这些种养羊场的建立，为我国养羊业的发展、促进品种改良等作出了积极的贡献。

二、中国山羊生产存在的问题

（一）自然草地退化加剧

因天然及人为因素，草原植被减少，退化草地依然进行。退化的主要特征：一是荒漠化程度加剧，二是草地过牧导致植被盖度下降，三是草地开垦。草原生态压力制约了我国山羊业的发展。

（二）饲养方式落后，流通方式单一

目前，我国的养羊出产方式落后，散养、混养比例仍旧较大，养殖效率低，养殖成本高，规模养殖比重低，防疫观念不强，死亡率较高，饲养治理粗放，繁殖控制技术及补饲技术没有得到有效普及。同时，在商业流通中措施不全、方式单一，小出产与大市场没有有效的对接，政策体系和市场机制不健全，养殖合作组织发育缓慢，养殖户市场谈判地位低，千家万户出产对市场变化的反应滞后等问题都严峻地制约着山羊养殖的发展。

（三）龙头企业带动能力弱，市场竞争力有待增强

目前，全国与山羊养殖联系紧密的加工及供种企业有限，龙头企业技术气力薄弱、出产方式落后、销售渠道狭窄，不能按照养殖化的要求完成产加销一体化经营，出产的产品多属于粗加工产品，龙头企业抗市场风险能力低，带动作用及产品市场竞争能力弱。

（四）食物安全意识较为薄弱

目前，在出产中规模养殖场能够进行有效控制，而散养户的食品安全意识较为薄弱，产品质量不易监控，饲养过程中犯禁药物、激素的使用情况得不到有效控制，这已严重制约了山羊养殖层次的提高。

（五）良种供给不适应现代化养殖发展

种羊场炒作问题存在，很多地方在无技术指导的情况下大搞项目，一哄而上，加上非客观的宣传报道，导致不应有的品种炒作、假冒伪劣、以次充好现象时有出现，如不加以控制和引导，将影响山羊业的健康发展。目前有一些羊场打着高价回收的幌子，二三十万元 1 只绒山羊公羊，1.7 万元 1 只母羊出售给养殖户，这种畸形种羊销售方式，必将毁掉产业。

（六）秸秆资源开发利用不够

据调查，目前我国秸秆利用率约为 33%，其中经由技术处理后利用的约占 2.6%；而受传统生产方式的影响，部分秸秆资源没有得到开发利用，每年有近 300 万 t 的秸秆被焚烧，经测算，相当于烧掉了约 1 万 t 尿素，近 2 万 t 过磷酸钙，近 2 万 t 硫酸钾。假如 1/3 的秸秆作为饲料，可增加 300 万只羊的载畜量，节约饲料粮 60 万 t。按现行市场价格折算，价值高达 8 亿元。

（七）山羊业与生态环境矛盾凸显

草地资源作为我国重要的国土资源，多年来一直是草地畜牧业的重要生产基地和发展少数民族地区经济的主要生产资料。一方面，草地为草食动物提供饲料；另一方面，它在保持水土、维持土壤肥力、改善环境及维持地球表面生态平衡等方面均起到重大作用。为此，发展山羊养殖应以草定畜，不盲目扩大养殖数量，避免因过牧造成生态环境的进一步恶化。

（八）技术支撑体系脆弱

山羊产业的技术支撑体系仍旧薄弱，基层服务体系亟待完善，基础措施建设和服务手段滞后，技术人员队伍老化，从业职员素质参差不齐，服务技能不能适应当前发展需要，严重影响了我国山羊养殖的健康发展。

三、中国山羊生产展望

中国幅员辽阔，拥有草地资源 60 亿亩（1 亩≈667 m^2），占国土面积的 40%，为农田的 3 倍，林地的 3 倍多，加之农业可利用的秸秆十分丰富，为中国发展山羊生产提供了良好的资源条件，山羊生产有着广阔的发展前景。

今后山羊生产的重点向肉用羊和绒用羊两个方向发展。在肉用羊生产中，首先要保护好我国地方优秀的品种资源，在此基础上有计划、分期分批地进行杂交改良，生产优质高产羊肉，保障市场供应。绒山羊的生产，要数量与质量兼顾，改变目前盲目追求高产绒量导致绒质下降的现象。同时，必须建立有效的保护场和保护区，确保绒山羊资源不受到威胁，严禁开展乱杂乱改，保证我国山羊绒产量和质量的提高及健康发展。

第二章　山羊的生物学特性

第一节　山羊的行为特点和生活习性

一、山羊的行为特点

山羊性格属于活泼型，行动灵活，喜欢登高，善于游走，反应敏捷。在其他家畜难以达到的悬崖陡坡上，山羊可行动自如地采食。当高处有喜食的牧草或树叶时，山羊能将前肢攀在岩石或树干上，甚至前肢腾空，后肢直立地获取高处的食物。因此，山羊可在绵羊和其他家畜所不能到达的陡坡或山峦上采食。

二、山羊的生活习性

（一）活泼爱动喜登高

山羊是长期生活在山区经过自然选择形成的地方品种，生性好动，除卧息反刍外，大部分时间处于走走停停的逍遥运动中。羔羊的好动性表现得尤为突出，经常有前肢腾空、身体站立、跳跃嬉戏的动作，喜欢跳到墙头上甚至跑到屋顶上游动。山羊有很强的登高和跳跃能力，一般绵羊不能攀登的陡坡和悬崖，山羊可轻松越过。在崇山峻岭、悬崖峭壁的山区，往往绵羊不能放牧，但山羊采食却游刃有余。因此，根据山羊的这一习性，舍饲时应设置宽敞的运动场，圈舍和运动场的墙要有足够的高度。

（二）喜好争斗

在一个群体中有个别羊似乎享有很多特权。例如公羊独享特权，住环境优良的地方，独自霸占一个食槽，走在羊群的前面等。这样的羊往往是体质强壮或角特长、特尖的羊，这种特权往往是通过激烈的争斗而获得的。公羊之间的争斗具有持久性；母羊之间的争斗具有突然性，多发生在补饲精料时。羊只具有明显的欺弱怕强特点，如果羊群中有一只弱羊，许多羊都会攻击它，甚至出现许多羊同时攻击一只弱羊的情况。为此，在羊群组群时，个体间要强弱适当，防止以强欺弱，影响采食。此外，每日放牧前仔细观察羊群，可及时发现异常羊只，便于及时处理。

（三）勇敢顽强易训练

山羊机警灵敏，大胆顽强，记忆力强，易于训练成特殊用途的羊。在放牧中个别山羊离群后，只要牧工给予适当的口令，山羊就会很快地跟群。牧工常在羊群中选择体大灵活的山羊去势后训练为头羊，能够按照牧工的指令，带领羊群前进、停止或向某一方向移动。羊群中有一好的头羊，在放牧中能使牧工更好地掌握羊群。我国驯兽者也利用这一特性，训练山羊成为一项娱乐活动。

当遇兽害时，山羊能主动大呼求救，并且有一定的抗御能力，山羊喜角斗，角斗形式有正向互相顶撞和跳起斜向相撞两种；绵羊则只有正向相撞一种。因此，有“精山羊，疲绵羊”之说。

（四）采食能力强，可利用饲料广泛

山羊嘴尖，唇薄齿利，觅食能力极强，能够利用大家畜和绵羊不能利用的植物，对各种牧草、灌木枝叶、作物秸秆、农副产品及食品加工的副产品均可采食，比绵羊利用饲料的范围更广泛。山羊喜吃短草、树叶和嫩枝，在不放牧的情况下，山羊比绵羊能更好地利用灌木丛枝、短草草地以及荒漠草场。甚至在不适于饲养绵羊的地方，山羊也能很好地生长。

山羊和绵羊的采食特点有明显不同：山羊后肢能站立，有助于采食高处的灌木或乔木的嫩幼枝叶，而绵羊只能采食地面上或低处的杂草与枝叶；绵羊与山羊合群放牧时，山羊总是走在前面抢食，而绵羊则慢慢跟随后边低头啃食；山羊舌上苦味感受器发达，对各种苦味植物较乐意采食。

（五）喜欢干燥，厌恶潮湿

山羊适于在干燥凉爽的山区生活。在羊舍中山羊喜在较高的地方站立和休息。如久居泥泞潮湿之地，则羊只易患寄生虫病和腐蹄病，甚至毛质降低，脱毛加重，影响羊的生长发育，应定期用无公害、无残留的药物进行驱虫。相比而言，山羊较绵羊耐湿，在南方的高湿高热地区则较适于养山羊。

（六）喜合群，爱清洁

山羊具有较强的合群性，无论是放牧还是舍饲，一个群体的成员总喜好在一起，其中年龄大、后代多、身强力壮的羊常担任头羊，带领全群统一行动，一群羊的各成员间都可以和睦相处。在正常情况下，大多数羊很少离群单独行动。个别羊只离群时往往鸣叫不安，积极寻找大群。当多个个体离群时，有时则不再去

找大群，安静地采食、休息和反刍。山羊爱清洁，有高度发达的嗅觉，遇到有异味或被污染的草料和饮水，宁可忍饥挨饿也不愿食用，甚至连它自己践踏过的饲草都不吃。这就要求饲养管理要细心，饲槽要勤扫，饮水要勤换。在舍饲时，饲草要放在草架上，以减少草料的浪费，饮水要保持清洁，经常更换。放牧饲养时，要定期更换牧场，有条件时最好实现轮牧。

（七）适应性强

无论高山、平原、森林、沙漠、沿海或内陆，都适合山羊生存。山羊对水的利用率高，能够忍受缺水和高温环境；山羊的觅食能力极强，能够利用大家畜和绵羊不能利用的植物，能够较好地适应沙漠地区的生活环境。

山羊的适应性主要包括耐粗、耐渴、耐热、耐寒、抗病、抗灾度荒等方面的表现。

1. 耐粗性

与绵羊相比，山羊更能耐粗，除能采食各种杂草外，还能啃食一定数量的草根树皮，比绵羊对粗纤维的消化率要高出 3.7%。

2. 耐渴性

与绵羊比较，山羊更能耐渴，山羊每千克体重代谢需水 188 mL，绵羊则需水 197 mL。

3. 耐热性

山羊较耐热，当夏季中午炎热时，绵羊常有停食、喘气和扎窝子等表现，而山羊对扎窝子却从不参加，照常东游西窜，气温 37.8℃时仍能继续采食。

4. 耐寒性

山羊没有厚密的被毛和较多的皮下脂肪，体热散发快，故其耐寒性低于绵羊。

5. 抗病力

山羊抗病能力强于绵羊，感染内寄生虫和腐蹄病的也较少。正是由于抗病力强，往往在发病初期不易被发觉，没有经验的牧工发现病羊时，多半病情已很严重。为做到早治，必须深入观察，才能及时发现。

6. 抗灾度荒能力

山羊因食量较小，食性较杂，抗灾度荒能力强于绵羊。

第二节　山羊的消化特点

一、消化器官的特点

山羊没有上门齿和犬齿，采食时用下门齿啃食短草和草根，或借助于上唇、舌和下门齿摄取食物。

山羊属反刍动物，具有4个胃室。第1个胃称为瘤胃，容积较大，可作为临时的“贮存库”；第2个胃称为网胃，为球形，内壁分隔成很多网格如蜂巢状，故又称蜂巢胃；第3个胃叫瓣胃，内壁有无数纵列的褶膜，对食物进行机械性压榨作用；第4个胃称为皱胃，类似单胃动物的胃，胃壁黏膜有腺体分布。前3个胃由于没有腺体组织，不能分泌酸和消化酶类，对饲料起发酵和机械性消化作用，称为前胃；第4个胃，具有分泌盐酸和胃蛋白酶的作用，可对食物进行化学性消化，又称真胃。据测定，成年的山羊4个胃总容积约为16 L，各胃室容积占总容积比例明显不同。胃总容积相当于整个消化道容积的66%，其中瘤胃最大，皱胃次之，网胃较小，瓣胃最小。依次占复胃总容积的78.7%、11.0%、8.6%和1.7%。

羊胃的大小和机能，随年龄的增长发生变化。初生羔羊的前3胃很小，结构还不完善，微生物区系尚未健全，不能消化粗纤维，只能靠母乳生活。此时母乳不接触前3胃的胃壁，靠食道沟的闭锁作用，直接进入真胃，由真胃凝乳酶进行消化。随着日龄的增长，消化系统特别是前3胃不断发育完善，一般羔羊生后10~14 d开始补饲一些容易消化的精料和优质牧草，以促进瘤胃发育；到一个半月时，瘤胃和网胃重占全胃的比例已达到成年程度。如不及时采食植物性饲料，则瘤胃发育缓慢。只有采食植物性饲料后，瘤胃的生长发育加速，并且逐步建立起完善的微生物区系。采食的植物性饲料为微生物的繁殖、生长创造了营养条件，反过来微生物区系又增强了对植物性饲料的消化利用。因此，瘤胃的发育，植物性饲料的利用，以及瘤胃微生物的活动，三者是相辅相成的。

小肠是山羊消化和吸收的重要器官，长度为17~34 m（平均约26 m），细长而曲折，有利于饲料营养成分的吸收。肠黏膜中分布有大量的腺体，可以分泌蛋白酶、脂肪酶和淀粉酶等消化酶类。胃内容物进入小肠后，在各种酶的作用下进行消化，分解为一些简单的营养物质经绒毛膜吸收；尚未完全消化的食物残渣与大量水分一起，随小肠蠕动而被推进到大肠。

大肠长度为4~13 m（平均约7 m），无分泌消化液的功能，其作用主要是吸收水分和形成粪便。小肠内未完全消化的食物残渣，可在大肠内微生物及食糜中酶的作用下继续消化和吸收。吸收水分后的残渣形成粪便，排出体外。

二、羊的消化生理特点

（一）反刍

反刍是指草食动物在食物消化前把食团经瘤胃逆呕到口中经再咀嚼和再咽下的活动。反刍包括逆呕、再咀嚼、再混合唾液和再吞咽4个过程。反刍可对饲料进一步磨碎，同时使瘤胃保持极端厌氧、恒温（39~40℃）、pH 值恒定（5.5~7.5）的环境，有利于瘤胃微生物生存、繁殖和进行消化活动。反刍是羊的重要消化生理特点，停止反刍是疾病的征兆。羔羊出生后约 40 d 开始出现反刍行为。在哺乳期间，羔羊吮吸的母乳不通过瘤胃，而经瘤胃食管沟直接进入皱胃。在哺乳早期补饲易消化的植物性饲料，可促进前胃的发育和提前出现反刍行为。羊反刍多发生在采食后。反刍时间的长短与采食饲料的质量密切相关，饲料中粗纤维含量愈高反刍时间愈长。正常情况下，反刍时间与放牧采食时间的比值为 0.8∶1，与舍饲采食时间的比值为 1.6∶1。

由于瘤胃内食进的饲料滞塞引起局部炎症，导致反刍停止的时间过长，常使反刍难以恢复。有些外界因素常能使反刍活动暂停，如疾病、突发性声响、饥饿、恐惧、外伤等因素均能影响反刍行为。母羊发情、妊娠最后阶段和产后舔羔时，反刍活动减弱或暂停。幼龄羔羊胆小，稍有干扰，反刍停止。为保证山羊有正常的反刍，必须提供安静的环境。反刍姿势多为侧卧式，少数为站立，要求躯体轮廓保持垂直姿势躺卧，以保证瘤胃和网胃的功能。

（二）嗳气

在瘤胃微生物细菌的发酵作用下，产生大量的二氧化碳和甲烷，通过嗳气排出体外；如果不能正常排出，就会引发瘤胃臌胀病，甚至死亡。正常情况下，嗳气是由口腔排出，少部分是由瘤胃吸收后从肺部排出。

（三）瘤胃微生物作用

瘤胃微生物与山羊是一种共生关系。由于瘤胃环境适合微生物的栖息和繁殖，因此瘤胃中存在大量微生物，这些微生物主要是细菌和纤毛虫，还有少量的真菌，每毫升瘤胃内容物含有细菌 10^{10}~10^{11}个，原虫 10^{5}~10^{6}个。瘤胃微生物对羊的消化和营养具有重要意义。

1. 消化碳水化合物，尤其是消化纤维素

瘤胃是消化饲料碳水化合物，尤其是粗纤维的重要器官。其中瘤胃微生物起主要作用。山羊等反刍家畜之所以区别于单胃家畜，能够以含粗纤维较高、质量较低的饲草维持生命并进行生产，就是因为它们具有瘤胃微生物。山羊对饲料中碳水化合物的消化吸收主要在瘤胃中进行。在瘤胃的机械作用和微生物酶的综合作用下，碳水化合物（包括结构性和非结构性碳水化合物）被发酵分解，分解的终产物是低级挥发性脂肪酸（VFA），这些挥发性脂肪酸主要是由乙酸、丙酸和丁酸组成，也有少量的戊酸，同时释放能量，部分能量以三磷酸腺苷（ATP）的形式供微生物活动，大部分挥发性脂肪酸被瘤胃壁吸收，部分丙酸在瘤胃胃壁细胞中转化为葡萄糖，连同其他脂肪酸一起进入血液循环，它们是反刍动物能量的主要来源。羊采食饲料中55%～95%的可溶性碳水化合物、70%～95%的粗纤维是在瘤胃中被消化的。

2. 利用植物性蛋白质和非蛋白氮（NPN）合成微生物蛋白质

饲料中的植物性蛋白质，通过瘤胃微生物分泌酶的作用，最后被分解为肽、氨基酸和氨；饲料中的非蛋白氮物质，如酰胺、尿素等，也被分解为氨。这些分解产物，在瘤胃内，在能源供应充足和具有一定数量蛋白质条件下，瘤胃微生物可将其合成微生物蛋白质，其中主要成分是细菌蛋白质。微生物蛋白质含有各种必需氨基酸且比例合适，组成较稳定，生物学价值高。它随食糜进入皱胃和小肠，作为蛋白质饲料被消化。因而，通过瘤胃微生物作用，可提高植物性蛋白质的营养价值。瘤胃内可合成10种必需氨基酸，这保证了山羊必需氨基酸的需要。

由于瘤胃微生物能分解利用非蛋白氮，将非蛋白氮转化为菌体蛋白被山羊利用，因此，在山羊日粮中可以添加非蛋白氮（如尿素、铵盐等）以代替部分蛋白质饲料，降低饲养成本，同时又提高日粮蛋白质水平，促进日粮营养平衡。

3. 对脂类有氢化作用

瘤胃微生物可将饲料中的脂肪酸分解为不饱和脂肪酸并将其氢化形成饱和脂肪酸。山羊的主要饲料是牧草，但牧草所含脂肪大部分是由不饱和脂肪酸构成的，而山羊体内脂肪大多由饱和脂肪酸构成，且相当数量是反式异构体和支链脂肪酸。由此可见，食入的脂肪酸必须经山羊消化道及体内的一系列反应才可合成羊体饱和脂肪酸。现已证明，瘤胃是对不饱和脂肪酸氢化形成饱和脂肪酸，并将顺式结构的饲料脂肪酸转化为反式结构的羊体脂肪酸的主要部位。

4. 合成B族维生素和维生素K

瘤胃微生物可以合成B族维生素和维生素K。早在20世纪20年代，人们已开始研究B族维生素在瘤胃中的合成，并随后在20世纪50年代提出反刍动物瘤胃中合成的B族维生素能满足其营养需要，或者即使日粮中不含B族维生素但只要瘤胃功能发育正常，瘤胃微生物合成的B族维生素足以避免缺乏症的发生。影响瘤胃微生物合成B族维生素的主要因素是饲料中氮、碳水化合物和钴的含量。饲料中氮含量高，则B族维生素的合成量也多，但氮的来源不同，B族维生素的合成情况亦不同。如以尿素为补充氮源，硫胺素和维生素B_{12}的合成量不变，但核黄素的合成量增加。碳水化合物中淀粉的比例增加，可提高B族维生素的合成量。给羊补饲钴，可增加维生素B_{12}的合成量。瘤胃微生物可以合成维生素K。研究表明，瘤胃微生物可合成甲萘醌-10、甲萘醌-11、甲萘醌-12和甲萘醌-13，它们都是维生素K的同类物，合成后被吸收贮存在肝脏中。瘤胃对维生素A和β-胡萝卜素有破坏作用，对维生素C有强烈的破坏作用，但破坏的机制尚不清楚。

三、羊对饲料利用的特点

（1）瘤胃内的微生物可以分解纤维素，羊可利用粗饲料作为主要的能量来源。粗纤维还可以起到促进反刍、胃肠蠕动和填充作用。羊的日粮中必须有一定比例的粗纤维，否则瘤胃中会出现乳酸发酵抑制纤维、淀粉分解菌的活动，表现为食欲丧失、前胃迟缓、拉稀、生产性能下降，严重时可能造成死亡。因此，羊的日粮组成离不开粗饲料。

（2）瘤胃微生物可利用饲料中的非蛋白氮合成微生物蛋白质，可利用部分非蛋白氮（尿素、铵盐等）作为补充饲料代替部分植物性蛋白质。

（3）配制饲粮时一般不考虑瘤胃能合成的必需氨基酸、B 族维生素和维生素 K。

（4）瘤胃微生物发酵产生甲烷和氢，其所含的能量被浪费掉，微生物的生长繁殖也要消耗掉一部分能量。所以，羊的饲料转化效率一般低于单胃动物。

（5）瘤胃消化是为宿主动物提供营养物质的主要环节，充分满足瘤胃微生物最大生长繁殖的营养需要和维持瘤胃正常的环境，是发挥羊生产潜力的基本前提。为了满足高产山羊的需要，必须供给其富含蛋白质、能量的精饲料和富含胡萝卜素的鲜嫩多汁饲料。

（6）瘤胃微生物的发酵作用是将一些高品质的饲料，如高品质的蛋白质饲料、脂肪酸等，分解为挥发性脂肪酸和氨等，造成营养上的浪费。因此，一方面应利用大量廉价饲草饲料以保证瘤胃微生物最大生长繁殖的营养需要；另一方面，采用一些现代饲养技术将高品质的饲料保护起来，躲过瘤胃发酵而直接到真胃和小肠消化吸收，是提高饲草饲料利用率极为有效的方法。

第三章 山羊的品种

在生产实践中，山羊的品种主要按照其生产性能进行分类，主要有乳用型、肉用型、毛用型、绒用型、皮用型和兼用型品种。乳用型山羊以生产山羊奶为主要目的，通常一个泌乳期可产奶500~1 000 kg，乳脂率约为4.5%。按单位活体算，一个泌乳期，奶山羊每千克体重可产鲜奶10~20 kg。其外貌特征为：躯体多呈楔形，轮廓明显、紧凑，毛短而稀疏且均为发毛，绒毛稀少。多数无角，母羊乳房发达。国外著名品种为瑞士的萨能山羊，我国没有奶用山羊地方品种。目前国内现有的品种均为驯化培育品种，如关中奶山羊、崂山奶山羊。

肉用型山羊以提供羊肉为主要生产目的，通常具有较高的繁殖率、较快的生长发育速度，成熟早，肌肉丰满，瘦肉率高和肉质优良。其外貌特征为：体型为矩形，躯体低垂，轮廓明显、疏松。引进的品种有波尔山羊等，我国培育的品种有南江黄羊等，主要地方品种有陕南白山羊、马头山羊等。

毛用型山羊是以生产山羊毛为主的一类品种，产毛多且品质好。其外貌特征为：全身披有波浪形弯曲、长而细的羊毛纤维，背直，四肢短。著名的品种为原产土耳其的安哥拉山羊。

绒用型山羊以产绒性能突出为特点，有白绒和紫绒两大类。山羊绒是主要的纺织原料之一，有“软黄金”之称。绒纤维细度为15 μm左右。我国优秀的绒山羊公羊产绒量可高达1.5 kg，母山羊平均达650 g。其外貌特征为：体表绒毛混生，毛长绒细，被毛洁白有光泽，体大头小，颈粗厚，背平直，后躯发达。国内主要的品种有辽宁绒山羊、内蒙古绒山羊和河西绒山羊等。

皮用型山羊以生产羊皮为主要目的，分为裘皮山羊和羔皮山羊两种。将出生后35日龄左右的羊羔宰杀后剥取的毛皮为裘皮；出生后1~3日龄羊羔宰杀后剥取的毛皮为羔皮。裘皮毛股紧密，有非常美观的花穗，皮板轻薄结实，如产于宁夏中卫、同心和甘肃靖远等地的著名品种中卫山羊。羔皮具有美丽的波浪花纹团，皮板轻薄柔软，著名品种有济宁青山羊。

兼用型山羊就是普通山羊，没有特定的生产目的，生产性能一般没有特别突出的特点，如太行黑山羊、西藏山羊、新疆山羊、陕西白山羊、建昌黑山羊等。其中部分品种能生产高质量的山羊板皮。这类山羊品种多、数量大、分布广，是生产肉、皮和杂交亲本材料的巨大资源，应合理开发利用。

第一节　引进品种

引进的山羊品种主要有萨能山羊、努比亚山羊、波尔山羊和安哥拉山羊等，分属于乳用型、肉用型和毛用型品种。

一、乳用型品种

（一）萨能山羊

萨能山羊即萨能奶山羊，是世界公认的最优秀的奶山羊品种。它以遗传性能稳定、体型高大、泌乳性能好、乳汁质量高、繁殖能力强、适应性广、抗病力强而遍布世界各地，20 世纪 30 年代引进我国。

产地及分布；原产于气候凉爽、干燥的瑞士萨能山谷，目前除了气候炎热或者酷寒的地区外，几乎遍布世界各国。

生产性能：成年公羊体高在 90 cm 左右，体重在 85 kg 以上；成年母羊体高在 75 cm 左右，体重在 60 kg 以上。母羊泌乳期 8~10 个月，以 3~4 胎泌乳量最高。每个泌乳期产奶量在 800 kg 以上。乳脂率一般在 3.2%~4.0%，平均 3.5% 左右。萨能山羊性成熟时间为 2~4 月龄，9 月龄就可配种。一般在 10~12 月龄初配，秋季发情，发情周期为（20.40±6.39）d，发情持续期为（38.12±5.41）h，妊娠期为（150.60±2.44）d。利用年限可达 10 年以上。繁殖率高，一胎产羔率 160%以上，二胎以上为 200%~290%。

生产利用现状：陕西是我国萨能山羊生产发源地，是全国最大的萨能山羊良种繁育基地，其奶山羊存栏数占全国奶山羊总数的 45%，羊奶产量占全国羊奶总产量的 34%。从 20 世纪 50 年代开始，陇县就与西北农林科技大学联盟，奶山羊专家刘荫武教授长年扎根农村进行奶山羊改良工作，目前陇县奶山羊存栏数已达 30 多万，用它改良本地山羊效果显著。

（二）努比亚山羊

产地及分布：原产于非洲东北部的埃及、苏丹及邻近的埃塞俄比亚、利比亚、阿尔及利亚等国，在英国、美国、印度及南非等国都有分布。20 世纪 80 年代中后期，广西壮族自治区马山县、四川省简阳市、湖北省房县从英国和澳大利亚等国引入饲养。努比亚山羊原产于干旱炎热地区，因而耐热性好，深受我国养殖户的喜爱。

生产性能：成年公羊平均体重、体高、体长分别为 88 kg、82.5 cm、85 cm，成年母羊分别为 55 kg、75 cm 和 78.5 cm。母羊乳房发育良好，多呈球形。泌乳期一般 5~6 个月，产奶量可达 300~800 kg，盛产期日产奶 2~3 kg，高者可达 4 kg以上，乳脂率 4%~7%，奶的风味好。四川省饲养的努比亚山羊，平均一胎 261 d 产奶 375. 7 kg，二胎 257 d 产奶 445. 3 kg。

二、肉用型品种

肉用型品种主要介绍波尔山羊。

产地及分布：波尔山羊是一个优秀的肉用山羊品种，原产于南非，作为种用，已被非洲许多国家以及新西兰、澳大利亚、德国、美国、加拿大等国引进。自 1995 年我国首批从南非引进波尔山羊以来，通过纯繁扩群逐步向全国各地扩展，已经显示出很好的肉用特征、广泛的适应性、较高的经济价值和显著的杂交优势。

生产性能：世界上公认的肉用山羊品种，有“肉羊之父”的美称。成年波尔山羊公羊、母羊的体高分别为 75~90 cm 和 65~75 cm，体重分别为 95~120 kg 和 65~95 kg。在亚热带草地灌木群落放牧，150 日龄单羔日增重 195 g，双羔为 165 g，若加喂精料，羔羊日增重在 200 g 以上。屠宰率高，平均为 48. 3%，高者可达 52%以上，肉厚而不肥，肉质细、肌肉内脂肪少、色泽纯正、多汁鲜嫩。波尔山羊最佳上市体重 40 kg 左右，胴体脂肪的比例与细毛羊接近，但皮下脂肪大大低于绵羊。波尔山羊可维持生产价值至 7 岁，是世界上著名的生产高品质瘦肉的山羊。此外，波尔山羊的板皮品质极佳，质地致密、坚牢，属上乘皮革原料，可与牛皮相媲美。

繁殖性能优良，属非季节性繁殖家畜，母羊四季发情，但 5—8 月发情比例极少。母羊 6 月龄性成熟，一年 2 胎或两年 3 胎，平均产羔率 190%。公羊 6 月龄性成熟，在放牧的情况下平均配种 15 头母羊，9 月龄以上平均可配种 20 头母羊。

生产利用状况：波尔山羊能适应各地环境，与当地山羊交配能取得较好的改良效果。

三、毛用型品种

毛用型品种主要介绍安哥拉山羊。

产地及分布：原产于土耳其草原地带，主要分布于气候干燥、土层瘠薄、牧草稀疏的安纳托利亚高原。产毛量高，毛长而有光泽、弹性大且结实，国际市场上称为马海毛，是羊毛中价格最昂贵的一种。16 世纪至 20 世纪相继出口到一些国家。1881 年起土耳其皇室曾宣布禁止该山羊品种出口，但在此以前已被南非和美国引进，后又扩散到阿根廷、莱索托、澳大利亚和俄罗斯等国家饲养。现以土耳其、美国和南非饲养最多。

生产性能：成年公羊体重 45～55 kg，母羊 32～35 kg。剪毛量公羊 4.5～6 kg，最高可达 8 kg，母羊 3～4 kg。公羊毛长度 1～2 cm，最长达 3 cm，纤维细度随年龄增加而变粗。羊毛具有强烈丝绢光泽，弹性和强度良好。被毛由两型毛组成，属同质半细毛。多数国家一年剪毛两次。产羔率为 100%～110%，成熟较晚，泌乳力低，母性较差。主要缺点是需要较高蛋白质营养水平，易受冷而造成死亡，特别是在剪毛之后数天之内易感染寄生虫，流产率高。

第二节　国内培育品种

国内培育的品种主要有南江黄羊、关中奶山羊和崂山奶山羊，分属于肉用型和乳用型品种。

一、肉用型品种

肉用型品种主要介绍南江黄羊。

育成过程：南江黄羊产于四川省南江县，由南江县畜牧局等 7 个单位联合培育，用四川铜羊、含努比亚山羊血缘的杂种公羊、金堂黑羊和大巴山区本地母山羊经过多年的杂交、横交定向培育而成。1995 年经过南江黄羊新品种审定委员会审定，1996 年通过国家畜禽遗传资源管理委员会羊品种审定委员会实地复审，1998 年被农业部批准正式命名。南江黄羊不仅具有性成熟早、生长发育快、繁殖力高、产肉性能好、适应性强、耐粗饲和遗传性稳定的特点，而且肉质细嫩、适口性好和皮品质优。南江黄羊适宜在农区、山区饲养。

生产性能：南江黄羊成年公羊体重 40～55 kg，母羊 34～46 kg。公、母羔平均初生重为 2.28 kg，初生至 2 月龄日增重公羔为 120～180 g，母羔为 100～150 g；至 6 月龄日增重公羔为 85～150 g，母羔为 60～110 g。8 月龄羯羊平均胴体重为 10.78 kg，周岁羯羊平均胴体重 15 kg，屠宰率约为 49%，净肉率约为 38%。南江黄羊性成熟早，3～5 月龄初次发情，母羊 6～8 月龄体重达 25 kg 开始配种。成年母羊四季发情，发情周期平均为 19.5 d，妊娠期 148～151 d，产羔率 200%左右。

二、乳用型品种

（一）关中奶山羊

来源、产地及分布：为我国奶山羊中著名优良品种，20 世纪三四十年代由萨能羊、吐根堡羊与关中当地山羊杂交而成，以富平、三原、泾阳、扶风、武功、蒲城、临潼、大荔、临渭、乾县、蓝田、秦都等为生产基地县。陕西全省关中奶山羊存栏量在100万只左右，其基地县奶山羊数量占全省的95%。

生产性能：公母羊均在4~5月龄性成熟，一般5~6月龄配种，发情旺季9—11月，以10月最甚，性周期21 d。母羊妊娠期150 d左右，平均产羔率178%。初生公母羔重分别达2.8 kg、2.5 kg以上。成年公母羊体高分别超过80 cm、70 cm，体重分别超过65 kg、45 kg。种羊利用年限5~7年。

关中奶山羊产奶性能稳定，奶质优良，营养价值较高。一般泌乳期为7~9个月，年产奶450~600 kg，单位活重产奶量比牛高5倍。鲜奶中含乳脂3.6%、蛋白质3.5%、乳糖4.3%。

（二）崂山奶山羊

来源、产地及分布：原产于山东省崂山地区，由瑞士优良羊种与当地羊杂交培育而成，现在我国大部分地区都有分布。

生产性能：成年公羊平均体重75.5 kg，母羊47.7 kg。第一胎平均泌乳量557 kg，第二、第三胎平均为870 kg，泌乳期一般8~10个月，乳脂率4.0%。羔羊5月龄可达性成熟，7~8月龄体重达30.0 kg以上即可初配，平均产羔率180%。

崂山奶山羊是我国培育成功的优良奶山羊品种之一，能适应各种气候条件和饲养管理，耐苦力强，受到我国各地养殖户的青睐。除了进行纯种繁殖外，还用来改良当地奶山羊品种。

第三节　地方优良品种

我国地方优良品种主要有马头山羊、辽宁绒山羊和内蒙古绒山羊、中卫山羊、济宁青山羊、太行山羊和陕南白山羊等，分属于肉用型、绒用型、皮用型和兼用型品种。

一、肉用型品种

肉用型山羊品种主要介绍马头山羊。

产地及分布：主要产于湖北省十堰、恩施和湖南省常德、怀化等地。现已分布到陕西、河南、四川等省，是我国南方山区优良的肉用山羊品种之一。体型、体重和初生重等指标在国内地方品种中荣居前列，是国内山羊地方品种中生长速度较快、体型较大、肉用性能最好的品种之一。

生产性能：性成熟早，四季可发情，在南方以春、秋、冬三季配种较多。母羔3~5月龄、公羔4~6月龄性成熟，一般在8~10月龄配种，妊娠期140~154 d，哺乳期2~3个月，当地群众饲养习惯一年2胎或两年3胎。由于各地生态环境的差异和饲养水平的不同，产羔率差异较大。据统计，单羔率 26%，双羔率 46%，三羔率 16%，四羔率 8.5%，五羔率 2.17%，六羔率 0.17%。初产母羊多产单羔，经产母羊多产双羔或多羔。单羔公羊初生重为 1.95 kg，母羊为 1.92 kg；双羔公羊初生重为 1.70 kg，母羊为 1.65 kg。在主产区粗放饲养条件下，公羔 3 月龄体重可达 12.96 kg，母羊可达 12.82 kg；周岁阉羊体重可达 36.45 kg，屠宰率 55.90%，出肉率 43.79%。其肌肉发达，肌肉纤维细致，肉色鲜红，肉质鲜嫩，膻味较轻。早期肥育效果好，可生产肥羔肉。板皮品质良好，厚薄适中，拉力弹性优于我国成都麻羊及南江黄羊等。另外，一张皮可烫煺粗毛 0.3~0.5 kg，毛洁白、均匀，是制毛笔、毛刷的上等原料。

二、绒用型品种

（一）辽宁绒山羊

产地及分布：主产于辽东半岛，是我国现有产绒量最高、毛品质好的绒用山羊品种之一。主要分布在盖州及其相邻的岫岩、辽阳、本溪、凤城、宽甸、庄河、瓦房店等地。

生产性能：生产发育较快，成年公母羊体重分别在 52 kg、45 kg 左右。据测试，公羊宰前体重 49.26 kg，屠宰率为 51.15%，净肉率为 35.92%；母羊宰前体重 43.20 kg，屠宰率为 50.06%，净肉率为 37.66%。

初情期为 4~6 月龄，8 月龄即可进行第一次配种。适宜繁殖年龄，公羊为 2~6 周岁，母羊为 1~7 周岁。每年 5 月开始发情，9—11 月为发情旺季。发情周期平均为 20 d，发情持续时间 1~2 d。妊娠期 142~153 d。成年母羊产羔率 110%~120%。

辽宁绒山羊冷冻精液的受胎率为 50%以上，最高可达 76%。

所产山羊绒因其优秀的品质被专家称作“纤维宝石”，是纺织工业最上乘的动物纤维纺织原料。其羊绒的生长开始于 6 月，9—11 月为生长旺盛期，翌年 2 月趋于停止，4 月陆续脱绒。脱绒的一般规律为体况好的羊先脱，体弱的羊后脱；成年羊先脱，育成羊后脱；母羊先脱，公羊后脱。一般抓绒时间在 4 月上旬至 5 月上旬。种公羊平均产绒量 1 680 g左右，成年母羊平均产绒量 822 g 左右。据国家动物纤维质检中心测定，辽宁绒山羊羊绒细度平均为 15.35 μm，净绒率 75.51%，强度 4.59 g，伸直长度 51.42%，绒毛品质优良。

（二）内蒙古绒山羊

产地及分布：主产于内蒙古西部，分布于二郎山地区、阿尔巴斯地区和阿拉善左旗地区，是我国绒毛品质最好、产绒量高的优良绒山羊品种。

生产性能：成年公羊平均体高、体长、胸围和体重分别为 65.4 cm、70.8 cm、85.1 cm、47.8 kg，成年母羊分别为 56.4 cm、59.1 cm、70.7 cm、27.4 kg。内蒙古绒山羊剪毛量，公羊平均为 570 g，母羊平均为 257 g。抓绒量，成年公、母羊平均分别为 385 g、305 g。绒毛长度，公、母羊平均分别为 7.6 cm、6.6 cm。绒毛细度，公、母羊平均分别为 14.6 μm、15.6 μm。粗毛长度，公、母羊平均分别为 17.6 cm、13.5 cm。内蒙古绒山羊皮板厚而致密，富有弹性，是制革的上等原料。长毛型绒山羊的毛皮与中卫山羊裘皮近似，可供制裘。内蒙古绒山羊所产山羊绒纤维柔软，具有丝光、强度好、伸度大、净绒率高的特点，所产羊肉细嫩。这种山羊抗逆性强，适应半荒漠草原和山地放牧。

三、皮用型品种

（一）中卫山羊

产地及分布：中卫山羊又叫沙毛山羊，主产于宁夏的中卫、同心等地，甘肃中部及内蒙古阿拉善左旗也有分布。

生产性能：成年公羊平均体高、体长、胸围和体重分别为 62.1 cm、70.0 cm、80.9 cm、44.6 kg，成年母羊分别为 56.4 cm、64.1 cm、70.5 cm、34.1 kg。剥皮后的羔羊肉质佳，膻味小，平均屠宰率为 50%，成年羊平均屠宰率为 45%。公母羊 6 月龄左右性成熟，初配年龄为 1.5 岁，多集中于秋季发情，产羔率 103.0%。

中卫山羊的主要产品是“二毛皮”，又称“沙毛皮”，是羔羊生后 35 日龄左右宰剥的毛皮。其品质取决于花穗的类型和分布、毛股长度和弯曲数、毛被品质、皮板厚度和面积等。中卫山羊的裘皮花穗通常占其毛股自然长度的 2/3 以上，主要是波浪形的半圆形弯曲。初生羔羊的毛股从毛根至毛尖均有弯曲，毛股全部为花穗。随着年龄的增长，以后生长的毛股下段一般不具弯曲。中卫山羊的二毛皮，主要由优良花穗组成。羔羊屠宰时间，主要取决于毛股自然长度。初生羔羊毛股自然长度为 4.4 cm，35 日龄时毛股长度达 7.5 cm，伸直长度为 9.2 cm 即达二毛皮要求的标准。中卫山羊成年羊一般在每年 5 月抓绒剪毛一次。抓绒量，公羊为 100~150 g，母羊为 200~400 g；剪毛量，公羊平均为 400 g，母羊平均为 300 g。中卫山羊适应半荒漠草原，抗逆性强，遗传性稳定；所产二毛皮、羊毛、羊绒均为珍贵的衣着原料，在国内享有较高的盛誉，但存在体格较小的缺点。

（二）济宁青山羊

产地及分布：产于山东省菏泽、济宁地区，是我国独特的羔皮用山羊品种。目前已经推广到华南、东北和西北等 10 多个省（区）。

生产性能：青山羊生长快，性成熟早，4 月龄即可配种，母羊常年发情，年产 2 胎或两年产 3 胎，一胎多羔，平均产羔率为 293.65%。屠宰率为 42.5%。山羊的排卵数一般 2~3 个，而济宁青山羊可达 5 个以上。成年公羊产毛 300 g 左右，产绒 50~150 g；母羊产毛约 200 g，产绒 25~50 g。主要产品是猾子皮，羔羊出生后 3 d 内屠宰，其特点是毛细短，长约 2.2 cm；密紧适中，在皮板上构成美丽的花纹，花形有波浪、流水及片花，为国际市场上的有名商品。皮板面积 1 100~1 200 cm^2，是制造翻毛外衣、皮帽、皮领的优质原料。皮板薄而致密，鞣制后厚度不超过 0.55 mm，被毛呈丝光或银光光泽。制成女式大衣仅重0.85 kg，为轻裘上品。

（三）板角山羊

产地及分布：产于四川的万源和重庆的城口、巫溪、武隆等，是肉用性能好的优良山羊品种。

生产性能：成年公羊体高、体长、体重分别为 58.4 cm、64.6 cm、40.5 kg，成年母羊分别为 53.3 cm、61.2 cm、30.4 kg。性成熟较早，4~5 月龄的公羔即有性欲表现。长期以来，群众习惯用幼龄公羊繁殖，8~10 月龄开始配种，使用一段时间后即阉割肥育。母羊初次发情在 5~8 月龄，经 2~3 个情期即可配种受孕。据产羔统计，每胎产一羔的占 28.4%，产两羔的占 60.1%，产三羔的占 11.5%，平均产羔率为 183%。一般每年产 2 胎或两年产 3 胎，在寒冷的高山地区年产 1 胎的较多。产肉性能良好，内脏脂肪和肌肉脂肪适度，肉质细嫩，成年羯羊屠宰率达 55.6%，净肉率达 42.9%。

板皮品质良好，富有弹性，质地致密，面积宽大。皮张厚薄较均匀，剥制形状完整。

四、兼用型品种

（一）太行山羊

产地及分布：产于河北、河南、山西太行山区，在山西省境内分布在晋东南；河北省境内分布于保定、石家庄、邢台、邯郸地区京广线两侧各县；河南省境内分布于安阳、新乡的山区。

生产性能：太行山羊成年公羊平均体高、体长、胸围和体重分别为 56.7 cm、65.0 cm、77.9 cm、36.7 kg，成年母羊分别为 53.6 cm、61.6 cm、73.3 cm、32.8 kg。成年公羊平均抓绒量为 275 g，绒长为 2.36 cm；成年母羊平均为 160 g，绒细度为 14 μm。成年公羊平均剪毛量为 400 g，成年母羊平均为 350 g；公羊毛长平均为 11.2 cm，母羊平均为 9.5 cm。2.5 岁羯羊宰前体重 39.9 kg，屠宰率为 52.8%。一年一产，产羔率为 130%~143%。

（二）陕南白山羊

产地及分布：分布于陕西南部地区汉江两岸的安康、西乡、镇巴、洛南、山阳、镇安等地。

生产性能：成年公羊平均体高、体长、胸围和体重分别为 58.40 cm、63.60 cm、74.07 cm、33.0 kg，成年母羊分别为 53.16 cm、57.98 cm、68.73 cm、27.3 kg。陕南白山羊皮板品质好，致密富弹性，拉力强，幅面大，是良好的制革原料。

长毛型羊每年 3—5 月和 9—10 月各剪毛一次，不抓绒。成年公羊剪毛量平均为 320 g，成年母羊平均为 280 g，羯羊为 350 g。山羊胡须和羊毛粗刚洁白，是制毛笔和排刷的原料。6 月龄屠宰率为 45.5%，1.5 岁为 50%。繁殖力强，产羔率为 259%。

（三）黄淮山羊

产地及分布：因广泛分布在黄淮流域而得名，饲养历史悠久，500 多年前就有记载。黄淮流域地势平坦、气候温和，流域内土层深厚，适宜多种农作物生长，饲草资源丰富。

生产性能：成年公羊平均体高、体长、胸围和体重分别为 65.98 cm、67.37 cm、77.66 cm、33.9 kg，成年母羊分别为 54.32 cm、58.09 cm、71.17 cm、25.7 kg。7～10 月龄的羯羊宰前重平均为 21.9 kg，屠宰率平均为 49.29%；母羊宰前重平均为 16.0 kg，屠宰率平均为 47.13%。皮板呈蜡黄色，细致柔软，油润光亮，弹性好，是优良的制革原料。黄淮山羊对不同生态环境有较强的适应性，性成熟早，繁殖力强。

（四）建昌黑山羊

产地及分布：主要分布在四川凉山彝族自治州的会理、合东二县，该州的其他县也有分布。

生产性能：建昌黑山羊生长发育快，周岁公羊体重相当于成年公羊体重的 71.6%，周岁母羊体重相当于成年母羊体重的 76.4%。成年公羊体重、体长和体高分别为 31 kg、60.6 cm 和 57.7 cm，成年母羊分别为 28.9 kg、58.9 cm 和 56.0 cm。成年羯羊屠宰率 51.4%，净肉率 38.4%，其皮板幅张大，面积为 5 000～6 400 cm^2，厚薄均匀，富有弹性，是制革的好原料。性成熟早，产羔率平均为 116.0%。

黑山羊肌纤维细，硬度小，肉质细嫩，味道鲜美，膻味极小，营养价值高，蛋白质含量在 22.6%以上，脂肪含量低于 3%，胆固醇含量低，含人体必需氨基酸15种以上，尤以谷氨酸含量最高；具有滋阴壮阳、补虚强体、提高人体免疫力、延年益寿和美容之功效，特别对年老体弱、多病患者有明显的滋补作用。

（五）贵州白山羊

产地及分布：原产于黔东北乌江中下游的沿河、思南、务川等县，黔东南苗族侗族自治州、黔南布依族苗族自治州也有分布。

生产性能：成年公羊体重平均为32.8 kg，成年母羊平均为30.8 kg。1岁羯羊屠宰率47.5%，成年羯羊为48.9%。性成熟早，母羊初情期在3～4月龄，5月龄就开始配种。贵州白山羊平均产羔率为273.6%。产肉性能好，繁殖力强，板皮质量好，肉质细嫩，肌肉间有脂肪分布，膻味轻。板皮拉力强而柔软，纤维致密。

（六）雷州山羊

产地及分布：中心产区为广东省湛江地区徐闻县，分布于雷州半岛和海南省。

生产性能：具有繁殖力强、适应性强、耐粗饲、耐湿热等特点。成年公羊体重平均为54.1 kg，母羊体重平均为47.7 kg，屠宰率为50%～60%。肉味鲜美，纤维细嫩，脂肪分布均匀，膻味小。板皮具有皮质致密、轻便、弹性好、皮张大的特点，熟制后可染成各种颜色。性成熟早，5～8月龄即可初配，产羔率为150%～200%。

（七）隆林山羊

产地及分布：中心产区在广西壮族自治区隆林各族自治县境内，毗邻的田林县、西林县也有分布。

生产性能：耐粗饲，各种豆科灌木、禾本科牧草均喜食。耐寒耐湿热，适应亚热带山区高温潮湿气候，在海拔380～1 950 m的地区能生长繁殖，可在高原山区或平原地区养殖。成年公羊平均体高、体长、胸围和体重分别为66.72 cm、73.50 cm、83.8 cm、57 kg，成年母羊分别为65.28 cm、72.79 cm、84.49 cm、44.7 kg。隆林山羊肌肉丰满，胴体脂肪分布均匀，肌纤维细、肉质鲜嫩，膻味小。成年羯羊宰前重平均为60.46 kg，胴体重平均为31.05 kg。在粗放饲养管理条件下适应性强，生长发育快，产肉性能好，繁殖力高，特别是肌纤维细、肉质好、膻味小而受消费者欢迎，是华南亚热带山区具有发展优势的肉用品种。性成熟早，母羊可全年发情，一般两年产3胎，每胎多产双羔，一胎产羔率平均为195.18%。

（八）长江三角洲白山羊

产地及分布：原产于我国东海之滨的长江三角洲，主要分布在江苏省的南通、苏州、扬州和镇江地区，浙江省的嘉兴、杭州、宁波、绍兴地区和上海市郊县。

生产性能：成年公羊平均体高、体长、胸围和体重分别为 48.39 cm、72.53 cm、60.90 cm、28.58 kg，成年母羊分别为 45.25 cm、51.26 cm、56.77 cm、18.43 kg。繁殖能力强，性成熟早，可两年产 3 胎，年产羔率为 228.5%。长江三角洲白山羊皮张小，皮质致密、柔韧，富光泽，弹性好，以冬羔在当年晚秋屠宰的皮为最佳，晚春和初夏的较差。毛洁白，具光泽，弹性好，是制毛笔的优良原料。

（九）成都麻羊

产地及分布：产于成都平原及其四周的丘陵和低山地区。因被毛为棕黄而带有黑麻的感觉，故称麻羊。现已分布到四川大部分县市及湖南、湖北、广西、河南、河北、陕西、贵州等地，与当地山羊杂交改良效果好。

生产性能：成年公羊体重、体高、体长分别为 43.0 kg、66 cm、67 cm；成年母羊分别为 32.6 kg、60 cm、59 cm。该品种生长发育快，周岁羊体重可达成年羊体重的 70%~75%；适应性强、耐粗放饲养、遗传性能稳定，肉质细嫩、味道鲜美、无膻味及板皮面积大为其显著特点。产肉性能较好，周岁羯羊胴体重约 14 kg，成年羯羊屠宰率可达 54%。产奶性能好，泌乳期 5~8 个月，产奶量为 150~250 kg，乳脂率为 6.8%。性成熟较早，繁殖力强，4~8 月龄开始发情。母羊全年发情，年产 2 胎，每胎产羔 2~3 只，产羔率 210%。麻羊的板皮致密、弹性好、板皮薄，为优质皮革原料，深受国际市场欢迎。

第四章　山羊的繁育技术

第一节　山羊初情期、性成熟和初配年龄

一、公羊的初情期、性成熟和初配年龄

（一）初情期

公羊的初情期是指公羊开始出现性行为，并第一次释放出精子的时期，是性成熟的初级阶段。此时，羊虽然已经初步具备了繁殖能力，但其身体发育还未成熟，如果配种会增加公羊的负担，并可能影响今后的繁殖性能。因此，在初情期前公、母羊应该分群饲养，防止幼羊随意交配。在正常饲养管理条件下，引进品种的绵羊和山羊公羊初情期一般为 7 月龄左右。国内地方品种公羊初情期相对较早，一般为 4~7 月龄。

（二）性成熟

公羊的性成熟是指公羊生长到一定年龄后，生殖机能达到比较成熟阶段，生殖器官已发育完全，并出现第二性征，能产生成熟的具有受精能力的精子。公羊达到性成熟后，虽然已经具备了正常繁衍后代的能力，但其身体仍在继续生长发育。如果此时配种，必定会影响公羊身体的进一步生长发育，也会降低繁殖力。所以，公羊即使性成熟，也不应过早让公羊配种。影响公羊初情期性成熟年龄的因素较多，如品种、营养水平、环境因素以及个体差异等。一般公羊达到性成熟的年龄与体重增长速度是一致的，体重增长快的个体，其达到性成熟的年龄比体重增长慢的个体早。

（三）初配年龄

初配年龄是在生产中根据公羊的生长发育情况以及生产实际需要人为确定的。一般公羊的初配年龄在性成熟年龄之后再推迟数月，一般公羊在 12~15 月龄即可开始初配。在实际生产中，种羊场对种公羊的初配年龄应该严格掌握，不

宜过早或过迟；商品羊场则可以适度提早开始初配。公羊的初配年龄应根据羊的品种、饲养管理条件以及不同地区气候条件而定，不能一概而论。

二、母羊的初情期、性成熟和初配年龄

（一）初情期

母羊生长发育到一定年龄时，第一次发情和排卵，这个时期即为母羊的初情期，它是母羊性成熟的初级阶段。初情期前，母羊的生殖道和卵巢增长较慢，不表现性活动和性周期。初情期后，随着第一次发情和排卵，生殖器官的体积和重量迅速增长，性机能也随之逐步发育成熟。此时，母羊虽有发情表现，但不明显，发情周期往往时间变化较大。气候对母羊初情期的影响很大，一般南方母羊的初情期早于北方。营养条件良好时，母羊初情期表现较早；反之，初情期则推迟。母羊初情期一般为4~6月龄。

（二）性成熟

母羊的性成熟期受品种、气候、个体、饲养管理等因素的影响。一般早熟品种比晚熟品种性成熟早，气候温暖地区的羊比寒冷地区的性成熟早，饲养管理条件好、发育良好的个体性成熟也早。一般绵羊和山羊在6~10月龄性成熟，此时体重为成年体重的40%~60%。我国绵羊性成熟较早，蒙古羊5~6月龄，小尾寒羊4~5月龄就能配种受胎。山羊一般比绵羊性成熟早，寒冷地区的山羊在4~6月龄，温暖地区在3月龄左右，营养好的青山羊60日龄即发情。

（三）体成熟

母羊的体成熟是指母羊生长到一定时期后，生殖器官已发育完全，并且具有羊的固有外貌特征，基本达到生长完成的时期。从性成熟到体成熟要经过一定的时间。母羊体成熟时间，早熟品种为8~10月龄，晚熟品种为12~15月龄，此时体重为成年羊体重的70%左右。

（四）初配年龄

山羊的初配年龄较早，与气候条件、营养状况有很大的关系。南方有些山羊品种5月龄即可进行第一次配种，而北方有些山羊品种初配年龄需到1.5岁。通常山羊的初配年龄多为10~12月龄，绵羊的初配年龄多为12~18月龄。分布于江浙一带的湖羊生长发育较快，母羊初配年龄为6月龄。我国广大牧区的绵羊多在1.5岁时开始初次配种。由此看来，分布于全国各地不同的绵羊、山羊品种其初配年龄很不一致，但在实际生产中，要根据羊的生长发育来确定，一般羊的体

重达到成年体重的70%时，进行第一次配种较为适宜。如果体重过小，配种过早对母羊本身及胎儿的生长发育都会有不良影响。

第二节　配种繁殖计划

在现代肉羊生产中，如何安排母羊的周年配种繁殖计划才能取得较好效果呢？主要是缩短母羊的产羔间隔，提高母羊在一年中的产羔频率。如通过选育四季发情品种、采用诱导发情技术、诱发分娩技术等。但在生产实践中，必须因地制宜地从羊场所处的地域生态条件、饲养羊品种的繁殖特点、饲料资源情况以及管理和技术水平等实际出发，合理安排母羊的周年繁殖。从理论上讲，母羊怀孕时间平均为5个月，发情周期不超过25 d（绵羊14~19 d，山羊19~24 d），母羊的产后第一次发情可在产后60 d以内实现，那么，在一年的12个月内实现母羊繁殖2次是可能的。现实生产中，也有这样的情况，如我国小尾寒羊、湖羊、黄淮山羊等品种母羊，在良好的饲养管理条件下，可年产2胎。但是肉羊生产最终追求的是通过提高繁殖成活率而获取经济效益。因此，在自然或人工条件下致使母羊多胎多产，必须配套相关技术措施和管理条件（羔羊早期断乳技术、人工代乳料等）来保证羔羊的成活及生长发育。目前母羊繁殖产羔体系有1年2产、2年3产、3年4产等几种模式。分别根据这几种模式列举以下配种繁殖计划。

一、1年2产体系的配种繁殖计划

1年2产体系可使母羊的年繁殖率提高90%~100%，在不增加羊圈设施投资的前提下，母羊生产力提高1倍，生产效益提高40%~50%。1年2产体系的第1产配种宜选在12月进行，第2产选在7月。

二、2年3产体系的配种繁殖计划

用该体系组织羊业生产，生产效率比1年1产体系增加40%。该体系一般有固定的配种和产羔计划，如5月配种，10月产羔；1月配种，6月产羔；9月配种，翌年2月产羔。羔羊一般2月龄断乳，断乳后1个月配种。为了达到全年均衡产羔，在生产中，将羊群分成8个月产羔间隔相互错开的4个组，每2个月就有1批羔羊屠宰上市。如果母羊在第1组内未配上或妊娠失效，2个月后可参加下一组配种。

三、3年4产体系的配种繁殖计划

该体系一般适合于多胎品种的母羊。一般首次在母羊产后第4个月配种，以后几轮则是在第3个月配种，即首次1月、4月、6月和10月产羔，5月、8月、10月和翌年2月配种。这样，全群母羊的产羔间隔为6个月和9个月。

四、3年5产体系的配种繁殖计划

该体系是一种全年产羔方案的体系。羊群可分为3组，第1组母羊在第1期产羔，第2期配种，第4期产羔，第5期再配种；第2组母羊在第2期配种，第5期产羔，第1期再次配种；第3组母羊在第3期产羔，第4期配种，第1期产羔，第2期再次配种。如此周而复始，产羔间隔7.2个月。对于1胎1羔的母羊，1年可获1.67个羔羊；若1胎产双羔，1年可获3.34个羔羊。

第三节　发情、发情周期与发情鉴定

一、发情和发情周期

发情是指母羊到了性成熟以后，会出现一种周期性的性活动现象。

（一）发情征兆

母羊发情有3个方面的变化。一是行为变化，母羊发情时，发育的卵泡分泌雌激素与少量孕酮协同作用，刺激神经中枢，引起兴奋，使母羊精神上表现出兴奋不安，对外界刺激反应敏感，常咩叫，食欲减退，有交配欲，主动接近公羊，在公羊追逐或爬跨时常站立不动。二是生殖道的变化，在雌激素与孕激素共同作用下，外阴部松弛、充血、肿胀、阴蒂勃起、阴道黏膜充血，并分泌有利于交配的黏液，子宫口松弛、充血、肿胀。发情期初期黏液分泌量少、稀薄且透明，中期黏液量增多，末期黏液浓稠但量减少。子宫腺体增大，充血、肿胀，为受精卵的发育做好准备。三是卵巢变化，在发情的前2~3 d卵巢的卵泡发育很快，卵泡内膜增厚，卵泡液增多，卵泡突出于卵巢表面，卵子被颗粒层细胞包围。绵羊发情外表征状不明显，处女羊发情更不明显，多拒绝公羊爬跨。有的山羊发情比绵羊明显，特别是奶山羊，发情时食欲不振，不断咩叫，摇尾，不断爬跨其他山羊，外阴潮红肿胀，阴门流出黏液。

母羊每次发情后持续的时间称为发情持续期。绵羊的发情持续期平均为30 h左右，山羊的为24~48 h。母羊一般在发情后排卵，卵子在输卵管中存活的时间为4~8 h，公羊精子在母羊生殖道内维持受精能力最旺盛的时间约为24 h，为使精子和卵子能及时结合，最好在排卵前数小时配种，因此，比较适宜的配种时间应在发情中期。在生产实践中，早晨试情后，对发情母羊立即配种，为保证受胎，傍晚应再配1次。

（二）发情周期

母羊从上一次发情开始到下一次发情的间隔时间称为发情周期。根据卵巢的机能和形态变化将发情周期分为卵泡期和黄体期 2 个阶段。卵泡期是在周期黄体退化，血液中孕酮水平显著下降之后，卵巢中卵泡迅速生长发育，最后成熟和排卵的一段时期，此时母羊表现发情。当卵泡期结束，破裂卵泡发育为黄体，则进入黄体期。在黄体分泌的孕激素（孕酮）的作用下，卵泡的发育被抑制，母羊的性行为处于静止状态，不表现发情。在未受精的情况下，经过十几天黄体退化，转而进入下一个卵泡期，再次表现发情。一个完整的发情周期可以分为发情前期、发情期、发情后期和间情期。

1. 发情前期

是发情周期的开始时期，也是卵泡的准备时期。此期的特征是阴道和阴门黏膜轻度充血、肿胀，阴道黏膜的上皮细胞增生，子宫颈略微松弛开放，腺体分泌活动逐渐增强，分泌少量黏液。但母羊还没有性欲表现，也不接受公羊或其他羊的爬跨。

2. 发情期

是母羊性欲达到高潮的时期，卵巢内卵泡迅速发育。此期的基本特征是在雌激素的强烈刺激下，母羊精神高度兴奋不安，阴道和阴门黏膜充血、肿胀明显；子宫黏膜显著增生，子宫颈充血、松弛，子宫颈口开张、湿润；黏液分泌量多，在阴门处可见大量稀薄透明的黏液，并有少量黏液流出阴门外；母羊性欲表现强烈，愿意接受爬跨。

3. 发情后期

是排卵后黄体开始形成阶段，孕酮水平升高，作用加强。此期的特征是母羊精神逐渐由兴奋变安静，阴道、阴门等生殖器官充血、肿胀开始逐渐消退，子宫内膜逐渐增厚，子宫颈口封闭，黏液分泌量少但黏稠。

4. 间情期

是发情后期至下一次发情开始的一段时间，也是黄体活动的时期。其间黄体继续增长，子宫黏膜厚度增长，子宫腺增生肥大而弯曲，分泌加强，产生子宫乳。如卵母细胞受精，这一阶段还延续下去；如未受精，则黄体退化，作用消失，子宫黏膜变薄，腺体缩小，分泌减少，卵巢内又有新的细胞开始生长发育。此期的特征是母羊的性欲已经完全消退，精神也恢复正常。间情期是发情周期中时间最长的时期。

（三）发情周期特点

羊属季节性多次发情动物，每年发情的开始时间及次数，因品种及地区气候不同而有所差异。例如，我国北方的绵羊多在每年的8—9月发情，而我国温暖地区的湖羊发情季节不明显，但大多集中在春、秋季，南方地区农户饲养的山羊发情季节也不明显。接近繁殖期时，将公、母羊合群同圈饲养，能诱发母羊性活动，使配种提前，并能缩短产后至排卵的时间间隔。

1. 发情周期

山羊平均为20 d（18~22 d）。

2. 产后发情

一般是指母羊分娩后第一次出现的发情。母羊产后发情大多在分娩后1个月前后，早的仅有6~7 d，产后发情出现的早晚与品种、遗传、体况等因素有关。

3. 发情期

发情持续期绵羊为24~36 h，山羊为26~42 h。初配母羊发情期较短，年老母羊较长。

4. 排卵时间

山羊排卵的时间一般在发情开始后的35~40 h。绵羊在发情季节初期会经常发生安静排卵，但山羊发生安静排卵的现象较少。

二、发情鉴定

掌握母羊发情鉴定技术，确定适时输精时间是很重要的。其目的是及时发现发情母羊，正确掌握配种时间，防止误配、漏配，提高受胎率。母羊的发情期短，外部表现不明显，特别是绵羊，不易及时发现和判定发情开始的时间。母羊发情鉴定方法主要有试情法、外部观察法和阴道检查法。

（一）试情法

该方法就是在配种期内，每日定时（早、晚各1次）将试情公羊按1：40的比例放入母羊群中，让公羊自由接触母羊，挑出发情母羊，但不让试情公羊与母羊交配。具体做法如下。

1. 试情公羊的选择

试情公羊应挑选2~4岁身体健壮，性欲旺盛的个体。

2. 试情公羊的准备

为防止试情公羊在试情过程中发生偷配，可以对试情公羊做以下处理。①戴兜布（也称试情布）。取一块细软的布，四角缝上布带，在试情前系在试情公羊腰部，兜住阴茎，但不影响试情公羊行动和爬跨。每次试情完毕，要及时取下兜布，洗净晾干。②结扎输精管。选择1~2岁健康公羊，进行输精管结扎手术。一般在每年的4—5月进行手术，因为这时天气凉爽，无蚊蝇，伤口易愈合。③阴茎移位。通过手术剥离阴茎一部分包皮，然后将其缝合在偏离原来位置约

45°的腹壁上，待伤口愈合后即可用于试情。④佩戴着色标记。在试情公羊腹下佩戴专用的着色装置，当公羊爬跨母羊时，在母羊背上留下着色标记。

3. 试情方法

首先把待鉴定的母羊群圈入试情圈内。试情公羊进入母羊群后，会用鼻去嗅母羊，或用蹄去挑逗母羊，甚至爬跨到母羊背上，如果母羊不动、不跑、不拒绝，或伸开后腿排尿，这样的母羊就是发情羊，应及时做标记或挑出准备配种。

4. 试情时应注意的问题

①试情圈地面应干燥，大小适中。圈大羊少，增加试情公羊的负担；圈小羊多，容易漏选、错选发情母羊。试情圈面积以每只羊 1.2~1.5 m^2 为宜。②试情公羊的头数为母羊数的 3%~5%，试情时可分批轮流使用。③被试出的发情母羊迅速放在另一圈内。试情结束后，最好选用另一头试情公羊，对全部挑出的发情母羊重复试情 1 次。④试情期间，由专人在羊圈中走动，把密集成堆或挤在圈角的母羊轰开，但不要追打和大声喊叫。⑤试情公羊不用时要圈好，不能混入母羊群中。同时，试情公羊在试情期间应适当补料，以使其保持良好的种用体况和旺盛的性欲。⑥配种季节每次试情时间为 1 h 左右，试情次数早晚各 1 次。根据母羊发情晚期排卵的规律，可以采取早、晚 2 次试情的方法配种，早晨选出的母羊下午配种，第 2 天早晨再复配 1 次。晚上选出的母羊到第 2 天早晨配种，下午进行复配，这样可以大大提高受胎率。

（二）外部观察法

直接观察母羊的行为征状和生殖器官的变化来判断其是否发情，这是鉴定母羊是否发情最常用的方法。山羊发情表现较为明显，绵羊发情时间短，外部表现不大明显，观察判断发情时要认真细致。

发情母羊的主要表现是精神兴奋不安，食欲减退，不时地高声咩叫，喜欢接近公羊，并强烈摇动尾巴，当公羊靠近或爬跨时站立不动，并接受其他羊的爬跨，在放牧时常有离群表现。同时，发情母羊的外阴部及阴道充血、肿胀、松弛，并有少量黏液流出，发情前期，黏液清亮，发情后期，黏液呈黏稠面糊状。

（三）阴道检查法

利用阴道开膣器来观察阴道黏膜、分泌物和子宫颈口的变化，判断羊发情与否。将清洁、消毒的羊开张器插入阴道，借助光线观察生殖器官内的变化，如阴道黏膜的颜色潮红充血，黏液增多，子宫颈潮红，颈口微张开等，可判定母羊已经发情。

（四）“公羊瓶”试情法

公山羊的角基部与耳根之间，分泌一种性诱激素，可用毛巾用力揩擦后放入玻璃瓶中，这就是所谓的“公羊瓶”。试验者手持“公羊瓶”，利用毛巾上的性诱激素气味将发情母羊引诱出来。

第四节　繁殖季节与配种方式

一、繁殖季节

由于羊的发情表现受光照长短变化的影响，而光照长短变化是有季节性的，所以羊的繁殖也是有季节性规律的。母羊大量正常发情的季节，称为羊的繁殖季节。

（一）山羊的繁殖季节

光照对山羊发情表现的影响没有绵羊明显，所以山羊的繁殖季节多为常年性的，一般没有限定的发情配种季节。但生长在热带、亚热带地区的山羊，5—6月因为高温的影响也表现发情较少。生活在高寒山区，未经人工选育的原始品种藏山羊的发情配种也多集中在秋季，呈明显的季节性。

（二）公羊的繁殖季节

不管是山羊还是绵羊，公羊都没有明显的繁殖季节，常年都能配种。但公羊的性欲表现，特别是精液品质，主要受环境温度的影响，也呈现出季节性变化的特点，一般还是秋季最好。

羊的配种季节要根据每年产羔次数要求及时间而确定。一般采取秋配春产的方式。秋季为短日照，经过夏、秋季抓膘，羊的膘情好，体质强健，发情排卵整齐，配种受胎容易，有利于胎儿发育，经过一个较长冬季的枯草期，到第二年春暖花开时产羔，羔羊成活率高。在我国高寒地区的羊，繁殖有明显的季节性，多为1年繁殖1次；在平原农区，气候温暖，草料充足，其繁殖季节性不明显，可常年繁殖，1年2次或2年3次，多在春、秋季配种。例如2—3月产羔的母羊，在3—4月配种，8—9月产羔，9—10月再次配种，翌年2—3月又产羔。

二、配种方法

羊的配种方法有自然交配、人工辅助交配和人工授精3种。自然交配现在只有一些条件较差的生产单位和农村使用，在条件较好的地区和单位多用人工辅助交配和人工授精方法。

（一）自然交配

自然交配又称本交，是按一定公母比例，将公羊和母羊同群放牧饲养，一般公母比为1：（15~20），最多1：30。母羊发情时便与同群的公羊自由进行交配。其优点是省工省时，节省人力、物力，可以减少发情母羊的失配率，受胎率较高。这种方法适合牧区居住分散的家庭小型牧场和农村散养户，但有以下不足之处。

（1）公母羊混群放牧饲养，配种发情季节，性欲旺盛的公羊经常追逐母羊，影响采食和抓膘。

（2）公羊需求量相对较大，1头公羊负担15~30头母羊，不能充分发挥优秀种公羊的作用。特别是在母羊发情集中季节，无法控制交配次数，公羊体力消耗很大，将降低配种质量，也会缩短公羊的利用年限。

（3）由于公母混杂，无法进行有计划的选种选配，后代血缘关系不清，并容易造成近亲交配和小母羊早配现象，从而影响羊群质量，甚至引起品种退化。

（4）不能记录准确的配种日期，也无法推算分娩时间，给产羔管理造成困难，易造成意外伤害和怀孕母羊流产。

（5）由生殖器官接触传播的传染病不易预防控制。

（二）人工辅助交配

全年将公、母羊分群隔离饲养或放牧，在配种期内用试情公羊试情，发情母羊用指定公羊配种。这种配种方法不仅可以减少公羊体力消耗，提高种公羊的利用率，而且有利于选配工作的进行，可防止近亲交配和早配，有利于母羊群采食抓膘，能记录配种时间，做到有计划地安排分娩和产羔管理等。在母羊群不大、种公羊数较多的羊场或农户，可以采用人工辅助交配。交配时间一般是早晨发情的母羊傍晚进行配种，下午或傍晚发情的母羊于翌日早晨配种。为确保受胎，最好在第1次交配后，间隔12 h左右再重复交配1次。

（三）人工授精

人工授精是利用器械用人工方法采集公羊的精液，经过精液品质检查和一系列处理后，再利用输精器械将精液输入发情母羊生殖道内，使母羊受胎的配种方法。它最大的优点是可以充分利用经过精心测定和选择的优秀种公羊，与本交相比，公羊所配母羊数可提高数十倍，加速了羊群的遗传进展，扩大了良种的推广利用面；有助于做好配种记录，能及时发现一些有不孕症的母羊和有计划地安排分娩产羔；可以防止疾病传播；减少种公羊饲养数目，节约饲养种公羊的费用。

在羊的杂交改良生产中，如果引进的种公羊数量较少，人工授精是极为有效的配种方法。

第五节　妊娠与妊娠鉴定

妊娠又称怀孕，是卵子受精开始到胎儿发育成熟后与其附属物共同从母体排出的复杂生理过程。

一、妊娠期

母羊自发情接受交配或输精后，精卵结合形成胚胎开始到发育成熟的胎儿出生为止的整个时期为妊娠期。通常以母羊最后一次接受交配或输精的那一天开始到分娩为止。

（一）妊娠期的长短

羊的妊娠期因品种、年龄、胎儿数、胎儿性别以及环境因素而有所变化。一般早熟品种、年轻母羊、怀双胎或多胎、怀雌性胎儿的母羊妊娠期可能稍短。绵羊的妊娠期平均为 150 d（146～157 d），山羊的妊娠期平均为 152 d（146～161 d）。

（二）影响母羊妊娠期的因素

1. 遗传因素

不同品种母羊妊娠期不同，品种相同而品系不同的母羊妊娠期也略有不同。一般山羊的妊娠期略长于绵羊，早熟品种妊娠期较短，如萨福克羊为 144～147 d；晚熟细毛羊品种妊娠期较长，如美利奴羊平均为 149～152 d。

2. 环境因素

季节和光照对妊娠母羊自身的生活和胚胎的生长发育都影响较大，因此与妊娠期的长短有关。一般母羊在春季产羔的妊娠期比在秋季产羔的妊娠期长。

3. 营养因素

营养水平低，特别是妊娠后期和怀双羔时营养水平低，有使妊娠期缩短的趋势。有报道，绵羊在妊娠 108 d 后，给予营养水平低的饲养，妊娠期可缩短 1～5 d。

4. 胎儿因素

胎儿的大小、数目和性别也会影响妊娠期的长短。一般怀双羔或多羔的母羊妊娠期比怀单羔的母羊妊娠期短。

（三）妊娠母羊的变化

妊娠期间，母羊的全身状态，特别是生殖器官相应发生一些生理变化。

1. 妊娠母羊的体况变化

妊娠母羊新陈代谢旺盛，食欲增强，消化能力提高。因胎儿的生长和母体自身重量的增加，妊娠母羊体重明显上升。妊娠前期因代谢旺盛，妊娠母羊营养状况改善，表现毛色光润，膘肥体壮。妊娠后期则因胎儿急剧生长消耗，如饲养管理较差时，妊娠羊则表现瘦弱。

2. 妊娠母羊生殖器官的变化

（1）卵巢。母羊妊娠后，妊娠黄体则在卵巢中持续存在，从而使发情周期中断。妊娠后，卵巢的位置随着胎儿体积的增大而逐渐下沉，偏离未妊娠时的位置。

（2）子宫。妊娠母羊子宫增生，继而生长和扩展，子宫体积逐渐增大，以适应胎儿的生长发育。

（3）外生殖器。妊娠初期，阴门紧闭，阴唇收缩，阴道黏膜的颜色苍白。临产前阴唇表现水肿而柔软，其水肿程度逐渐增加。

3. 妊娠母羊体内生殖激素的变化

母羊妊娠后，先是内分泌系统协调孕激素的平衡，以维持妊娠。妊娠期间，几种主要孕激素变化和功能如下。

（1）孕酮。又称黄体酮，是卵泡在促黄体素的刺激下释放的一种生殖激素。孕酮与雌激素协同发挥作用，是维持妊娠所必需的。母羊妊娠期间不仅由黄体产生孕酮，肾上腺和胎盘组织也能分泌，因而足以制止妊娠期再发情，并直接有助于妊娠期内生殖系统的生理机能，直到将近分娩前的数天孕酮才急剧减少或完全消失。

（2）雌激素。是在促性腺激素作用下由卵巢释放，继而进入血液，通过血液中雌激素和孕酮的浓度来控制垂体前叶分泌促卵泡素和促黄体素的水平，从而控制发情和排卵。雌激素也是维持妊娠所必需的。妊娠初期血浆雌激素浓度较低，以后逐步增加，分娩前达到最高峰。

二、妊娠鉴定

妊娠鉴定就是根据母羊妊娠后所表现的各种变化来判断其是否妊娠以及妊娠的进展情况。配种后，如能尽早进行妊娠诊断，对于保胎、减少空怀、提高繁殖率及有效地实施生产经营、管理都是相当重要的。经过妊娠检查，对确定妊娠的母羊加强饲养管理，维持母体健康，保证胎儿的正常发育，防止胚胎早期死亡和避免流产。若确定未孕，应注意下次发情，并及时查找出原因，例如交配时间及配种方法是否合适，精液品质是否合格，母羊生殖器官是否患病等，以便改进或及时治疗。

在实际生产中，有效的妊娠鉴定方法应具有方便、容易掌握、准确率高、对胎儿和母体无影响、费用低廉等特点。常用的妊娠鉴定方法主要有以下几种。

（一）外部观察法

母羊妊娠后，一般表现为周期性发情停止，性情温顺、安静，行为谨慎，同时，甲状腺活动逐渐增强，食欲旺盛，采食量增加，营养状况改善，毛色光亮。到妊娠后半期（3~4个月后）腹围增大，腹壁右侧（孕侧）比左侧更为下垂突出，肋腹部凹陷，乳房增大。外部观察法的最大缺点是不能早期（配种后第一个情期前后）确诊是否妊娠，而且没有某一个或某几个表现时也不能确定没有妊娠。对于某些能够确诊的观察项目一般都在妊娠中后期才能明显看到，这就可能影响母羊的再发情配种。在进行外部观察时，应注意的是配种后再发情，比如少数绵羊（约30%）在妊娠后有假发情表现，依此做出空怀的结论并非正确。但配种后没有妊娠，而由于生殖器官或其他疾病以及饲养管理不当而不发情者，据此做出妊娠的结论也是错误的。

（二）腹壁触诊法

母羊在触诊前一晚应该停饲，用双腿夹住羊的颈部或前躯保定，双手紧贴下腹壁，以左手在右侧下腹壁或两对乳房上部的腹部前后滑动触摸有无硬块，可以触诊到胎儿，有时可以摸到子叶。在胎儿胸壁紧贴母羊腹壁听诊时，可以听到胎儿心音。根据这些可以判断母羊是否妊娠。更为精确的方法是触诊结合直肠检查，其具体方法：让已停饲一夜的待检母羊仰卧保定，用肥皂水灌肠，以排出直肠中的宿粪，将涂有润滑剂（如肥皂水、食用油等）的光滑木棒或塑料棒（直径1.5 cm，长50 cm，前端较细而钝）插入肛门，贴近脊柱，向直肠内缓缓插入30 cm左右。然后，轻轻下压触诊棒的另一端，使直肠内一端稍稍挑起，同时另一只手在母羊右侧腹壁触摸，如能摸到块状实体则为妊娠。检查配种60 d以后的母羊，准确率95%左右，85 d以后的准确率可达100%。需要注意的是，检查时动作要轻缓，以防止损伤直肠，配种115 d以后的母羊不宜使用此法进行检查。

（三）阴道检查法

妊娠母羊阴道黏膜的色泽、黏液性状及子宫颈口形状均有一些与妊娠相一致的规律变化。此方法就是利用阴道开张器打开阴道，根据阴道内黏膜的颜色和黏液情况来判定母羊是否妊娠。

1. 阴道黏膜

母羊怀孕后，阴道黏膜由空怀时的淡粉红色变为苍白色，但用开膣器打开阴道后，几秒钟内即由苍白色又变成粉红色。空怀母羊黏膜始终为粉红色。

2. 阴道黏液

孕羊的阴道黏液呈透明状，而且量很少，因此也很浓稠，能在手指间牵成线。相反，如果黏液量多、稀薄、流动性强、不能在指间牵成线、颜色灰白色而呈脓状的母羊为未孕。

3. 子宫颈

孕羊子宫颈紧闭，色泽苍白，并有糊糊状的黏块堵塞在子宫颈口，人们称为“子宫栓”。应注意的是，在做阴道检查之前阴道开膣器和检查人员的手臂等要认真消毒。

三、预产期

有配种记录的母羊，可以按配种日期以“月加 5，日减 4 或 2（2 月配种则日减 1）”的方法来推算预产期。例如，4 月 8 日配种怀孕的母羊其预产期应为 9 月 4 日，10 月 7 日配种怀孕的母羊则为次年的 3 月 5 日。

第六节　分娩、接产与助产

分娩就是母羊经过一定的妊娠期以后，胎儿在母体内发育成熟，母羊将胎儿及其附属物从子宫内排出体外的过程，是胎儿发育成熟后母羊自发的生理活动。

为了保证羊的正常繁殖和获得健康强壮的羔羊，并防止由于繁殖而带来的疾病，养羊人员必须了解和掌握正常分娩过程和接产方法，引起分娩的因素是多方面的，有激素、神经和机械等多种因素的相互协同配合，母体和胎儿共同参与完成。

一、分娩预兆及分娩过程

（一）分娩预兆

母羊分娩前，机体的一些器官在组织和形态方面发生了显著的变化，母羊的行为也与平时不同，这些变化是适应胎儿的产出和新生羔羊需要的机体特有反应。

1. 乳房变化

妊娠中期乳房开始增大，分娩前 1~3 d，乳房明显增大，乳头直立，乳房静脉努张，手摸有硬肿之感，用手挤时有少量黄色初乳，但个别羊在分娩后才能挤出初乳。如果母羊乳头由松软状变粗、变大、变充盈，预示着 1~2 d 内分娩。值得注意的是，依据母羊在分娩前乳头的变化来估计分娩时间虽比较可靠，但它受母羊营养状况的影响较大，因此，不应单纯依靠母羊乳房变化来预测分娩日期。

2. 外阴部变化

母羊在分娩前数天，阴唇逐渐变松软、充血肿胀，体积增大，阴唇皮肤上皱褶逐渐展平消失，阴门逐渐开张，从阴道流出浓稠的黏液，在分娩前数小时表现更明显。但奶山羊的阴唇变化较晚，在分娩前数小时才出现。

3. 骨盆变化

母羊骨盆韧带在临产前数天开始逐渐松弛，变得柔软，肷窝部下陷，臀部肌肉也有塌陷，以临产前 2~3 h 最为明显。由于韧带松弛，荐骨活动性增大，用手握住尾根向上抬感觉荐骨后端能上下移动。奶山羊的骨盆韧带软化明显，当荐骨两侧各出现一条纵沟，骨盆韧带完全松软时，分娩时间一般在 1 d 内。

4. 行为变化

临近分娩前数小时，母羊表现孤独，喜欢离群，放牧时易掉队，精神不安，食欲不振，停止反刍，不时咩叫，频频起卧，有时用蹄刨地，排尿次数增多，不时回顾腹部，喜卧墙角，卧地时两后肢伸直等。有这些征状表现的母羊应留在产房，不要再放牧。

综上，母羊在分娩前所表现出的各种征状都属于分娩前的预兆，但在实际生产中不能单独依靠其中某一个分娩预兆来估计母羊的分娩时间，一定要综合考虑，全面考察才能做出正确的判断。

（二）分娩过程

母羊整个分娩过程是从子宫壁肌肉和腹部肌肉阵缩开始，到胎儿和胎衣等附属物完全排出体外为止。整个分娩过程是一个有机联系的整体，一般按习惯将分娩分为 3 个阶段，即子宫颈开口期、胎儿产出期和胎衣排出期。

1. 子宫颈开口期

也称子宫颈开张期，简称开口期，是从子宫开始有规则阵缩算起，到子宫颈口充分完全开大为止。这一时期一般仅有阵缩，没有努责。子宫颈变软、扩张。母羊在开口期一般持续 3~4 h，临产母羊都是寻找不易受干扰的地方等待分娩，其表现是前蹄刨地，咩叫；食欲减退，轻微不安，时起时卧，尾根抬起，常做排尿姿势，并不时排出少量粪尿；脉搏、呼吸加快；常舔舐其他母羊所产的羔羊。

2. 胎儿产出期

简称产出期，是从子宫颈口充分开张，胎囊及胎儿的前置部分进入阴道，胎囊及胎儿楔入盆腔，母羊开始努责，到胎儿完全排出为止。在这一时期，阵缩和努责共同作用，其中努责是排出胎儿的主要力量。先是胎儿通过完全开张的子宫颈，逐渐进入骨盆腔，随后增强的子宫颈收缩力促使胎儿迅速排出。

这一时期母羊临床表现为极度不安，频繁起卧，前蹄创地，有时后蹄踢腹部，弓背努责。然后，在胎头进入并通过盆腔及其出口时，由于骨盆反射而引起强烈努责，这时母羊一般均侧卧，四肢伸直，腹肌强烈收缩；努责数次后，休息片刻，然后继续努责；这时脉搏加快，子宫收缩力强，持续时间长，几乎连续不断。胎儿从显露到产出体外的时间为0.5~2 h，产双羔时，先后间隔5~30 min。胎儿产出时间一般不会超过2~3 h，如果时间过长，则可能是胎儿产式不正常形成难产。

顺产绵羊的分娩从胎膜破裂、羊水流出到胎儿产出的时间一般为4~5 h，山羊为6~7 h。如果母羊胎膜破裂后超过6 h胎儿仍未产出，即应考虑胎儿在母体产道内的姿势是否正常；超过12 h，即应按难产处理。

3. 胎衣排出期

胎衣是胎膜的总称，包括部分断离的脐带。胎衣排出期是从胎儿排出后到胎衣完全排出为止。它是通过胎盘的退化和子宫角的局部收缩来完成的。

胎儿排出后，母羊即开始安静下来。几分钟后，子宫再次出现轻微阵缩。这个时期母羊一般不再努责或偶有轻微努责。阵缩持续的时间及间隔的时间均较长，力量也减弱。胎衣排出的机制，主要是由于胎儿排出并断脐后，胎儿胎盘血液大为减少，绒毛体积缩小，同时胎儿胎盘的上皮细胞发生变性。此外，子宫的收缩使母羊胎盘排出大量血液，减轻了子宫黏膜腺窝的张力。怀双羔或多羔的母羊，胎衣是在全部胎儿排出之后，一次或分多次排出。

二、正常分娩的接产

（一）接产的准备工作

接产工作是羊生产中的一项重要工作，如果因为准备工作不到位，引起母羊或新生羔羊死亡，就会造成生产上的经济损失。因此，在母羊分娩之前，应该认真做好助产的准备。

1. 产房的准备

我国地域辽阔，各地自然生态条件和经济发展水平差异很大，产房（在较寒冷地区可用塑料暖棚）的准备，应当因地制宜，不能强求一致。在妊娠母羊群进入分娩期前3~5 d，必须把产房的墙壁和地面、运动场、饲草架、饲槽、分娩栏等打扫干净，并用3%~5%的烧碱溶液或10%~20%的石灰乳水溶液，或者商品消毒液（如百毒杀等，用量参考说明书）进行彻底消毒。消毒后的产房，应当做到地面干燥，空气新鲜，光线充足，冬季还应做好产房的防寒保温工作。产房可划分为大、小两处，大的一处放日龄较大的母仔群，小的一处放刚刚分娩的母仔。运动场也应分成两处，一处圈母仔群，羔羊小时白天可留在这里，羔羊稍大时，供母仔夜间停宿；另一处圈养待产母羊。

2. 饲草、饲料的准备

母羊在临产至产后的20 d，要停止放牧，准备的饲草、饲料量要比其他时间多，而且质量也比较高，既要营养丰富，又要容易消化。饲草、饲料一定要种类多、数量足、质量优。混合精料一定是营养比较全面的配合料和混合料，干草最好是适口性强、容易消化的豆科牧草，还要有一定数量的块根块茎饲料和青贮饲料。在牧区，在产房附近，从牧草返青时开始，在避风、向阳、靠近水源的地方用土墙、草坯或铁丝网围起来，作为产羔用草地，其面积大小可根据产草量、牧草的植物学组成以及羊群的大小、羊群品质等因素决定，但草量至少应当够产羔母羊一个半月的放牧为宜。

有条件的羊场及饲养户，应当为冬季产羔的母羊准备好充足青干草、质地优良的农作物秸秆、多汁饲料和适当的精料等，对春季产羔的母羊，也应当准备至少可以舍饲 15 d 所需要的饲草、饲料。

3. 接产人员的准备

接产人员应有较丰富的接羔经验，熟悉母羊的分娩规律，严格遵守操作规程。同时，接羔是一项繁重而细致的工作，为确保接产工作的顺利进行，每群产羔母羊除专门接产人员以外，还必须配备一定数量的辅助劳动力。同时，接产前，接产人员的手臂应洗净消毒。

4. 用具及器械的准备

在接产前要准备肥皂、毛巾、药棉、纱布、注射器、体温计、听诊器、细绳、塑料布、照明灯、70%~75%酒精、2%~5%碘酒、催产药等。有条件的场或企业可以准备一套常用的产科器械。

（二）接产

母羊正常分娩时，胎儿会自然产出，此时，接产人员的工作主要是观察母羊的分娩情况和护理初生羔羊。

母羊正常分娩时，在胎膜破裂、羊水流出后几分钟至 30 min 左右，羔羊即可产出。正常胎位的羔羊两前肢夹头，出生时一般两前肢及头部先出，并且头部紧靠在两前肢的上面。若是产双羔，先后间隔 5~30 min，但也偶有长达数小时以上的。因此，当母羊产出第一羔后，必须检查是否还有第二个羔羊，方法是以手掌在母羊腹部前侧适力颠举，如是双胎，可触感到光滑的羔体。

在母羊产羔过程中，非必要时一般不应干扰，最好让其自行分娩。但有的初产母羊因骨盆和产道较为狭窄，或双羔母羊在分娩第二只羔羊时已感疲乏的情况下，这时需要助产。助产方法：人在母羊体躯后侧，用膝盖轻压其肷部，等羔羊最前端露出后，用一手推动母羊会阴部，待羔羊头部露出后，再用一手托住头部，一手握住前肢，随母羊的努责向后下方拉出胎儿。

（三）初生羔羊护理

1. 清除黏液

羔羊产出后其身上的黏液，最好让母羊舔净，这样对母羊认羔有好处。如母羊恋羔性弱时，可将胎儿身上的黏液涂在母羊嘴上，引诱它舔净羔羊身上的黏液，也可以在羔羊身上撒些麦麸，引导母羊舔食，如果母羊不舔或天气寒冷时，可用柔软干草或者用消毒过的毛巾把其口腔、鼻腔里的黏液掏出、擦净，以免因呼吸困难、吞咽羊水引起窒息或异物性肺炎。同时，避免羔羊受凉。

2. 断脐

羔羊出生后，多数情况下都是会自己扯断脐带。在人工助产下分娩的羔羊或者没有能自行断脐的，可由接产人员断脐带。断前可用手把脐带中的血向羔羊脐部挤几下，然后在离羔羊肚皮 3~4 cm 处一只手固定住靠近羔羊腹部的部分，另一只手抓住剩下部分用力拧断，也可以用止血钳夹断或剪断。断脐后一定要用5%碘酒消毒断口处，防止断脐口处感染。

3. 假死羔羊的护理

羔羊生下时发育正常，但生下后不呼吸或有很微弱的呼吸，而且肺部有啰音，心脏仍有跳动，这种现象称为假死。

造成假死的原因：胎儿过早发生呼吸动作而吸入了羊水；子宫内缺氧；难产，分娩时间过长或受惊等。若遇到这种情况一定要认真检查，不应把假死的羔羊当成真死的羔羊扔掉，以免造成经济损失。

假死羔羊的抢救方法：①先将呼吸道内的黏液或羊水完全清除干净，再用酒精棉球或微量碘酒滴入羔羊的鼻孔刺激羔羊呼吸或向羔羊鼻孔吹气、喷烟来刺激羔羊呼吸，使之苏醒；②将羔羊两后肢提起悬空并轻轻拍打其背、胸部；③将假死羔羊放平，两手有节律地推压胸部两侧，也可使假死的羔羊苏醒。若有冻僵的羔羊，应立即将其移进暖室进行温水浴。水温由 38℃ 开始逐渐增加至 45℃，在进行温水浴时应将羔羊的头部露出水面，同时结合腹部按摩，等待羔羊苏醒后立即擦干全身。

4. 扶助站立

羔羊产下后 10~40 min 便可以站立起来，但站立不稳，易摔倒，此时需要接产人员的扶助，防止摔伤。

5. 哺喂初乳

初乳就是母羊分娩后在 4~7 d 内分泌的乳汁，色泽微黄，略有腥味，呈浓稠状。初乳的营养物质十分丰富，与常乳相比干物质含量约高 2 倍。矿物质约高

1.5 倍，蛋白质高出 3~5 倍，并且富含维生素。特别重要的是，初乳含有多种抗体、酶、激素等，这些物质可以增强初生羔羊对疾病的抵抗能力，并且具有轻泻作用，以便羔羊及时排出胎粪，增进食欲，强化消化功能，所以应尽早地给羔羊哺喂初乳。羔羊产下后，母羊会及时舔干羔羊身上的黏液。羔羊睁眼站立后，会发出叫声，母羊也同样会发出低调亲切的叫声，这时就可以人工帮助羔羊找到乳头开始哺喂，但第一次哺乳注意不可过饱。母山羊的恋羔性一般不是很强，如山羊羔离开母羊太久，会出现母羊拒认羔羊的现象。绵羊的母仔关系较紧密，一般不会出现这种情况。

（四）产后母羊护理

母羊分娩后非常疲惫、口渴，应给母羊饮温水，最好是用麸皮、食盐和温热水调制成的麸皮盐水汤，以补充母羊分娩时体内水分的消耗，帮助维持体内酸碱平衡，增加腹压和恢复体力。但母羊一次饮水量不要过多，以 300 mL 为宜，产后第一次饮水过量，容易造成真胃扭转等疾病。母羊分娩后，应剪去乳房周围的长毛，用温水或消毒水清洗乳房，再用毛巾擦干，把乳房内的陈乳挤出几滴，以便羔羊及时吃到干净卫生的初乳。

（五）胎衣排出

羊的胎衣及其附属物通常在分娩后 2~4 h 内排出。胎衣排出的时间一般需要 0.5~8 h，但不能超过 12 h，否则会引起子宫炎等一系列疾病。母羊产羔后有疲倦、饥饿、口渴的感觉，个别母羊会啃食胎盘和沾染胎液的垫草，所以，产后应及时给母羊饮喂一些掺进少量麦麸的温水，或饮喂一些豆浆水，以防止母羊吞食胎衣。

（六）羔羊的寄养

羔羊出生后，如果母羊意外死亡或者母羊一胎产羔过多，应给羔羊找保姆羊寄养。产单羔而乳汁多的母羊和羔羊死亡的母羊都可充当保姆羊。寄养的方法是将保姆羊的胎衣或乳汁抹擦在被寄养羔羊的臀部或尾根，或将羔羊的尿液抹在保姆羊的鼻子上，也可将已死去的羔羊皮覆盖在需寄养的羔羊背上，或于晚间将保姆羊和寄养羔关在一个栏内，经过短期熟悉，保姆羊便会让寄养羔羊吃奶。

三、难产及难产助产

分娩过程中胎儿排出受阻，母体不能将胎儿顺利产出即为难产。

放牧的羊群，母羊很少发生难产，母羊分娩过程几乎不需要人工助产。但是圈养的羊群，尤其是现在胚胎移植技术的运用，母羊的难产率有所提高。因此，难产的处理及其助产技术显得十分重要。

（一）难产的原因

在生产实践中，难产的原因主要是阵缩无力，胎位、胎向、胎势不正，子宫颈及骨盆狭窄，胎儿过大、畸形等。

（二）常见难产的助产方法

1. 产力性难产

是指母羊阵缩及努责微弱，主要由分娩时母羊子宫及腹壁肌肉收缩次数少、时间短和收缩强度不够引起。此时可肌内或静脉注射催产素 10~20 IU，观察母羊分娩进程，待其自然娩出，但这种方法并不十分可靠。根据生产的实际情况，可将外阴部和助产者的手臂消毒后，伸入产道，抓住胎儿的头部，缓慢均匀地用力，把胎儿拉出。

2. 胎儿性难产

主要由胎儿的姿势、位置和方向异常引起，其原因经常是胎儿横向、竖向，胎儿下位、侧位，头颈下弯、侧弯、仰弯，前肢腕关节屈曲，后肢跗关节屈曲等。此时需要助产人员进行人工助产，如胎儿过大，应把胎儿的两前肢拉出来再送进产道，反复三四次扩大阴门后，配合母羊阵缩补加外力牵引，帮助胎儿产出。如遇胎位、胎向不正时，助产人员应配合母羊阵缩间歇时，用手将胎儿轻轻推回腹腔，手也随着伸进阴道，用中指、食指对异常的胎位、胎向、胎势进行矫正，待纠正后再抓住胎儿的前肢或后肢把胎儿拉出。

3. 产道性难产

主要由于母羊阴道及阴门狭窄和子宫肿瘤等引起，在生产中多见胎头的颅顶部在阴门口，母羊虽经努责，但仍然产不出胎儿。此时，助产人员可在阴门两侧上方，将阴唇剪开 1~2 cm，两手在阴门上角处向上翻起阴门，同时压迫尾根基部，以使胎头产出而解除难产。如果分娩母羊的子宫颈过于狭窄或不能扩张，助产人员应该果断施行剖宫产手术，以挽救母羊和羔羊的生命。

4. 双羔同时楔入产道

在母羊产双羔或多羔时可见，此时助产人员应将消毒后的手臂伸入产道将一个胎儿推回子宫内，把另一个胎儿拉出后，再拉出推回的胎儿。如果双羔各将一个肢体伸入产道，形成交叉的情况，则应先辨明关系。助产人员可通过触诊腕关节和跗关节的方法区分开前后肢，再顺手触摸肢体与躯干的连接，分清肢体的所属，最后拉出胎儿解除难产。

（三）难产助产的注意事项

（1）助产人员必须戴上消毒过的橡皮手套。如当时没有橡皮手套，可将手指甲剪去磨光，手放在消毒液中浸泡 3~5 min，涂上凡士林、液体石蜡、肥皂或其他润滑剂。

（2）接产前，先将母羊的阴唇、肛门、尾根等处用清水清洗干净，然后用 0.2%~0.3%高锰酸钾、2%来苏尔、百毒杀、菌毒光等溶液或 70%~75%酒精棉球消毒。

第七节　同期发情技术

同期发情是指利用某些外源激素人为调节一群母羊的发情周期，使之在预定的时间内集中发情的技术。目前同期发情通常采用两种方法：一种是延长黄体期，即使用孕激素药物，抑制母羊发情。此类激素主要有孕酮及其类似物，如甲孕酮、炔诺酮、氯地孕酮、氟孕酮、18-甲基炔诺酮、16-次甲基甲地孕酮等；另一种是缩短黄体期，即利用前列腺素 $F_{2\alpha}$ 及其类似物同时处理一群待处理的母羊，促使其黄体退化。

一、羊同期发情的意义

（一）有利于推广人工授精

同期发情的方法是适应推广人工授精的需要而被重视的，它的出现又有利于推动人工授精的发展。采用同期发情处理后，因为羊群是在预定的时间内整体表现出一致的发情，可以定时进行人工输精。

（二）便于组织生产

控制母羊同期发情对生产有利，具有经济上的意义。由于同期发情技术使母羊群发情、配种、妊娠、分娩等过程相对集中，便于商品羊及其产品的成批生产，有利于更合理地组织生产和有效地进行饲养管理，可以节约劳力和费用。对于工厂化、规模化养羊生产有很大的实用价值。

（三）提高繁殖率

同期发情也是群体性诱导发情，不但可以作用于周期性发情的母羊，而且能使处于乏情状态的母羊出现周期性活动。例如，卵巢静止的母羊经过孕激素处理后，很多表现发情，而因为持久黄体存在长期不发情的母羊，用前列腺素处理后，由于黄体消退，生殖机能也得以恢复，因此可以缩短繁殖周期，从而提高母羊的繁殖率。

（四）是胚胎移植必需的手段之一

在胚胎移植中，当胚胎长期保存的问题尚未解决之前，同期发情是经常采用甚至是不可缺少的一种方法。

二、羊同期发情处理的方法

（一）孕激素处理法

向待处理的母羊施用孕激素，用外源孕激素继续维持黄体分泌孕酮的作用，造成人为的黄体期而达到发情同期化。为了提高同期率，孕激素处理停药后，常配合使用能促使卵泡发育的孕马血清促性腺激素。

1. 常用药物

目前已能人工合成多种孕酮及其类似物制剂，主要有甲孕酮、氯地孕酮、氟孕酮、18-甲基炔诺酮、16-次甲基甲地孕酮等。这些人工合成的孕激素，其功能与孕酮类似，但其效率往往大于孕酮，同时有乳剂、丸剂、粉剂等不同剂型。

2. 药物用量

不同种类药物的用量：孕酮 150~300 mg、甲孕酮 40~60 mg、甲地孕酮 80~150 mg、氟孕酮 30~60 mg、18-甲基炔诺酮 30~40 mg、16-次甲基甲地孕酮 30~50 mg。

3. 给药方法

由于剂型不同，孕激素给药处理的方法有口服、肌内注射、皮下埋植和阴道栓塞等。①口服孕激素。每日将定量的孕激素药物拌在饲料内，通过母羊采食服用，持续 12~14 d，因此每日用药量除孕酮外应是前述药物用量的 1/5~17/10，并要求药物与饲料搅拌均匀，使采食量相对一致。最后 1 d 口服停药后，随即注射孕马血清 400~750 IU。②肌内注射。一般油剂常用于肌内注射。每日按一定药物用量注射到处理羊的皮下或肌肉内，持续 10~12 d 后停药。这种方法剂量易控制，也较准确，但需每日操作处理，比较麻烦。国内生产的肌内注射“三合激素”只处理 1~3 d，大大减少了操作日程，较为方便。③皮下埋植。一般丸剂可直接用于皮下埋植，或将一定量的孕激素制剂装入管壁有小孔的塑料细管中，用专门的埋植器或兽用套管针将药丸或药管埋在羊耳背皮下，经过 15 d 左右取出药物，同时注射孕马血清 500~800 IU。④阴道栓塞。将乳剂或其他剂型的孕激素按剂量制成悬浮液，然后用泡沫海绵浸取一定药液，或用表面敷有硅橡胶，其中包含一定量孕激素制剂的硅橡胶环构成的阴道栓，用尼龙细线把阴道栓连起来，塞进阴道深处子宫颈外口，尼龙细线的另一端留在阴户外，以便停药时拉出栓塞物。阴道栓一般在 14~16 d 后取出，也可以施以 9~12 d 的短期处理或

16~18 d的长期处理。但孕激素处理时间过长，对受胎率有一定影响。为了提高发情同期率，在取出栓塞物的当天可以肌内注射孕马血清 400~750 IU。

值得注意的是，人工合成的孕激素即外源孕激素作用期太长，将改变母羊生殖道环境，使受胎率有所降低，因此可以在药物处理后的第一个发情期过程中不配种，待第二个发情期出现时再实施配种，这样既有相当高的发情同期率，受胎率也不会受影响。

（二）促进黄体退化法

应用前列腺素及其类似物使黄体溶解，从而使黄体期中断，停止分泌孕酮，再配合使用促性腺激素，引起母羊发情。

1. 常用药物

用于同期发情的国产前列腺素以及类似物有 15-甲基 $PGF_{2\alpha}$、氯前列烯醇和 $PGF_{1\alpha}$甲酯等；进口的有高效的氯前列烯醇和氟前列烯醇等。

2. 给药方法及用量

前列腺素的使用方法是直接注入子宫颈或肌内注射。注入子宫颈的用量为 1~2 mg；肌内注射一般以 2 次为宜，2 次间隔时间为 8~14 d，每次注射 $PGF_{2\alpha}$ 10~20 mg 或氯前列烯醇 100~120 μg 或者 15-甲基 $PGF_{2\alpha}$0. 5~1 mg。但应注意的是，前列腺素对处于发情周期 5 d 以前的新生黄体溶解作用不大，因此前列腺素处理法对少数母羊无作用，应对这些无反应的羊进行第二次处理。同时还应注意，由于前列腺素有溶解黄体的作用，已怀孕母羊会因孕激素减少而发生流产，因此要在确认母羊属于空怀时才能使用前列腺素处理。

（三）其他方法

1. 孕激素+PMSG 法

先用孕激素阴道栓处理 14 d，然后取出，同时肌内注射 PMSG，剂量为绵羊 200~500 IU，山羊 200~300 IU。此法同期发情率较高，洪琼花等用此法处理中国美利奴羊和波尔山羊同期率达 95%。

2. 孕激素+PMSG+$PGF_{2\alpha}$法

母羊阴道埋植孕酮栓 16 d，在撤栓前 2 d，肌内注射 PMSG 200~500 IU，撤栓时再每只母羊肌内注射 $PGF_{2\alpha}$1 mg。

3. 三合激素法

虽然孕激素和前列腺素在羊同期发情处理上获得了很好的效果，但费用较高。目前，在实际生产中更多使用的是价格低廉、应用方便、效果较好的国产三合激素。其中每毫升含有丙酸睾丸素 25 mg，黄体酮 12. 5 mg，苯甲酸雌二醇 1. 5 mg。每只皮下注射 1 mL，一般处理后第 2 天、第 3 天集中发情。

第八节　人工授精技术

人工授精技术可分为 2 类。第一类为液态精液人工授精技术，又可分为 2 种方法。①鲜精或 1：（2~4）低倍稀释精液人工授精技术，1 只公羊 1 年可配母羊 500~1 000只以上，比用公羊本交提高 10~20 倍以上。用这种方法，将采出的精液不稀释或低倍稀释，立即给母羊输精，它适用于母羊季节性发情较明显，而且数量较多的地区。②精液 1：（20~50），高倍稀释人工授精技术，1 只公羊 1 年可配种母羊 10 000只以上，比本交提高 200 倍以上。如江苏省海门市，地处长江三角洲，交通便利，多年来，利用这一技术，全市只有一个改良站制作高倍稀释精液，每个乡镇设立输精点，实行统一供精，1 只公羊每年配种母羊 10 000~15 000只，受胎率可达 90%。液态精液如果组织得不好，或在山区及交通不便而母羊较少的地区，会出现精液用不完而浪费的现象，降低了精液的利用率。第二类为冷冻精液人工授精技术，可把公羊的精液常年冷冻储存起来，在任何地方、时间都可使用。如制作颗粒冷冻精液，1 只公羊 1 年所采出的精液可冷冻 10 000~20 000颗粒，可配母羊 2 500~5 000只。精液用多少可解冻多少，不会造成浪费。但受胎率较低，高者在 50%以上，低的只有 30%~40%，其成本高，效果较差。现将人工授精具体操作技术分述如下。

一、采精前的准备

（一）种公羊采精调教

一般来说，公羊采精较容易，但有些波尔山羊公羊，尤其是初次参加配种的公羊，就不太容易采出精液，可采取以下措施。

1. 同圈法

将不会爬跨的公羊和若干只发情母羊关在一起过几夜，或与母羊混群饲养几天后公羊便开始爬跨。

2. 诱导法

在其他公羊配种或采精时，让被调教公羊站在一旁观看，然后诱导其爬跨。

3. 按摩睾丸

在调教期每日定时按摩睾丸 10~15 min，或用冷水湿布擦睾丸，经几天后则会提高公羊性欲。

4. 药物刺激

对性欲差的公羊，隔日每只注射丙睾丸素 1~2 mL，连续注射 3 次后可使公羊爬跨。

5. 黏液或尿液刺激

将发情母羊阴道黏液或尿液涂在公羊鼻端，也可刺激公羊性欲。

6. 用发情母羊作台羊

台羊可选用发情母羊，刺激公羊爬跨。

7. 调整饲料，改善饲养管理

这是根本措施，若气候炎热时，应进行夜牧。

（二）器械洗涤和消毒

人工授精所用的器械在每次使用前必须消毒，使用后要立即洗涤。新的金属器械要先擦去油渍后洗涤。方法：先用清水冲去残留的精液或灰尘，再用少量洗衣粉洗涤，然后用清水冲去残留的洗衣粉，最后用蒸馏水冲洗 1~2 次。

1. 玻璃器皿消毒

将洗净后的玻璃器皿倒扣在网篮内，让剩余水流出后，再放入烘箱，在 115℃下消毒 30 min。可用消毒杯柜或碗柜消毒，价格便宜、省电。消毒后的器皿透明，无任何污渍，才能使用，否则要重新洗涤、消毒。

2. 开膣器、温度计、镊子、瓷盘等消毒

洗净、干燥后，在使用前 1.5 h，用 75%酒精棉球擦拭消毒。

（三）假阴道的安装、洗涤和消毒

先把假阴道内胎（光面向里）放在外壳里边，把长出的部分（两头相等）反转套在外壳上。固定好的内胎松紧适中、匀称、平整、不起皱褶和扭转。装好以后，在洗衣粉水中，用刷子刷去粘在内胎外壳上的污物，再用清水冲去洗衣粉，最后用蒸馏水冲洗内胎 1~2 次，自然干燥。

在采精前 1.5 h，用 75%酒精棉球消毒内胎（先里后外），待用。

配制 75%酒精的方法：用购买的医用酒精，一般为 95%浓度，取其 79 mL，加蒸馏水 21 mL 即为 75%浓度的酒精。

二、采精

（1）选择发情好的健康母羊做台羊，后躯应擦干净，头部固定在采精架上（架子自制，一般为一个羊体高）。训练好的公羊，可不用发情母羊做台羊，还可用公羊做台羊、假台羊等都能采出精液。

（2）种公羊在采精前，用湿布将包皮周围擦干净。

（3）假阴道的准备。将消毒过的、酒精完全挥发后的内胎，用生理盐水棉球或稀释液棉球从里到外擦拭，在假阴道一端扣上消毒过并用生理盐水或稀释液冲洗后甩干的集精瓶（高温低于 25℃时，集精瓶夹层内要注入 30~35℃温水）。

在外壳中部注水孔注入 150 mL 左右的 50～55℃温水，拧上气卡塞，套上双连球打气，使假阴道的采精口形成三角形，并拧好气卡。最后把消毒好的温度计插入假阴道内测温，温度以 39～42℃为宜，在假阴道内胎的前 1/3，涂抹稀释液或生理盐水做润滑剂（可不用凡士林，经多年实践不用任何润滑剂，不影响公羊射精），就可立即用于采精。

（4）采精操作。采精员蹲在台羊右侧后方，右手握假阴道，气卡塞向下，靠在台羊部，假阴道和地面约呈 35°。当公羊爬跨、伸出阴茎时，左手轻托阴茎包皮，迅速地将阴茎导入假阴道内，公羊射精动作很快，发现抬头、挺腰、前冲，表示射精完毕，全过程只有几秒钟。随着公羊从台羊身上滑下时，将假阴道取下，立即使集精瓶的一端向下竖立，打开气卡活塞，放气，取下集精瓶（不要让假阴道内水流入精液，外壳有水要擦干），送操作室检查。采精时，必须高度集中，动作敏捷，做到稳、准、快。

（5）种公羊每天可采精 1～2 次，采 3～5 d，休息 1 d。必要时每天采 3～4 次。2 次采精后，让公羊休息 2 h 后，再进行第 3 次采精。

三、精液品质检查

精液品质检查项目很多，这里只介绍几种常用的项目。

（一）肉眼观察

正常精液为乳白色，无味或略带腥味。凡带有腐败味，出现红色、褐色、绿色的精液均不可用于输精。公山羊正常的射精量是 0.5～2.0 mL，平均为 1.0 mL。

（二）精子活率检查

在载玻片上滴原精液或稀释后的精液 1 滴，加盖玻片，在 38℃显微镜下（可按显微镜大小，自制保温箱，内装 40W 灯泡 1 只，既照明又保温）检查。精子运行方式有直线前进运动、回旋运动和摆动 3 种。评定精子活率以直线前进运动精子百分率为依据，通常是用十级评分法。大约有 80%的精子做直线前进运动的评为 0.8，有 60%精子做直线前进运动的为 0.6，以此类推。山羊原精液活率一般可达 0.8 以上。但新引进的波尔山羊第一年使用活率往往较差，原精活率只有 0.6，第二年就提高了。在检查（评定）精子活率时，要多看几个视野，并上下扭动显微镜细螺旋，观察上、中、下 3 层液层的精子运动情况，才能较精确地评出精子的活率。

（三）密度检查

1. 估测法

在检查精子活率的同时进行精子密度的估测。在显微镜下根据精子稠密程度的不同，将精子密度评为“密”“中”“稀”3级。“密”级为精子间空隙不足1个精子长度，“中”级为精子间有1~2个精子长度空隙，“稀”级为精子间空隙超过2个精子长度以上，“稀”级不可用于输精。

2. 精子计数法

用血细胞计数板较精确地计算出每毫升精液中的精子数，在精液高倍稀释时，要以精子数和精子活率来计算出精液稀释倍数。计算方法：用红细胞吸管取原精液至0.5刻度处，再吸入3%的氯化钠溶液至101刻度处，将原精液稀释200倍。以拇指及食指分别按吸管的两端摇匀，然后弄去吸管前数滴，将吸管尖端放在计数板与盖玻片之间的空隙边缘，使吸管中的精液流入计算室（高0.1 mm），充满其中。计数板中央用刻线分成25个正方形大格，共由400个小方格组成，面积为1 mm^2。在200、400倍显微镜下数出5个大方格（四角各1个，再加中央1个大方格，共80个小方格）内的精子数。计算时以精子头部为准，位于大方格四边线条上的精子，只数相邻两边的精子，避免重复。数出4个大方格的精子总数后加7个“0”，即为1 mL原精液的精子数。

每毫升山羊精液中含精子数为10亿~50亿，平均为30亿。精子计数可10~15 d进行1次。有条件的地方可用密度仪器测定。

四、液态精液稀释配方与配制

（1）精液低倍稀释的稀释液，在精液采出后，原精数量不够时，可做低倍稀释，密度仪器测定。满足需要，并在短时间内使用，稀释液配方可简单些。如生理盐水或奶类稀释液（用鲜牛、羊奶，水浴92~95℃消毒15 min，冷却去奶皮后即可使用）。凡用于高倍稀释精液的稀释液，都可做低倍稀释用。

（2）精液高倍稀释的稀释液，不但是为了扩大精液量，也是要延长精子的保存时间，配方很多，现介绍2个稀释液。①葡萄糖3 g、柠檬酸钠1.4 g、EDTA（乙二胺四乙酸二钠）0.4 g，加蒸馏水至100 mL，溶解后水浴煮沸消毒20 min，冷却后加青霉素10万IU，链霉素0.1 g，若再加10~20 mL卵黄，可延长精子存活时间。②葡萄糖5.2 g、乳糖2.0 g、柠檬酸钠0.3 g、EDTA 0.07 g、三木醇0.05 g、蒸馏水100 mL，溶解后煮沸消毒20 min，冷却后加庆大霉素1万IU，卵黄5 mL。

五、液态精液稀释

（1）精液低倍稀释，原精液量够输精时，可不必再稀释，可以直接用原精直接输精。不够时按需要量做1：（2~4）倍稀释，要把稀释液加温到30℃，再把它缓慢加到原精液中，摇匀后即可使用。

（2）精液高倍稀释，要以精子数、输精剂量、每一剂量中含有1 000万个前进运动精子数，结合下午最后输精时间的精子活率，来计算出精液稀释比例，在30℃下稀释（方法同前）。

六、分装、保存和运输

精液低倍稀释，就近输精，把它放在小瓶内，不需降温保存，短时间用毕。

（一）分装和保存

1. 小瓶中保存

把高倍稀释精液，按需要量（数个输精剂量）装入小瓶，盖好盖，用蜡封口，包裹纱布，套上塑料袋，放在装有冰块的保温瓶（或保存箱）中保存，保存温度为0~5℃。

2. 塑料管中保存

将精液以1∶40倍稀释，以0.5 mL为一个输精剂量，注入塑料吸管（剪成20 cm长，紫外线消毒），两端用塑料封口，保存在自制的泡沫塑料的保存箱内（箱底放冻好的冰袋，再放泡沫塑料隔板，把精液管用纱布包好，放在隔板上面，固定好）盖上盖子，保存温度大多在4~7℃，最高到9℃。精液保存10 h内使用，这种方法，可不用输精器，经济实用。

（二）运输

不论哪种包装，精液必须固定好，尽可能减轻震动。若用摩托车送精液，要把精液箱（或保温瓶）放在背包中，背在身上。若乘汽车送精液，最好把它抱在身上。

七、冷冻精液制作技术

制作冷冻精液，要有很多设备，好在各省、区都有精液冷冻站，可冷冻波尔山羊精液，不需增加设备，有的站已经开始冷冻波尔山羊精液，并取得较好的效果。20世纪80年代，朱德建等成功地在北京市门头沟区冷冻绒山羊精液，获得情期受胎率73%的好结果，现介绍给大家，供参考。

（一）稀释液配方与配制

Ⅰ液：葡萄糖3 g、柠檬酸钠3 g，加蒸馏水至100 mL，溶解后，水浴煮沸消毒20 min，冷却后加青霉素10万IU，链霉素0.1 g，取80 mL加卵黄20 mL。

Ⅱ液：取Ⅰ液44 mL，加甘油6 mL。

（二）精液冷冻制作

采出的精液，检查活率在 0.6 以上者即可冷冻，在 30℃ 下用 Ⅰ 液（30℃）进行 1：1.5 倍稀释，包上 8 层纱布放在 4℃ 冰箱中预冷降温 1~2 h，在 4℃下加与Ⅰ液等量的含甘油的Ⅱ液，摇匀，最终按 1：3 倍稀释，立即在氟板上滴冻成 0.1 mL 的颗粒。取本稀释液Ⅰ液 94 mL，加甘油 6 mL，合成Ⅰ液，就可以冷冻细管精液。

八、输精

（一）输精时间

适时输精，对提高母羊的受胎率十分重要。山羊的发情持续时间为 24~48 h。排卵时间一般多在发情后期 30~40 h。因此，比较适宜的输精时间应在发情中期后（即发情后 12~16 h）。如以母羊外部表现来确定母羊发情的，若上午开始发情的母羊，下午与翌日上午各输精 1 次；下午和傍晚开始发情的母羊，在翌日上、下午各输精 1 次。每天早晨 1 次试情的，可在上、下午各输精 1 次。2 次输精间隔 8~10 h 为好，至少不低于 6 h。若每天早晚各 1 次试情的，其输精时间与以母羊外部表现来确定母羊发情相同。如母羊继续发情，可再行输精 1 次。

（二）母羊保定

这里介绍一种不需输精架的倒立保定法，它没有场地限制，任何地方都可输精。保定人将母羊头夹紧在两腿之间，两手抓住母羊后腿，将其提到腹部，保定好不让羊动，母羊呈倒立状。用温布把母羊外阴部擦干净，即可输精。

（三）输精方法

1. 子宫颈口内输精

将经消毒后在 1%氯化钠溶液浸刷过的开膣器装上照明灯（可自制），轻缓地插入阴道，打开阴道，找到子宫颈口，将吸有精液的输精器通过开膣器插入子宫颈口内，深度约 1 cm。稍退开膣器，输入精液，先把输精器退出，后退出开膣器。进行下一只羊输精时，把开膣器放在清水中，用布洗去黏附在上面的阴道黏液和污物，擦干后再在 1%氯化钠溶液浸刷；用生理盐水棉球或稀释液棉球，将黏附在输精器上的黏液、污物自口向后擦去。

2. 阴道输精

将装有精液的塑料管从保存箱中取出（需多少支取多少支，余下精液仍盖好)，放在室温中升温2~3 min后，将管子的一端封口剪开，挤一小滴镜检，活率合格后，将剪开的一端从母羊阴门向阴道深部缓慢插入，到有阻力时停止，再剪去上端封口，精液自然流入阴道底部，拔出管子，把母羊轻轻放下，输精完毕。

装在小瓶中保存的高倍稀释精液，要用输精器吸入后再输精（余下精液仍在0~5℃下保存)，可做子宫颈口内或阴道输精。液态精液情期受胎率在80%以上。有人做过试验，阴道输精的情期受胎率比子宫颈口内输精的降低不到2%。所以情期液态精液可以阴道输精，而且塑料管又可代替输精器，便于推广应用。冷冻精液必须进行子宫颈口内输精，否则会降低受胎率。有条件的用腹腔镜子宫角内输精，能使冷冻精液受胎率提高。

（四）输精量

原精输精每只羊每次输精0.05~0.1 mL，低倍稀释为0.1~0.2 mL，高倍稀释0.2~0.5 mL，冷冻精液为0.2 mL以上。

（五）冷冻精液解冻

解冻好坏对解冻后活率有很大影响。笔者采用40℃水温解冻颗粒精液，先把小试管用维生素B_{12}（每支含0.5 mg）冲洗一下，留一点维生素B_{12}，并快速在40℃水中摇动至2/3融化，取出试管继续速摇至全部融化，解冻后活率较好。另外，建议做一个泡沫塑料小盒，倒上液氮，再把冷冻精液袋放入液氮中，这样可避免未解冻的颗粒精液，因升温又入液氮降温，影响活率。

九、所需器材、药品、用品、表格

（一）所需器材、药品、用品

所需物品大部分已在文章中提到了。用于配制稀释液的药品、试剂：一水葡萄糖液，柠檬酸钠、EDTA为分析纯，青霉素、链霉素，卵黄需新鲜鸡蛋，不加水鲜奶。假阴道内胎，玻璃器皿易破损的物品要多准备一些。显微镜保温箱、开膣器照明灯、精液保存箱等可自行制作，在实践中要有所创新。如要开展冷冻精液输精，要配备好液氮罐。

（二）表格

有种公羊精液品质检查表、母羊配种记录表、精液使用登记表及日常事务记录表等，各项记录必须按时、准确填写。统计分析，总结经验，改进工作。

第五章　山羊的饲养管理

第一节　饲养模式

山羊在牧区、半农半牧区和农区均有分布，因放牧条件不同，我国已形成了全放牧、放牧加补饲、舍饲 3 种饲养山羊的方式。

一、全放牧的饲养模式

在草场面积较大的地区，可以采取传统的以放牧为主的方式。北方牧区一般都是全放牧，南方的大多数山区，连片的草地上千亩，且农田较少的地区就可以全放牧饲养。山羊由于采食较广，因此，放牧山羊要求合理利用草场，一般不要放牧过度。依据不同地形、牧草质量等，组群可由几十只到上百只。为了不使草场退化，应将草山草坡或放牧场划区轮牧。

夏、秋季多放高山和离栖息地较远的地区，冬、春季则放牧低平地区。草场轮牧后可以提高饲草再生量，从而提高载畜量，还可以防止寄生虫的传播感染。

二、放牧加补饲的饲养模式

在丘陵和平坦的农区，田边地角、河道路旁虽有一些零星放牧地，但不宜自由放牧，这些地区多采用小群零散放牧。这种饲养方式可利用有限的牧草资源放牧，减小饲养成本，但受放牧地形和大小限制，羊群难以管理，放牧群体不宜过大，一般最多不超过 50 只，适合规模较小的散户或种公羊等特殊群体，收牧后要补喂草料、农副产品或精料，以保证山羊有足够的采食量和营养物质。放牧山羊应选择地势较平或浅丘缓坡地方，坡度太陡或植被太深的地方放牧山羊，容易造成羊只丢失，且不宜收牧。放牧应制定科学合理的放牧制度，根据草场情况确定放牧数量、放牧时间，可使用轮牧、围栏等放牧方式，切忌超载放牧，造成环境破坏和污染。

三、全舍饲的饲养模式

山羊虽然活泼好动，但舍饲是完全可行的，并且有利于山羊产业化集约管理。有关研究表明，山羊游走运动时要增加能量消耗，据测定，行走 1 km，总能消耗增加 2.4%，行走 2 km 则增加 4.1%，行走 4 km 增加量达 11.8%。从某种意义上讲，舍饲减少了山羊的游走运动，可降低山羊的维持消耗，有利于山羊的生长育肥。南非著名的肉用波尔山羊就是以舍饲方式育肥。

在人口密度较大的农区，放牧草场非常有限，可采用将山羊常年舍饲的方式，喂给刈割青草，树叶树枝、秸秆或农副产物，同时给山羊补喂一些精料。我国四川省简阳市、乐至县是以舍饲山羊获得成功的地区。

舍饲山羊圈舍应宽敞，并需要在圈外修建一定面积的运动场，每日定时将山羊放到运动场上活动。随着我国山羊数量的增加，并有向农区大发展的趋势，舍饲山羊将有增无减。在法国、美国、墨西哥的部分发达地区，为了节省劳动力，也将山羊舍饲饲养集约管理。

第二节　山羊的四季放牧要点

一、春季放牧

春季气候特点是“寒冷潮湿雨雪多，冷热变化难掌握”，春季牧草特点是“百草返青正换季，草嫩适口不宜过食”，春季放牧应注意以下几个要点。补充营养，春季的羊由于过了几个月的冬季，一般营养较差，体质瘦弱，有的正处于妊娠后期，有的肉羊正在哺乳，迫切需要较好的营养，这时牧场冬草较少，青草未长出，如果遇上早春的寒潮、连雨天气，很容易造成羊只冻死、饿死和流产等。因此，早晨放牧前可补喂干草或者秸秆等农作物，收牧后适当补充精饲料，弱羊、病羊、妊娠羊、种公羊等是重点补喂对象；春季放收应选背风向阳、比较暖和的地方，减少因寒冷而造成的热能消耗而且阳坡地牧草返青早，地势比较干燥，既不会踏坏牧地，羊也不致因受潮而得病；春季正是牧草交替之际，有的地方青草虽已生长出，但是薄而稀，要防止跑青，嫩草水分高，过量采食容易造成拉稀，也容易造成氢氰酸中毒。因此，每天可先放老草坡，让肉羊食枯草，再放青草地；春季早上天冷，露水多，放牧时间不宜早；春季潮湿，肉羊体弱，是寄生虫繁殖滋生的适宜时期，要注重驱虫、垫圈，保持圈舍干净。

二、夏季放牧

经过春季放牧，羊群体况已基本恢复，而夏季饲料丰富，且牧草处于抽茎开花阶段，营养价值较高，是羊抓膘育肥的最好时机，为秋冬满膘、配种打下基础。但夏季天气炎热、蚊蝇多，极易造成羊中暑或引起其他疾病。因此，养殖户要提前做好准备工作，因地制宜，科学放养，以达到优养优牧，快速育肥的目的。注意放牧方法：夏季天气炎热，羊群爱聚堆，影响采食。上午放牧应早出早归，一般待露水刚干即可出牧。11:00—15:00 让羊在圈内或阴凉处休息、反刍，19:00 收牧。晴爽天气，天气炎热，应选择干燥的地方放牧或者林荫地放牧，以防中暑。

（一）注意散热晾羊

夏季羊很容易上火发病，为保证羊体健康，每天晾羊十分重要。中午放牧后羊群不要急于赶入羊圈，可直接让羊在树荫下风凉休息饮水。晚上放牧后，可待羊晾一段时间后再入圈舍。每次出牧和收牧时，不要急于赶羊，让羊缓慢行走、活动并晾体散热。

（二）注意防风雨袭击

夏季雷阵雨较多，羊群一旦遭到雷雨袭击，很容易伤体、感冒、掉膘，因此，夏天放牧应尽量避开风雨。多雷多雨天气，放牧时可自带能遮盖羊群的大块纤维布，让羊临时避雨。另外，切忌电闪雷鸣时在陡坡放牧，以防羊受惊摔伤、遭雷。

（三）注意补盐、饮水

夏季天气炎热，饮水是必不可少的工作，在每天补喂 1~2 次混合饲料（麦麸、玉米面、豆饼等加稻糠、草糠配制）的同时，还要给羊饮用 4~6 次淡盐水，防暑降温。饮水水源可以是河水、泉水或井水，切忌让羊饮用死塘水、排灌水、洼沟水。井水较冰冷，不宜直接饮用，应放一段时间后再饮用；夏季切忌让羊在潮湿泥泞的地方吃草、休息，以免引起风湿病。盐不仅可以给羊体提供钠和氯，还能刺激食欲，增加饮水量，促进新陈代谢，利于羊只的抓膘保膘，因此，每天应保证盐的供应。

（四）注意环境卫生

夏季高温多湿，羊放牧归来后，因活动范围变小，容易造成圈舍潮湿和环境不良，往往会引起寄生虫病的发生，因此要注意羊舍的环境卫生、通风和防潮，保持羊舍清洁干爽，做好羊疥癣等寄生虫病的防治。日常喂给的饲料、饮水必须保持清洁。不喂发霉、变质、有毒及夹杂异物的饲料，饲喂用具经常保持干净。羊舍、运动场要经常打扫，并定期消毒。

（五）注意防病、治病

放牧时要随时注意羊的精神状态、食欲和粪便情况。当发生传染病或疑似传染病时，应立即隔离，及时请兽医进行观察治疗，对病死羊的尸体要妥善处理，深埋或焚烧，做到切断病源，控制流行。

三、秋季放牧

秋初早晚凉爽，中午气温高，放牧时应坚持中午避暑，早出牧，晚收牧，每天坚持饮干净水2次以上。晚秋放牧还要保暖，栏圈要垫草，周围应护风，应到牧草长势较好的向阳坡放牧。

（一）补饲关

白天放牧，夜间补喂适量营养丰富、适口性好、利于消化的精料，可促长、催膘。特别是妊娠羊，每只每天应补精料0.5 kg左右，产双羔母羊应适当增加。严禁饲喂发霉变质的草料，要供给足够的饮水，添加适量的食盐，以增强饲草的适口性，增强机体抵抗力。

（二）配种关

秋季母羊膘情好，发情正常，排卵多，易受胎，有利于胎儿发育。要抓好母羊的配种，春季产羔，以9月配种为宜，翌年2月母羊产羔，气温开始回升，避免了数九寒天，这样母羊产羔后，很快能吃上青草，羔羊发育快，育成率高。

四、冬季放牧

冬季由于牧草干枯，适口性差，营养价值低，某些地区多冰雪，一旦管理不善可造成羊只发病死亡。冬季也是母羊妊娠和部分母羊产羔时期，因此，放牧羊群应注意以下几点。

（一）调整羊群

将不能越冬和无种用价值的老、弱、病、残羊只趁肥时，在越冬前淘汰处理。

（二）科学放牧

冬季放牧羊要做到跟群放牧，靠上羊，使羊少走路，多吃草，饮足水。根据地形和饲草条件先放阴坡、后放阳坡，先放低草、后放高草的方法，充分利用草地。并根据天气情况顶风放牧，顺风归牧；严寒天气晚牧早归，晴暖天气早牧晚归。风雪天不放牧，不惊吓羊群，避免羊跳沟壕。临产母羊不跟群放牧。

（三）放牧与补饲相结合

冬季气温低，羊体消耗能量大，特别是妊娠母羊除消耗大量体热用于御寒外，胎儿的生长发育也需要大量营养，单靠放牧满足不了营养需要，应补饲草料。每晚补草1~2 kg、盐5 g、精料0.25~0.5 kg，有条件的可喂些青菜和胡萝卜。

（四）采取成林放牧措施

羊能啃咬树皮，吃掉幼树嫩枝，严重破坏山林植被，毁坏幼林。为了达到既发展养羊，又保护好山林的目的，冬季可到成林中放牧，让羊采食野草和落叶。养羊多的乡、村要合理安排，做好规划，对幼树林采取封山育林的措施加以保护。

第三节　羔羊的饲养技术

从出生到断奶，这个阶段的羊称为羔羊。一般2~3个月羔羊饲养管理的目标是，减少发病率，提高整齐度，降低淘汰率，提高成活率和羔羊断奶重。

一、新生期羔羊的护理

新生期羔羊，是指出生15 d以内的羔羊。新生期羔羊的护理是提高羔羊成活率的关键时期，一定要做好以下几点。

（一）脐带消毒

新生羔羊出生后，无论是自然断脐带，还是人工断脐带，都必须将羔羊的断端，浸入碘酒中消毒。在干化脱落前，注意观察脐带变化，如有滴血，及时结扎消毒。脐带在出生后1周左右可干缩脱落。

（二）保温

山羊一般都是在冬季和春季产羔，因此，要注意新生羔羊的保温。冬季产房和新生羔羊的圈舍温度应保持在10℃以上，并保持圈舍温度的相对稳定性，严防贼风侵袭。产房地面要铺垫清洁、柔软的干稻草或锯末，并保持地面干燥。

母羊分娩后，有舔食羔羊身体表面黏液的本性。新生羔羊出生后，要及时清除羔羊口、鼻黏液。要让母羊尽快舔干羔羊身上的黏液，如果母羊不舔羔羊，可在羔羊身上撒上麸皮，诱导母羊舔，然后用干净布擦净，防止感冒。

（三）早喂初乳

羔羊出生后，就有吮乳的本能要求。应在羔羊出生后 1 h 之内，必须吃到初乳，这一点非常关键。羔羊吃奶之前，用温水洗净母羊乳头及周围，挤去“奶塞”和前几滴奶。母羊产后 3~5 d 排出的乳汁称为初乳，初乳内含有 17%~23%的蛋白质、9%~16%的脂肪等营养物质和抗体，能增强羔羊的免疫力，促进胎粪的排出，是不可替代的羔羊食品。

（四）做好缺奶羔羊的哺喂

对无奶、缺奶、多羔或孤羔，一方面要尽早找“奶妈”配奶，使母仔确认，代哺羔羊。否则，要及时人工补喂代乳粉，保证羔羊吃奶，正常生长。另一方面，调节母羊日粮供应，增加产奶量，如补充多汁饲料和蛋白质饲料（饮用熟豆浆等）。要特别注意的是，随着育种技术的重视，目前生产中产双羔和多羔的母羊逐渐增多，而母羊产奶性能无法满足多羔的需求，这些羔羊从出生后第 1 天起除了吃母乳外，还要补喂人工乳，否则会影响羔羊的生长发育，造成羔羊生长缓慢，体质较差，易生病。

（五）做好日常护理

日常护理是实现羔羊饲养管理目标的主要管理措施。这里把日常护理内容简要概括为“二勤”“三防”“三定”。

“二勤”即勤观察羔羊脐带、排便拉稀、精神状态、吃奶欲望、是否咩叫等，以及母羊产羔排出的胎衣、羊水、恶露等；勤扫圈舍、饲槽、饮水槽、粪便、羊毛。

“三防”即防止冻伤羔羊蹄、耳、嘴及冻感冒；防止由于母羊奶水不足使羔羊挨饿；防止羔羊受凉、吃多等引起拉稀、消化不良、感冒等病。

“三定”即定时配奶、定时补喂、定期消毒。“定时配奶、定时补喂”即吃奶和补喂人工乳要有规律，建立良好的条件反射，促进胃肠道消化机能的正常发育；羔羊抗病力差，因此，需要对环境定时清扫与消毒，及时清除污物，保持舍内空气流通，保障羔羊机体健康。

二、哺乳期羔羊的饲养管理

（一）哺乳前期的饲养管理

羔羊从出生到 40 d 为哺乳前期阶段，这一阶段羔羊的主要营养物质来源于母乳和补饲草料。此阶段，羔羊消化器官生长发育的可塑性很大。挖掘潜力、精心培育是此阶段饲养管理的中心。在饲养技术上，量化补饲，添加容易消化吸收、营养丰富平衡的颗粒饲料，补饲柔软、优质的苜蓿、青干草，提供盐砖舔补，卫生饮水；在管理措施上，定时、定量、定点补喂，适时增料增草，防止吃多拉稀，按月称重，掌握日增重，保持稳步增重。同时做好程序化防疫。

羔羊出生 7 d 后可以进行诱饲，给予专用颗粒补饲料；15~20 d 开始采食饲料饲草。补饲在补饲栏中进行，让羔羊自由采食。1 月龄以后，羔羊采食量开始增加。精料颗粒料补饲量应达到每日每只羔羊 0.3 kg，胡萝卜饲喂量 0.2~0.3 kg，分 2~3 次饲喂，并补饲优质易消化的苜蓿等青干草。

（二）哺乳后期的饲养管理

哺乳后期是指羔羊出生后 40 d 到断奶这一阶段。产后 40 d 母羊的泌乳量逐步下降，而羔羊在这个阶段的增重却最大，饲草饲料开始成为羔羊增重的主要营养来源。瘤胃的发育及机能的逐渐完善，饲草料采食量增长很快。羔羊每日每只可补饲精料 0.3~0.5 kg，胡萝卜 0.3~0.4 kg，青干草自由采食。管理上，要根据羔羊的体格、强弱、大小及时与母羊一同调整、分圈。后期要使羔羊随母羊的饲养日程，一同上槽采食，为断奶后转入新的饲养日程做准备。

（三）羔羊的断奶

羔羊的断奶一般在 2~3 月龄。断奶的标准应该以羔羊采食能力、采食量和体质状况来决定，而不单纯以月龄来进行。采食能力强、体质好、体重大的羔羊可提早断奶；而采食能力差、采食量低和体质弱的羔羊，可推迟断奶。一般山羊羔羊体重达到 12 kg 即可断奶。羔羊的断奶采用一次性断奶。具体做法：先行减奶，即对哺乳母羊断奶前 7~10 d 减少精饲料，从而减少产奶，继而一次性将母、仔分开，不再合群。

为了减少羔羊断奶后的应激，一是采取“母走仔留”，即断奶时赶走母羊，将羔羊仍然留在原来羊舍，使母仔之间“不见其身、不闻其音”，弱化母仔“之情”；二是公、母分群，逐步适应新的群体环境、活动环境、饲养程序和饲喂手法的变化；三是刚断奶头几天，羔羊恋奶、恋母，咩咩直叫，食欲减退，要多加注意。

三、哺乳期羔羊的饲养管理及保健规程

（一）饲养管理规程

（1）出生后 0.5 h 内一定吃足初乳，吃好常乳。

（2）3 日龄后打耳号，或挂吊牌。

(3) 7 日龄开始诱食全价羔羊颗粒料。

(4) 7 日龄后母羊和羔羊开始分饲，羔羊圈内设草料食槽、水槽，羔羊定时放入母羊圈吃奶。

(5) 7~30 日龄内白天 4 次/d 定时哺乳，31~50 日龄 3 次/d 投放草料，晚上母仔同圈。以上日龄日粮除哺乳外，以全价羔羊颗粒料为主，辅以优质饲草，随意采食。

(6) 51~80 日龄哺乳 2 次/d，其余时间母崽完全隔离，每天 3 次定时、定量投放草料，每次定量饲喂结束后，饲槽内仍保留适量草料。

(7) 81~90 日龄哺乳 1 次/d，其余管理措施同 51~80 日龄。整个羔羊期间，保持舍内、运动场清洁、干燥，饮水清洁充足，食槽内不留隔日草料。

(二) 保健规程

(1) 出生断脐后 24 h 肌内注射破伤风抗毒素。

(2) 7 d 内注射肺炎疫苗，21 d 进行肺炎苗的二免。

(3) 30 日龄和 45 日龄分别进行三联四防疫苗首免和二免。

(4) 25 日龄用通灭驱虫。

(5) 50 月龄注射口蹄疫疫苗。

(6) 3 月龄注射羊痘疫苗。

(7) 每日清扫羊舍 2 次，运动场 1 次，每 7 d 消毒 1 次，保持清洁干燥。

(8) 随时观察羔羊食欲、粪便等情况。

(9) 发现病羊隔离治疗，做好记录。

第四节 育成羊的饲养技术

育成羊是指羔羊从断奶后到第一次配种的公、母羊，一般 3 月龄断奶至 1~1.5 岁。育成羊特性是生长发育较快，营养物质需求量大，如果此期营养不良，就会显著地影响生长发育，从而形成个头小、体重轻、四肢高、胸窄、躯干浅的体型。同时还会使体型变弱、被毛稠密且质量不良、性成熟和体成熟推延、不能按时配种，而且会影响终身的生产性能，甚至失去种用价值。因此，育成羊是羊群的将来，其培育质量如何是羊群面貌能否尽快转变的关键。

我国很多养殖场、户对育成羊的饲养注重不够，以为其不配种、不怀羔、不泌乳、没有生长负担，在冬春时节不加补饲，因而多呈现程度不同的发育受阻。冬羔比春羔在育成时期之所以表现良好，就是因为冬羔出生早，利用青草期时间长，体内有较多的营养储备。

一、育成羊的选种

选择适宜的育成羊留作种用是羊群质量进步的根本和重要措施。生产中首先要对断奶羔羊进行选择，把品种特性优秀的、高产的、种用价值高的公羊和母羊选出来留作繁衍用，不符合要求的羔羊则转为商品羊出售或育肥。生产中常用的选种办法是依据育成羊自身的体型外貌、生产性能，并结合系谱检查和后裔测定进行选择。

二、育成羊的营养需要

山羊在育成阶段，对蛋白质的质与量要求仍然较高。比如哺乳期 2~3 个月的母羊，每日可消化粗蛋白 100 g 左右，断奶后直至 1.5 岁时仍保持这个水平。而公羊每日所需的可消化粗蛋白，则应从哺乳期的 130 g 左右，提高到育成期的 135~150 g。在蛋白质中，对山羊生长影响最大的是赖氨酸。为此，应注意选择富含赖氨酸的草料来饲喂羔羊和育成羊。

在育成期，骨骼仍在强烈生长，对钙、磷的需要非常迫切。可将钙增至 5.5~6.6 g，磷 3.2~3.6 g，使其比例接近于 2：1。如长期钙磷缺乏或比例失调，就会使食欲减退，生长迟缓，增重减慢，饲料利用率降低。

育成羊对维生素 A 和维生素 D 的需要仍很迫切。维生素 A 不足，则出现皮肤组织角质化、神经系统退化、性机能不良、易感染疾病等。维生素 D 不足，则生长不良，或出现佝偻病。

三、育成羊的培育

断乳以后，羔羊按性别、大小、强弱分群，增强补饲，按饲养规范采取不同的饲养计划，按月抽测体重。

羔羊在断奶组群放牧后，仍需继续补喂精料，补饲量要依据牧草情况而定。刚离乳整群后的育成羊，正处在早期发育阶段，这一时期是育成羊生长发育最旺盛时期，也正值夏季青草期。在青草期应充分应用青绿饲料，由于其营养丰富全面，有利于促进羊体消化器官的发育，能够促进山羊的生长。因而夏季青草期应以放牧为主，并结合少量补饲。放牧时要注意锻炼头羊，控制好羊群，不要养成好游走、挑好草的不良习惯。放牧间隔不可过远。在春季由舍饲向青草期过渡时，正值北方牧草返青时期，应控制育成羊跑青。放牧要采取先阴后阳（先吃枯草树叶后吃青草），控制游走，增加采草时间。

在枯草期，特别是第一个越冬期，育成羊还处于生长发育时期，而此时饲草枯萎、营养质量低劣，加之冬季时间长、天气冷、风大，耗费能量较多，需要摄取大量的营养物质才能抵御冰冷的侵袭，保证生长发育，所以必须增强补饲。在枯草期，除坚持放牧外，还要保证有足够的青干草和青贮料。精料的补饲量应视草场情况及补饲粗饲料状况而定，一般每天喂混合精料 0.2~0.5 kg。由于公羊一般生长发育快，营养需求多，所以公羊要比母羊多喂些精料，同时还应注意对育成羊补饲矿物质（如钙、磷、钠）及维生素 A 等。

关于舍饲饲养的育成羊，若有质量优秀的豆科干草，其日粮中精料的粗蛋白质以 12%~13%为宜。若干草质量较差，可将粗蛋白质的含量增加到 16%。混合精料中能量以占整个日粮能量的 70%~75%为宜。

育成期羊的管理，直接影响到羊的提早繁殖，必须予以重视。如果绒山羊母羔羊 6 月龄体重能达到 30 kg，8 月龄就可以进行第一次配种。因此，要实现当年母羔 80%参加当年配种繁殖，育成期的饲养至关重要。

四、舍饲育成羊精料配方

（一）育成前期（3~8 月龄）

精料配方①：玉米 68%、花生饼 12%、豆饼 7%、麦麸 10%、磷酸氢钙 1%、添加剂 1%、食盐 1%。日粮组成：精料 0.4 kg、苜蓿 0.6 kg、玉米秸秆 0.2 kg。

精料配方②：玉米 50%、花生饼 20%、豆饼 15%、麦麸 12%、石粉 1%、添加剂 1%、食盐 1%。日粮组成：精料 0.4 kg、青贮 1.5 kg、干草或稻草 0.2 kg。

（二）育成后期（9~18 月龄）

精料配方①：玉米 45%、花生饼 25%、葵花饼 13%、麦麸 15%、磷酸氢钙 1%、食盐 1%。日粮组成：精料 0.5 kg、青贮 3 kg、干草 0.6 kg。

精料配方②：玉米 80%、花生饼 8%、麦麸 10%、添加剂 1%、食盐 1%。日粮组成：精料 0.4 kg、苜蓿 0.5 kg、玉米秸秆 1 kg。

第五节　母羊饲养技术

对于母羊，主要任务是繁育后代，因而，要求常年保持良好的饲养管理条件，以完成配种、妊娠、哺乳和提高生产性能等任务。母羊的饲养管理，可分为空怀期、妊娠期和泌乳期 3 个阶段。

一、空怀期的饲养管理

主要任务是恢复体况。由于各地产羔季节安排的不同，母羊的空怀期长短各异，如在年产羔 1 次的情况下，母羊的空怀期一般为 5~7 个月。在这期间牧草繁茂，营养丰富，注重放牧，一般经过夏秋季放牧，母羊体重增长较快，体况良好。但对于草场条件较差的地区，要在配种前 1～1.5 个月进行短期优饲，选择牧草丰盛且营养丰富的草地放牧，延长放牧时间，使母羊尽可能多采食优质牧草，还要加强能量饲料的补充，促进母羊膘情恢复，实现满膘配种，这样不仅可以促使母羊提早发情，还可以增加排卵数，提高繁殖率。在配种前 1.5 个月，应加强繁殖母羊的饲养，尽快恢复体况，促进发情，提高受胎率和双羔率。对体况较差的母羊可通过补饲部分精料来调整体况。

二、妊娠期的饲养管理

母羊妊娠期一般分为前期（3 个月）和后期（2 个月）。

（一）妊娠前期

此期胎儿发育较慢，母羊所需营养并无显著增加，可以维持空怀时的饲料量。此期的任务是要继续保持配种时的良好膘情，早期保胎。此间，牧草尚未枯黄，通过加强放牧能基本满足母羊的营养需要；随着牧草的枯黄，除放牧外，还必须补饲，每只每日补饲优质干草 1.0～1.5 kg 或青贮饲料 1.0～2.0 kg。舍饲养殖日粮可由 50%青绿草或青干草、40%青贮或微贮、10%精料组成。加强管理，不能喂发霉变质、冰冻有霜的饲料，不饮冰碴儿水，不让羊受惊，以防发生早期隐性流产。

（二）妊娠后期

此期胎儿发育很快，胎儿初生重约 90%的体重是在母羊妊娠后期增加的，故此期母羊对营养物质的需要量明显增加。加之母羊自身也需储备大量的养分，为产后泌乳做准备，因此，需供给充足的营养。若此期母羊营养不足，会造成羔羊初生体重轻、抵抗力弱。据研究报道，妊娠后期的母羊和胎儿一般增重 6～7 kg、能量代谢比空怀母羊提高 15%～20%。怀孕后期需补饲体积小、营养价值较高的优质干草和精料，一般情况下放牧后每日补饲干草 1～1.5 kg、青贮饲料 1.5 kg、精料 0.3～0.5 kg。精料可由 51%玉米、16%麸皮、17%豆粕、10%黑豆、1.5%酵母粉、2%骨粉、1%食盐、0.5%小苏打、1%微量元素组成。在产前 10 d 左右多喂一些多汁料和精料，以促进乳腺分泌。年产 2 胎的母羊应全年补饲精料，日喂量按体重的 0.8%喂给，产双羔和产 3 羔的母羊每只每日再增加 0.2～0.3 kg 精料，分早、晚补给。

在管理上，不喂发霉、腐败、受霜冻的饲草饲料，不让羊饮冰水、污水。要坚持运动，以防难产。但不可剧烈运动，以防流产。禁止打羊、吓羊，提防角斗，防止拥挤，不跨沟坎。保胎是此期管理的重点。放牧时要选择平坦开阔的牧场，出牧、归牧、饮水、补饲都要慢而稳，避免拥挤和急驱猛赶，防止母羊滑跌。不要给母羊服用大剂量的泻剂和子宫收缩药，以防母羊流产。增加母羊户外活动的时间，保持适量运动。发现母羊有临产征兆，立即将其转入产房。对已进入分娩栏的母羊，应精心护理，仔细观察，严防分娩时无人在场接产。

三、哺乳期的饲养管理

母羊哺乳期可分为哺乳前期和哺乳后期。过去传统哺乳期为 4 个月，哺乳前期和哺乳后期划分为前 2 个月和哺乳后 2 个月，但目前养羊生产中很少有 4 个月的哺乳期，一般母羊哺乳期为 2~3 个月。养殖条件好、羔羊补饲到位、生长发育好的羊场，羔羊 1 个多月就断奶。因而可从母羊泌乳规律考虑，将哺乳期的前 40 d 称作哺乳前期，后 41 d 至断奶称为哺乳后期。母羊哺乳前期泌乳量逐渐上升，泌乳后期母羊泌乳力开始下降。

（一）哺乳前期

母乳是羔羊主要的营养物质来源，尤其是出生后 15~20 d，几乎是唯一的营养物质。应保证母羊全价饲养，以提高产乳量，否则母羊泌乳力下降，影响羔羊发育。

（二）哺乳后期

母羊泌乳力下降，但羔羊已逐步具有采食植物性饲料的能力。此时，羔羊依靠母乳已不能满足其营养需要，需加强对羔羊补料。但哺乳后期母羊除放牧采食外，也不能忽略补饲。因为目前很多羊场繁殖不再局限于 1 年 1 产，大部分可以做到 2 年 3 产，个别可以 1 年 2 产。因而羔羊断奶后，母羊马上面临配种问题，如果膘情较差，会影响母羊断奶后的发情；膘情好，母羊断奶后很快发情，甚至哺乳期即发情。

第六节　种公羊的饲养技术

在羊场，种公羊数量少，种用价值高。俗话说，“公羊好，好一坡，母羊好，好一窝”，可见种公羊对羊群品质提高的重要性。

一、种公羊的基本要求

种公羊的任务是采集精液和配种，其一切工作的展开均应围绕提高精液品质这一主题。种公羊的基本要求是体质结实、不肥不瘦、精力充沛、性欲旺盛、精液品质好。对种公羊必须精心饲养管理，要求常年保持中上等膘情。健壮的体质、充沛的精力、旺盛的性欲、良好的精液品质，可保证和提高种羊的利用率。

二、种公羊的日粮特点

对种公羊饲料的要求是营养价值高，有足量的蛋白质、维生素和矿物质，且易消化，适口性好。多汁饲料有胡萝卜、甜菜或青贮玉米等。精料有玉米、高粱、豆饼、麦麸等。优质的禾本科和豆科混合的干草为种公羊的主要饲料，一年四季应尽量喂给。夏季补以青割草，冬季补以适量青贮料。日粮营养不足时，要补充混合精料。精料中不可多用玉米或大麦，可用麸皮、豌豆、大豆或饼渣类补充蛋白质。配种任务繁重的优秀公羊可补动物性饲料。

三、种公羊的饲养管理

对种公羊的饲养管理分配种期和非配种期。为完成配种任务，非配种期就要加强饲养，加强运动，有条件时要进行放牧。在非配种期，除放牧外，冬季每日一般补给精料 0.5 kg、干草 2 kg、胡萝卜 0.5 kg、食盐 5~10 g、磷酸氢钙 5 g。夏季以放牧为主，适当补加精料，每日喂 3~4 次，饮水 1~2 次。

配种期饲养可分为配种预备期（配种前 1~1.5 个月）和配种期两个阶段。配种预备期应增加饲料量，按配种喂量的 60%~70%给予，逐渐增加到配种期的精料给量。配种期的公羊神经处于兴奋状态，经常心神不定，不安心采食，这个时期的管理要特别精心，要早起晚睡，少给勤添，多次饲喂。饲料品质要好，必要时可补给一些鸡蛋、牛奶，以补配种时期大量的营养消耗。配种期如蛋白质数量不足，品质不良，会影响公羊性能、精液品质和受胎率。配种期每日饲料定额大致为：混合精料 0.7~1.0 kg，苜蓿干草或野干草 1 kg，胡萝卜 0.5~1.0 kg，食盐 10~15 g，磷酸氢钙 5~10 g。分 2~3 次给草料，饮水 3~4 次。每日放牧或运动时间约 6 h。配好的精料要均匀地撒在食槽内，要经常观察种公羊食欲好坏，以便及时调整饲料，判别种公羊的健康状况。种公羊要远离母羊，否则母羊一叫，公羊就会站在门口，爬到墙上，东张西望，影响采食。种公羊舍应选择通风、向阳、干燥的地方。每只公羊需面积约 3 m^2。高温、潮湿会对精液品质产生不良影响，这时期应在凉爽的高地放牧，在通风良好的阴凉处歇宿。

种公羊配种采精要适度，一般 1 只公羊即可承担 30~50 只母羊的配种任务。种公羊配种前 1~1.5 个月开始采精，同时检查精液品质。开始 1 周采精 1 次，以后增加到 1 周 2 次，到配种时每天可采 1~2 次，不要连续采精。对 1.5 岁的种公羊，1 d 内采精不宜超过 1~2 次，2.5 岁种公羊每天可采精 3~4 次。采精次数多的，其间要有休息，公羊在采精前不宜吃得过饱。

四、日常饲养管理规程

种公羊饲养管理日程因地而异。北方地区舍饲养殖的种公羊配种期的饲养管理日程介绍如下。

6: 00—7: 00 驱赶运动，距离 3 000~4 000 m；

7: 00—8: 00 喂料（混合精料占日粮的 1/2，鸡蛋 1~2 枚）；

9: 00—11: 00 采精；

11: 00—14: 00 自由采食青干草、饮水；

14: 00—15: 00 圈内休息；

15: 00—17: 00 采精；

17: 00—18: 00 喂料（混合精料占日粮的 1/2，鸡蛋 1~2 枚）；

18: 00—20: 00 自由采食青干草、饮水；

20: 00 以后圈内休息。

第七节　山羊的日常管理技术

一、编号

山羊个体编号既便于识别羊只和测定羊的生产性能指标，做好育种档案记载，顺利开展选种选配，又便于规模羊场的群体管理，是养羊业中一项基础工作，也是开展羊育种中不可缺少的技术工作。编号方法有耳标法、剪耳法、墨刺法和烙角法 4 种。

（一）耳标法

耳标法是养殖场最通用的个体标识方法。耳标目前多用塑料制成，有圆形、长方形两种。长方形耳标在多灌木的地区容易刮掉，圆形则比较牢固。戴耳标时，在羊耳中部用碘酒消毒后，用打孔钳穿孔，再将事先用钢字打上号码的耳标穿过圆孔，固定在羊耳上。为规范羊群编号管理工作，所有种羊场羊只均要佩戴耳标，一般羊场耳标佩戴工作是在羔羊出生后 1 周内进行，耳标统一佩戴在左耳上。

耳标既是每个羊只的身份号码，又是区别品种和类群的主要方式。在耳标数码上，第 1 位数字或字母表示品种类型，第 2 位数字表示出生年份，第 3 位数字表示出生月份，第 4 位数字代表个体序号，尾号单号为公羊，双号为母羊。在出生月份表示中，1 月和 2 月用 01 和 02 代表，3—9 月用 3~9 代表，10 月、11 月和 12 月用 10、11 和 12 数字代表。如 L3456 即表示该羊是辽宁绒山羊 2013 年 4 月出生的，个体序号数为 56 号的母羊；如 L3013 即表示该羊是辽宁绒山羊 2013 年 1 月出生的，个体序号数为 3 号的公羊；如 L3116 即表示该羊是辽宁绒山羊 2013 年 11 月出生的，个体序号数为 6 号的母羊。

（二）剪耳法

在羊的左右两耳上剪出不同的缺刻代表其个体号码。左耳作个位数，右耳作十位数，左耳的上缘剪一缺刻代表3，下缘代表1，耳尖代表100，耳中间圆孔为400；右耳下缘一个缺刻为10，上缘为30，耳尖为200，耳中间的圆孔为800。

（三）墨刺法

用专用的墨刺钳在羊的右耳郭内刺上羊的个体号，墨刺号与耳标号一样。主要是便于金属耳标脱落后容易识别羊只，无掉号危险。此项工作是在羔羊断奶4月龄时进行。值得注意的是，墨刺法常常由于字迹模糊不清而难以辨认，因此刺号要专人负责，刺后半个月左右检查一次，及时补刺不清楚的号码数字。

墨刺钳最好选用合成钢制品，字码选用合金或材质坚硬的材料成品，字码的排列均匀、美观而且不易变形，刺号时细心均匀地涂抹油墨，熟练的墨刺号技术可以保证墨刺号码的准确和清晰。

（四）烙角法

将特制的钢字模烧红，在公羊左角上烙个体号，编号方法与耳标相同。羔羊时先佩戴耳标，到1~1.5岁时烙角号。此方法在绒山羊育种中，可作为种公羊的辅助编码方法，无掉号危险，很方便实用。随着科学技术的不断进步与电子耳标的普及，更多实用的耳标管理办法将在今后的羊育种管理工作中得到普及。

二、去势

对不做种用的公羊都应去势，以防乱交、乱配。去势后的公羊性情温顺，管理方便，节省饲料，容易育肥，所产羊肉无膻味，且较细嫩。去势时间一般以羔羊出生1~2周为宜，选择无风、晴暖的早晨。如遇天冷或羔羊体弱，可适当推迟。去势的方法主要有以下几种。

（一）结扎法

当公羔1周大时，将睾丸挤入阴囊，用橡皮筋或细绳紧紧地结扎在阴囊的上部，断绝血液流通。经过15 d左右，阴囊和睾丸干枯，便会自然脱落。去势后最初几天，对伤口要常检查，如遇红肿发炎现象，要及时处理。同时要注意去势羔羊环境卫生，垫草要勤换，保持清洁干燥，防止伤口感染。

（二）手术法

手术时常需两人配合，由1人固定住羔羊的四肢，并使羔羊的腹部向外，另

1 人用碘酒消毒手术部位，然后手术者一只手捏住阴囊上方，以防睾丸缩回腹腔内，另一只手用消毒过的手术刀在阴囊侧面下方切开一道小口，约为阴囊长度的1/3，以能挤出睾丸为度。切开后，将睾丸挤出，慢慢拉断血管和精索。一侧的睾丸摘除后，再用同样方法摘除另一侧睾丸。也可把阴囊的纵隔切开，把另一侧的睾丸挤过来摘除。这样可少切开一个刀口，利于康复。睾丸摘除后，把阴囊的切口对齐，用消毒药水涂抹伤口，并撒上消炎粉。去势 1~2 d 之后应进行检查，如阴囊收缩，则为正常；如阴囊肿胀发炎，可挤出其中血水，再涂抹消毒药水和消炎粉，以防进一步感染造成羊只损失。

三、抓绒

从山羊体上抓取下来的底层绒毛称为山羊绒，简称羊绒。羊绒有白、青、紫 3 种颜色，白色羊绒可以染织成各种色织品，称为上等品，价值很高；雪青色和紫色的羊绒只能织成本色织品，在价格上也较低。羊绒的质量越好，价格越高，养羊户的收入也就越高。但是，如果错过抓绒的最佳时间，或抓绒方法不当，不仅绒产量下降，而且羊绒的品质变差，以致影响收入。因此，抓绒要适时得法，掌握要领，才能抓到高质量的羊绒。

（一）抓绒的时间

饲养绒山羊每年都必须抓绒和剪毛，具体的抓绒日期应根据当地的气候条件而定，大都在 4 月至 5 月初进行。春暖时，绒毛开始脱落，脱落的顺序是从头部开始逐渐移向颈、肩、胸、背腰及臀部。当发现头部、耳根及眼圈周围的绒毛开始脱落时，就是抓绒的最佳时间，抓绒要进行 1~2 次，抓完绒后的 1 周再进行剪毛。

（二）抓绒的工具

目前，我国普遍推行手工梳绒。梳绒工具为金属梳子。梳子有两种，一种为稀梳，由 7~8 根钢丝组成，钢丝间距为 2.0~2.5 cm；另一种为密梳，由 12~14 根钢丝组成，钢丝间距为 0.5~1.0 cm，钢丝直径为 3.0 mm。梳齿的顶端要磨成钝圆形，以免抓伤羊皮肤。

（三）抓绒的方法

抓绒前要将羊只禁食 12 h 以上。妊娠母羊要防止流产，切忌蛮干而造成不必要的损失。把羊提住后，先用稀梳，按顺毛方向由颈、肩、胸、背、腰及臀部，自上而下将羊身上的碎草、粪便等杂物梳掉，再用绳子将羊的两前腿及一后腿捆在一起，放倒在干燥而洁净的地方，然后用密梳开始抓绒。其方向及顺序与前面相反。方向是逆毛抓梳，顺序依次为臀、腰、背、胸及肩颈部。抓绒时梳子要贴近皮肤，用力要均匀，不要用力过猛，以免抓伤羊皮肤。每抓几下，必须把梳子上的羊绒按向梳子底侧，羊绒上满梳子时，用手沾少许水轻轻地涂在梳背上，在平整光滑的石板上用力左右揉几下，就很容易将羊绒从梳子上卸下来，并使之形成一个羊绒团。在抓梳过程中，往往因抓梳时间长而梳齿上油腻厚，抓不下绒来，可将梳子在地上摩擦去油后再用。如果第一次抓绒不彻底，可以隔 10 d 左右再抓 1 次。第二次的抓绒量约是第一次的 20%。

若梳绒和剪毛同时进行，则梳绒和剪毛地点要分开，先梳绒，后剪毛，以免绒、毛混杂。对怀孕母羊，要特别细心，避免造成流产。一般是成年羊先梳，育成羊后梳；健康羊只与患有皮肤病的羊只分开梳，健康羊先梳，病羊后梳；白色山羊和有色山羊应分开梳，先梳白色羊，后梳有色羊。羊梳绒后，要特别注意气候变化，防止羊只感冒。

目前绒山羊产绒量高，手工抓绒不仅劳动强度大，也容易伤到皮肤毛囊，影响绒毛纤维的生长。为了减轻抓绒劳动强度和避免伤及毛囊，可以改用手工剪绒或机械剪绒的方法。进行剪绒时，先剪去外部长毛，也称打毛，再将毛和绒一起用机械或手工剪下来。

四、剪毛

山羊剪毛往往是针对长毛型的绒山羊进行的，一般短毛型的山羊不剪毛。剪毛一般在抓绒后 10 d 左右进行。应注意以下事项。

（1）剪毛前应空腹 12~24 h，即在剪毛前不采食，不饮水，空腹剪毛。雨淋湿的羊，应在羊毛晾干后再剪。

（2）剪毛剪应贴近皮肤，均匀地把羊毛一次剪下，留茬要低。

（3）剪毛动作要快，时间不宜拖得太久。翻羊动作要轻，以免引起瘤胃臌气、肠扭转而造成不应有的损失。

（4）尽可能防止剪伤皮肤。种公羊的包皮、阴囊和母羊乳房等处，皮肤柔软，要特别注意防止剪伤。一旦剪破要及时消毒、涂药或外科缝合，以免生蛆和溃烂。

（5）剪毛后，不可立即到茂盛的草地放牧。因为剪毛前羊只已禁食十几个小时，放牧易贪食，往往引起消化道疾病，剪毛后 1 周内不宜远牧，以防气候突变，来不及赶回圈舍引起感冒。同时也不要在强烈的日光下放牧，以免灼伤皮肤。

五、药浴

药浴是羊群管理的一项重要工作。药浴的目的是预防和治疗羊体外寄生虫病，如羊疥癣、羊虱等。每年应在剪毛后 10 d 左右进行药浴。

（一）药浴常用的药剂

1. 50%锌硫磷乳油

50%锌硫磷乳油是一种低毒高效药浴药剂。其配制方法是：100 kg 水加 50 g 锌硫磷乳油，有效浓度为 0.05%。

2. 石硫合剂

药剂安全有效而且价廉。其配方为：生石灰 15 kg，硫黄粉末 25 kg。这两种原料用水拌成糊状，再加水 300 kg 煮沸，边煮边用木棒搅拌，待呈浓茶色时为止。煮沸过程中蒸发掉的水分要补足，然后，弃去下面的沉渣，保留上面的清液作母液，加入 1 000 kg温水即可。

3. 敌百虫

纯敌百虫粉 1 kg 加水 200 kg，配制成 0.5%敌百虫药浴液使用。5. 30%烯虫磷乳油是由石家庄化工厂生产的一种无毒高效羊药浴剂。药浴时按 1：1 500倍稀释，即 1 kg 药液加水 1 500 kg。

（二）常用的药浴方式

药浴主要有池浴、淋浴和盆浴 3 种。池浴在专用的药浴池中进行。药浴池多为水泥建造的沟形池，进口处宽。羊群由宽处通过狭道至浴池，进口呈斜坡，羊滑入池内，慢慢通过浴池。池深 1 m，长 10 m，池底宽 30～60 cm，上宽 60～80 cm，羊只能通过而不能转身即可。浴池出口一端筑成台阶并设置滴流台，羊出浴池后在上停留一段时间，使身上多余的药液流回池内。药浴时，人站在浴池两边，控制羊只。使羊群依次药浴。淋浴是在特设的淋浴场进行。此法的优点是容量大、速度快、工效高且安全，但设备投资高，国内一般羊场一时难以推广。池浴和淋浴适用于有条件的羊场，对农区羊数较少的农户，盆浴则比较合适。盆浴就是在大盆、铁锅、水缸或其他大型容器内进行药浴。另外，也可以将羊群集中在一起，用农药器对羊体进行喷雾药浴。

（三）药浴注意事项

（1）药浴应选择晴朗、暖和、无风天气、日出后的上午进行，以便药浴后，中午羊毛能干燥。

（2）药浴前，应先选用品质较差的羊只 3～5 只试浴。无中毒现象，才可按计划组织药浴。临药浴前羊停止放牧和喂料，浴前 2 h 让羊充分饮水，以防止其口渴误饮药液。

（3）先浴健康羊，后浴病羊，有外伤的羊只暂不药浴。药液应浸满全身，尤其头部，采用槽浴可用浴杈将羊头部压入药液内两次，但需注意羊只不得呛水，以免引起中毒。药浴持续时间，治疗为2~3 min，预防为1 min。

（4）药浴后在阴凉处休息1~2 h，即可放牧，但如遇风雨应及时赶回羊舍，以防感冒。

（5）药浴期间，工作人员应佩戴口罩和橡皮手套，以防中毒。药浴结束后，药液不能任意倾倒，以防牲畜误食中毒。此外，羊群若有牧羊犬，也应一并药浴。

六、驱虫

羊的寄生虫病较常见，患病羊往往食欲降低、生长缓慢、消瘦、毛皮质量下降、抵抗力减弱、重者甚至死亡，给养羊业带来严重的经济损失。因此，务必重视羊体内外寄生虫病的防治。

寄生虫都具有自己特有的生活史、生存和传播条件。预防寄生虫，只要阻断其生活史，消灭其生存和传播条件，就能预防寄生虫病。注意加强日常饲养管理，保持羊舍干燥，勤换垫草，保持羊清洁卫生和饮水卫生。在有寄生虫感染的地区，如有肝片吸虫的草场，可采取排水、填平沼泽或用生物化学方法消灭中间宿主锥实螺，以切断其生活史。有条件的地区尽可能实行分区轮牧，使其虫卵或幼虫在放牧休闲区内死亡。多数寄生虫的卵是随粪便排出体外，因此对山羊的粪便应作发酵处理，以杀灭寄生虫卵。对体外寄生虫的预防可定期进行药浴，对被体外寄生虫病污染过的圈舍和用具，需彻底消毒。对新购入的羊只，经隔离观察后或经预防处理后才能与原有的羊只混群饲养。

在有寄生虫感染的地区，要预防性驱虫。根据寄生虫的生活特性，一般每年4—5月及10—11月各驱虫1次。驱虫后要注意收集羊粪，并集中堆积发酵处理，以防止病原扩散，引起重复感染。对治疗性驱虫，要根据对山羊粪便的检查情况或对死羊的解剖结果，依感染轻重对症驱虫。药物驱虫1周后，宜再驱虫1次，以除去山羊体内幼虫。常用的驱虫药物有驱虫净、丙硫咪唑、敌百虫、灭虫丁等。投药方法是拌在饲料中让单个羊只自食。药物治疗羊体内外各种寄生虫时，选用药物要准确，药物用量精确。必须作驱虫试验，在确定药物安全可靠和驱虫效果后，再进行大群驱虫。

七、传染病防疫

定期预防注射是每年羊群防疫工作的两项最重要内容，是预防传染病发生的必要措施。为有效控制传染病发生和传播，应根据当地羊群的疫病流行特点进行预防注射。一般在春季或秋季进行。常用的疫苗如下。①三联苗，用于预防羊猝疽、羊快疫和羊肠毒血症。皮下注射，6月龄以内羔羊用量3 mL，6月龄以上用量 5 mL，免疫期 6~8 个月。②布氏杆菌羊型 5 号活菌弱毒苗，用于预防布氏杆菌病。每只羊皮下或肌内注射 1 mL，免疫期 1 年。③ 4 号炭疽芽孢苗，用于预防炭疽病。每只羊皮下注射 1/3 mL，免疫期 1 年。④破伤风明矾沉降类毒素，用于预防破伤风病。每只羊颈部上 1/3 处皮下注射 0.5 mL，免疫期 1 年。另外，在缺硒地区，应在羔羊生后 6 d 左右注射亚硒酸钠预防白肌病。对受传染病威胁的羊只应进行紧急预防注射。

八、修蹄

修蹄是重要的保健内容。在生产中因不注意修蹄而使蹄尖上卷，蹄壁裂折，腐烂，四肢变形，跪下采食或成蹄疾者经常可见。种用公羊蹄子有问题，轻者运动困难，影响品质，重者因此而不能配种，失去种用价值，所以在养羊生产中要随时注意检查，经常修蹄。

每 1~2 个月应检查和修蹄 1 次，修蹄可选在雨后或在潮湿地带放牧或饲养一段时间后进行，此时蹄壳较软，容易操作。修蹄具可用市场上出售的修蹄刀和修蹄剪，也可使用果树剪来代替。修蹄时，羊呈坐姿保定，背靠操作者。一般先从左前肢开始，术者用左腿夹住羊的左肩，使羊的左前膝靠在人的膝盖上，左手握蹄，右手持刀、剪，先除去蹄下的污泥，剪去过长的蹄壳，再将蹄底面削平，将羊蹄修成椭圆形。

修蹄要细心操作，动作准确、有力，要一层层地往下削，不可一次切削过深；一般削至可见到淡红色的微血管为止，不可伤及蹄肉。修完前蹄后，再修后蹄。修蹄时若不慎伤及蹄肉，造成出血时，可视出血多少采用压迫止血或烧烙止血方法，烧烙时应尽量减少对其他组织的损伤。

九、年龄判断

山羊的年龄主要根据门齿来判断。小羊的牙齿称为乳齿，共 20 颗；成年羊的牙齿称为永久齿，共 32 颗。永久齿比乳齿大，颜色发黄。山羊没有上门齿，只有下门齿 8 颗，臼齿 24 颗，分别长在上下四边牙床上。中间的 1 对门齿称为切齿，切齿两边的 2 个门齿称为内中间齿，内中间齿的外边 2 颗称为外中间齿，最外边 1 对门齿称为隅齿。羔羊的乳齿，一般一年后开始换成永久齿。通过山羊换牙可判断其年龄。一般来说，1 岁不扎牙（不换牙），2 岁 1 对牙（切齿长出），3 岁两对牙（内中间齿长出），4 岁 3 对牙（外中间齿长出），5 岁齐口（隅齿长出），6 岁平（牙上部由尖变平），7 岁斜（齿龈凹陷，有的牙开始活动），8 岁歪（齿与齿之间有大的空隙），9 岁掉（牙齿有脱落现象）。为了便于记忆，将 5~9 岁的羊牙称为“5 齐 6 平 7 斜 8 歪 9 掉牙”。

另外，还可以根据羊角轮判断年龄。角是角质增生面形成的，冬、春季营养不足时，角长得慢或不生长；青草期营养好，角长得快，因而会生出凹沟和角轮。每个深角轮就是1岁的标志。羊的年龄还可以从毛皮观察，一般青壮年羊，毛的油汗多，光泽度好；而老龄羊，皮松无弹性，毛焦燥。

第八节　肉山羊生产关键技术

当前养羊业存在的主要问题是出栏羔羊体重较轻，屠宰率低，胴体品质差，不能满足消费者的需求。因此，如何生产出胴体大、品质好的羔羊以适应消费者的要求，是目前肉羊产业亟待解决的问题，具体可采取以下关键技术。

一、推行杂交一代

在生产实践中，许多养羊户不注重品种改良，饲养个体较小、生长速度慢、生产性能低的当地土种羊，养羊效益较低。引入良种和地方品种杂交生产二元杂交肥羔，当年出栏，既利用了杂种优势，也保存了当地品种的优良特性，同时提高了产羔率。杂交一代羔羊均表现出生长发育快、早熟性能好、产肉多等优点。

早熟、多胎、多产是肥羔生产集约化、专业化、工厂化的重要条件。利用外国肉羊品种或国内优良品种的公羊与各地地方品种母羊进行杂交，杂种后代的生长速度、饲料利用率往往超过双亲品种，因此，选用这些杂交羊作为育肥羊，育肥效果好。

二、确定合适时间集中配种

在8月底将公羊放入母羊群中进行诱情，可促进母羊集中发情和配种，从而在翌年2月集中产羔，5月羔羊断奶刚好吃上青草，便于分群管理。

（一）同期发情

同期发情是现代羔羊生产中一项重要的繁殖技术。利用激素使母羊同时发情，可使配种、产羔时间集中，有利于羊群抓膘、管理，还有利于发挥人工授精的优势，提高优秀种公羊的利用率。

（二）早期配种

母羊传统配种年龄是1~1.5岁。只要草料充足，营养全价，母羊可在6~8月龄时早期配种。母羊初配年龄大大提前，从而延长了母羊的使用年限，缩短了世代间隔，提高了终身繁殖力。研究证明，早期配种不但不会影响自身的发育，妊娠后所产生的孕酮还有助于母体自身的生长发育。

（三）诱发分娩

在母羊妊娠末期，一般到 144 日龄后，用激素诱发提前分娩，使产羔时间集中，有利于大规模批量生产与周转，方便管理。

三、选择好育肥羊

（一）羔羊

一般羔羊早期断奶育肥效果比常规断奶好。羔羊 7~8 周龄，母乳已不能满足羔羊的营养需要，一般 7 周龄时羔羊开始反刍，已经具备从草料中获取营养的能力。因此，羔羊以 7~8 周龄断奶育肥较为适宜。羔羊性成熟前，公羊育肥增长速度比羯羊和母羊快，未去势的羔羊生产瘦肉多，因此公羔育肥效果最好。养殖场可以选择 20~25 kg 的公羔羊进行育肥。

（二）成年羊

选择成年羊强度育肥时，年龄不宜太大。年龄太大的羊，不仅增重速度慢，而且饲料报酬也低，因为饲料中的营养成分有很大一部分要用于羊的维持需要。

第六章　山羊的饲草、饲料与营养

第一节　禾本科牧草的特性

一、冬春季饲草——冬牧 70 黑麦草

冬牧 70 黑麦草是从一年生黑麦草中选育的一个优质牧草新品种。种植冬牧 70 黑麦草是合理开发利用冬闲田和果园，解决初冬早春青饲料缺乏的一个有效途径，也是发展畜牧业的优良牧草品种。

冬牧 70 黑麦草是中国农业科学院从美国引进的一年生优质牧草新品种，我国华北、东北、西北部分地区、江淮流域及以南的中高山区、云贵高原等地均有大面积栽培。在肥沃、湿润、排水良好的沙壤土和黏土地上生长最好。

冬牧 70 黑麦草为禾本科黑麦属草本植物。须根发达、根系浅，主要分布于 15 cm 的表土层。茎秆直立、光滑、中空，高 80～100 cm，有小花数朵，结种子较多，无芒，千粒重 28 g，亩产种子 150 kg 左右。

冬牧 70 黑麦草的最大特点是不与农作物争地，它只是利用闲田和果园来生产青饲料，或者与籽粒苋、饲用玉米、苏丹草等一年生牧草轮作，不仅提高了土地的利用率，而且能够使畜禽四季有青草供应，提高了经济效益。

冬牧 70 黑麦草分蘖多，再生能力强，生长迅速，营养丰富，适口性好，为各种畜禽和草食性鱼类的优质饲草。其茎叶干物质中含粗蛋白质 18%、粗脂肪 3.2%、粗纤维 24.8%、粗灰分 12.4%、无氮浸出物 42.6%、钙 0.79%、磷 0.25%，适于青饲，也可制作青贮饲料或制成干草粉利用。

二、最适于冬闲田种植的牧草——多花黑麦草

多花黑麦草又名意大利黑麦草。原产于欧洲南部、非洲北部和西南亚，世界各温带和亚热带地区广泛栽培。我国长江流域及其以南地区种植较普遍。喜温暖湿润气候，在昼夜温度为 27℃/12℃时，生长速度最快。在潮湿、排水良好的肥沃土壤或有灌溉的条件下生长良好，不耐严寒和干热。夏季高温干旱，生长不良，甚至枯死。在长江流域低海拔地区秋季播种，第二年夏季即死亡。

多花黑麦草为禾本科黑麦草属一年生或越年生草本植物。须根系发达，主要分布在 15 cm 的表土层中。茎秆直立，光滑，株高 100～120 cm。叶片长 10～30 cm，宽 0.7～1 cm，柔软下披，叶背光滑而有光亮。

多花黑麦草茎叶干物质中含粗蛋白质 13.7%、粗脂肪 3.8%、粗纤维 21.3%、无氮浸出物 46.4%、粗灰分 14.8%。草质好，柔嫩多汁，适口性好，各种家畜均喜采食，适宜青饲、调制干草或青贮，亦可放牧，是饲养马、牛、羊、猪、禽、兔、鹅和草食性鱼类的优质饲草。适宜刈割期：青饲为孕穗期或抽穗期，调制干草或青贮为盛花期，放牧宜在株高 25～30 cm 时进行。

三、最适于退耕还林的优质牧草——鸭茅

鸭茅又名鸡脚草、果园草，原产于欧洲、北非及亚洲的温带地区，现已遍及世界温带地区。适宜温暖湿润的气候条件，抗寒性低于猫尾草和无芒管麦，最适宜生长温度为 10～28℃。耐热性差，当温度在 30℃以上时，生长受阻，但其耐热性和耐寒性都优于多年生黑麦草。对土壤的适应范围较广泛，但在肥沃的壤土或黏壤土上生长最为繁茂。耐阴性强，阳光不足或在遮蔽条件下生长正常。适宜混播及在疏林地或果园中种植。

鸭茅为禾本科鸭茅属多年生草本植物，须根系。茎直立或基部膝曲，疏丛型，高 70～120 cm。叶片蓝绿色，幼叶呈折叠状。基部叶片密集下披，长 20～30 cm，宽 0.7～1.2 cm。

抽穗期茎叶干物质中含粗蛋白质 12.7%、粗脂肪 4.7%、粗纤维 29.5%、无氮浸出物 45.1%、粗灰分 8%。草质柔软，营养丰富，适口性好，是草食畜禽和草食性鱼类的优质饲草。适宜青饲、调制干草或青贮，亦适于放牧利用。

四、多年生适应性强的优质牧草——苇状羊茅

苇状羊茅为禾本科羊茅属多年生草本植物，须根系发达，入土较深。茎直立，分 4～5 节，疏丛型，株高 80～140 cm。叶袋状，长 30～50 cm，宽 0.6～1 cm，叶背光滑，叶表粗糙。基生叶密集丛生，叶量丰富。圆锥花序，松散多枝。适宜刈割青饲、调制干草，还可放牧利用，草食家畜均喜采食。

苇状羊茅适应性广，对土壤要求不严，耐寒、耐热、耐潮湿、抗旱，在冬季-15℃条件下可安全越冬，夏季在 38℃高温下可正常越夏，因而被广泛种植在暖温带、亚热带丘陵岗地和盐碱地等条件恶劣的土地上。最适宜年降水量 450 mm以上和海拔 1 500 m以下的温暖湿润地区生长，在肥沃、潮湿黏土上生长最为繁茂，株高可达 2 m。

苇状羊茅叶量丰富，草质较好，如能适期利用，可保持较好的适口性和利用价值。苇状羊茅属上繁草，适宜刈割青饲或晾制干草，为了确保其适口性和营养

价值，刈割应在抽穗期进行。春季、晚秋以及收种后的再生草还可以放牧利用，应注意合理轮牧。

五、夏季高产牧草——杂交苏丹草

杂交苏丹草是禾本科高粱属的高粱与苏丹草的杂交品种。须根系强，植株高大，2~3 m，叶片肥大；长相似高粱，籽粒偏小，紫褐色，穗型松散，分蘖能力强，分蘖数一般为20~30个，分蘖期长，可持续整个生长期。叶色深绿，褐色中脉，表面光滑，叶片宽线型，长达62 cm，宽约4 cm，圆锥花序，疏散形，单性花，没有雄蕊，果实为颖果，种子为卵形，颜色粉红，千粒重依不同的品种而异。

杂交苏丹草综合了高粱茎粗、叶宽和苏丹草分蘖力、再生力强的优点，适口性好，消化率高，可作为青饲料喂养牛、羊、鱼等，也可制作青贮饲料，解决冬季无草和冬储草品质低下的现状，是一种高产优质饲草。杂交苏丹草在我国北方种植全年可刈割2~3次，南方可刈割3~4次。亩产鲜草10 000 kg以上，水肥条件充足，总产量可达15 000~20 000 kg/亩。

杂交苏丹草植株含粗蛋白质13%、粗脂肪1.85%、粗纤维26.34%、粗灰分6.45%、无氮浸出物45.26%，消化率可达60%。亩产鲜草10 000 kg以上。植株幼小时不要放牧，当植株达1 m高时，可放牧或刈割，刈割留茬高度10~20 cm，不要让饥饿的家畜直接采食杂交苏丹草，应先提供其他饲料。可青饲，也可制作青贮饲料。

六、多年生夏季高产牧草——杂交狼尾草

杂交狼尾草又名杂交象草，是美洲狼尾草和象草的杂交种，属多年生草本植物。它综合了父本高产、母本品质好的特点。杂交狼尾草株高3.5 m左右，每株分蘖可达20个以上，刈割后分蘖明显增加。该品种供草期较长，从6月上旬直至10月底均可供应鲜草，亩产鲜草10 000 kg以上，华南地区可达15 000 kg，甚至更高。干草粗蛋白质含9.95%，青刈、青贮均可。全年可刈割5~8次，是牛、羊、兔、鹅和草食性淡水鱼的优质青饲料。

营养生长期株高1.2 m时茎叶干物质中含粗蛋白质10%、粗脂肪3.5%、粗纤维32.9%、无氮浸出物43.4%、粗灰分10.2%。茎叶柔嫩，适口性好，宜刈割青饲或青贮，草食家畜均喜采食，也是草食家禽及草食性鱼类的优质青饲料。

七、夏季高产牧草——墨西哥玉米

墨西哥玉米为禾本科类假蜀黍属一年生草本植物，又称墨西哥假玉米。须根发达，茎秆粗壮，直径1.5~2 cm，直立，丛生，高3.5 m左右。雌雄同株异花，

雄穗着生茎秆顶部，分枝多达 20 个左右，圆锥花序；雌穗多而小，距地面 5~8 节，每节着生一个雌穗，每株 7 个左右，肉穗花序，花丝青红色。每穗产种子 8 粒左右，种子互生于主轴两侧，外有一层包叶庇护，种子呈纺锤形，麻褐色。成熟种子千粒重为 54~70 g。

墨西哥玉米生长旺盛，生长期长，分蘖期占全生长期的 60%。南方地区 3 月上旬播种，9—10 月开花，11 月种子成熟，全生育期 245 d，种子成熟后易落粒；在北方种植时，营养生长较好，往往不结实。

墨西哥玉米喜温、喜湿、耐肥，种子发芽的最低温度为 15℃，最适温度为 24~26℃；生长的最适温度为 25~30℃。耐热，能耐 40℃的持续高温，不耐低温霜冻，气温降至 10℃以下生长停滞，-1~0℃时死亡。适宜 pH 值为 5.5~8 的微酸性土壤。不耐涝，浸淹数日即可引起死亡。

墨西哥玉米鲜草含干物质 20%左右，干物质中含粗蛋白质 8%~14%、粗脂肪 2%、粗纤维约 30%、无氮浸出物 38%~45%、粗灰分 9%~11%。羊、兔、牛、鱼等都爱吃，猪也爱吃。利用时要现割现喂，刈割期随饲喂对象而异。鹅、猪、鱼以株高 80 cm 以下为好；牛、羊、兔可长至 100~120 cm 青喂。若超过 120 cm，下部茎纤维增多，利用率下降。含糖分较高，除做青料外，还是青贮的原料。6—9 月是墨西哥玉米的生长旺季，也是青贮的好季节，株高 150 cm 刈割，每年可刈割 4~5 次，搞好青贮可以实现旺、淡季的均衡供应，也可以调制成干草及草粉、草颗粒。

第二节　豆科牧草的特性

一、牧草之王——紫花苜蓿

紫花苜蓿为苜蓿属多年生豆科植物，原产于古伊朗，公元前 2 世纪传入我国，是世界上栽培最广泛、最重要，也是我国分布最广、栽培历史最久、经济价值最高、种植面积最大的一种优质豆科牧草，被誉为“牧草之王”。紫花苜蓿产量高，品质好，氨基酸含量非常丰富，并含有多种维生素和微量元素。因其蛋白质含量丰富，组成比例合理，畜禽喜食，具有开发成保健品的潜力等特点，在国内外的栽培面积不断扩大。随着我国农业结构的调整，畜牧业尤其是奶产业的蓬勃兴起，加之西部大开发，退耕还林还草，苜蓿产业必将会得到更大的发展。

紫花苜蓿为苜蓿属多年生豆科草本植物，株高 30~100 cm，根系强盛，主根深入土中长达 2~6 m，侧根多分布于 20~30 cm 的土层中，根部共生根瘤菌，具有固氮养地作用。茎分枝力强，耐刈割，直立或斜升，棱形，较柔软，粗 2~4 mm，中空或有白色髓。三出羽状复叶，小叶长圆形，叶片长 10~25 mm，宽

3.5~15 mm。蝶形花，紫色，总状花序，属严格异花授粉植物。种子肾形，黄褐色，陈旧种子为深褐色。

紫花苜蓿适应性广泛，喜温暖和半湿润到半干旱气候，多分布在长江以北地区，在降水量300 mm左右的地区都能生长，抗寒性强，最适宜在地势高燥、平坦、排水良好、土层深厚的沙壤土或壤土中生长。国际上根据抗寒性的不同，将紫花苜蓿品种分为10个休眠级。休眠级为10的品种冬季不休眠，适于冬季温暖地区种植；休眠级为1的极休眠，适于冬季极其寒冷的地区种植。

北方在墒情较好的情况下，春播3~4 d出苗，幼苗生长缓慢，根生长较快，播后80 d茎高50~70 cm，植株开始现蕾开花。秋播迟者不能越冬。长江流域9月下旬播种者当年地上部分生长较慢，入冬前，分枝可达5个左右，翌年4月生长最旺盛并现蕾开花。夏季高温，生长不佳。

紫花苜蓿素以“牧草之王”著称，不仅产草量高、草质优良，而且营养价值高，富含粗蛋白质、维生素和矿物质。蛋白质中氨基酸种类比较齐全，动物必需氨基酸含量丰富。干物质中粗蛋白质含量为15%~25%，相当于豆饼的1/2，比玉米高1~1.5倍。赖氨酸含量为1.06%~1.38%，比玉米高4~5倍。紫花苜蓿适口性好，各种畜禽均喜采食。幼嫩的苜蓿饲喂猪、禽、兔和草食性鱼类是良好的蛋白质和维生素补充饲料，鲜草或青贮饲喂奶牛，可增加产奶量。无论是青饲、青贮或晒制干草，都是优质饲草。利用苜蓿调制干草粉，制成颗粒饲料或配制畜、禽、兔、鱼的全价配合饲料，均有很高的利用价值。若直接用于放牧，反刍家畜会因食用过多而发生臌胀病，因此，在放牧草地上提倡用无芒雀麦、苇状羊茅等与苜蓿混播，这样既可防止臌胀病，又可提高草地产草的饲用价值。苜蓿与苏丹草、青刈玉米等混合青贮，其饲用效果也很好。

苜蓿根须强大，是很好的水土保持植物。根上长有根瘤，可固定空气中的氮素，除满足自身所需氮素之外，还可增加土壤中的氮，因此也是很好的绿肥植物。苜蓿芽菜和早春幼嫩苜蓿枝芽也可作为绿色食品供人们食用。

二、最适于退耕还林的优质牧草——白三叶

白三叶又名荷兰翘摇、白车轴草，豆科，三叶草属。原产于欧洲，现广泛分布于温带及亚热带高海拔地区。我国黑龙江、吉林、辽宁、新疆、四川、云南、贵州、湖北、江西、安徽、江苏、浙江等地均有分布，是一种极重要的栽培牧草及优良的草坪植物。

白三叶为豆科白三叶属多年生草本植物，主根短，侧根发达，集中分布于表土15 cm以内，多根瘤，具有固氮能力。主茎短，茎实心，由茎节向上长出匍匐茎，长30~60 cm，基部分枝多，光滑细软，茎节处着地生根，向上长叶，并长出新的匍匐茎向四周蔓延，侵占性强。掌状三出复叶，互生，叶柄细长直立，小

叶倒卵形或心脏形，叶面中央有“V”形白斑纹，叶缘有细齿。头状花序，生于叶腋，小花白色，种子小，心脏形，黄色或棕黄色。千粒重0.5~0.7 g。

白三叶喜温凉湿润气候，生长最适宜温度19~24℃，适应性广，耐热、耐寒、耐阴、耐酸，幼苗和成株能忍受-6~-5℃的寒霜，在-8~-7℃时仅叶尖受害，转暖时仍可恢复生长；盛夏时，生长虽已停止，但无夏枯现象；在遮阴的园林下也能生长。对土壤要求不严，只要排水良好，各种土壤均能生长，最适富含钙质及腐殖质的黏质土壤，适宜的土壤pH值6~7，耐酸，不耐盐碱。白三叶再生力极强，为一般牧草所不及。夏季高温干旱时生长不佳。

白三叶茎叶柔嫩，开花前的白三叶富含蛋白质，粗纤维含量低，与生长阶段相同的苜蓿、红三叶相比，较优越。

白三叶茎枝匍匐，再生力强，耐践踏，最适于放牧。用来放牧猪、禽时，适于单播，用来放牧草食家畜时，最好与禾本科牧草混播，既可保持单位面积内干物质和蛋白质的最大产量，又可防止臌胀病的发生。秋季生长的茎叶应予以保留，以利越冬。地冻时禁止放牧，以免匍匐茎遭践踏而受损伤。

第三节　饲料作物及其他作物的特性

一、饲用玉米

饲用玉米是玉蜀黍属一年生草本植物，也被称为苞谷、苞米等。玉米为须根系，根系发达，主要分布在0~30 cm的土层中，最深可达150~200 cm，玉米的茎呈扁圆形，茎粗2~4 cm，株高1.5~4.0 m，是禾谷类中最高、最粗的作物之一。玉米的叶片数目一般为15~22片。每个叶片长80~150 cm，宽6~15 cm。饲用玉米对土壤要求不严，pH值6~8、土质疏松、深厚、有机质丰富的黑钙土、栗钙土和沙质土壤均可种植。

饲用玉米产量高，籽粒、茎叶营养丰富，各种家畜均喜采食，青刈和青贮玉米更是奶牛必不可少的饲料。饲用玉米整株都可饲用，利用率达85%以上。随着畜牧业的发展，玉米作为饲料作物在我国的地位日趋重要。

二、高粱

高粱又名红粮，是我国旱地粮食作物之一，也是牲畜的好饲料和酿酒的主要原料。青绿茎叶是很好的青贮原料，也可做青刈饲料及晒制干草。

高粱属喜温作物，种子发芽的最低温度为8~10℃，最适温度为20~30℃。高粱具有丰富的营养成分，除用于酿酒、食用和作饲料以外，在制糖加工工业上也有广阔的用途。高粱穗可做扫把，高粱秆可制成胶合板作建筑材料。高粱一身都是宝。

高粱籽粒是重要的饲料，尤其是在北方作为马料。高粱茎叶还可青饲或青贮。青饲用的高粱多为分蘖茂盛、多汁、含糖高的类型，清香可口又易于乳酸发酵，十分适宜家畜饲用。

三、大麦

大麦在我国栽培的历史悠久。我国是世界上栽培大麦最早的国家之一，青藏高原是大麦的发祥地。

大麦有带稃与不带稃两种类型，带稃的称为大麦，不带稃的称为裸大麦。皮大麦的稃与颖果结合在一起，因此脱粒时不易除去。皮大麦的稃壳占籽粒重量的10%~25%。裸大麦籽粒是颖果，中部肥厚宽大，两端较小麦略尖，呈纺锤状，背部隆起，基部有胚，腹面有一条纵沟，比小麦腹沟狭而浅，顶部有茸毛，一般较小的大麦粒茸毛短而稀。角质大麦含淀粉少、蛋白质多，适合食用或作饲料。

大麦适宜收割期在蜡熟末期。种子应晒干扬净，趁热进仓，在梅雨季节应选晴天2次翻晒，当大麦籽粒水分降至13%以下时，清选、加工、装袋、入库，以保安全储藏。

四、燕麦

燕麦也称铃铛麦，是重要的谷类作物。燕麦的饲用价值很高，其籽粒蛋白质含量一般为14%~15%，最高可达19%；青刈燕麦茎秆柔软，叶片肥厚、细嫩多汁，亩产3 000~3 500 kg，是畜、禽、鱼喜食的青绿饲料。燕麦在世界栽培面积次于小麦、玉米、水稻和大麦，居第5位。我国主要在东北、华北、西北、云贵高原等高寒地区栽培。燕麦作为饲草栽培，其分蘖力极强，再生萌发性好，可多次刈青，收获青绿饲草。

五、甘薯

甘薯也称红薯、红苕、地瓜，是我国传统的粮食作物，它高产稳产，抗逆性强，省水耐瘠薄，病虫害少，集粮、菜、果功能于一身，在我国食品短缺的时代曾经发挥了重要作用。甘薯是块根作物，具有高产、稳产、适应性广、抗逆性强、营养丰富、用途广泛的特点。不耐寒，在15℃时就停止生长，6℃以下枯萎，16℃时萌发，26~30℃茎叶生长旺盛。

甘薯茎叶柔嫩多汁，适口性好，营养价值高，氨基酸含量较全面，是羊的好饲料，育肥效果好。甘薯茎叶也可以青贮、晒制干饲料。

六、胡萝卜

胡萝卜是根菜类蔬菜，肉质根供食用，易储藏，耐运输，是调节淡季上市的重要蔬菜。胡萝卜生长喜凉爽、耐旱、耐热、怕涝，于肥沃松软的沙质土壤种植最佳。

胡萝卜含有较多的蔗糖和果糖，具甜味，胡萝卜中蛋白质含量也较其他块根多，干物质含量达 13.9%。胡萝卜素尤为丰富，每千克胡萝卜含胡萝卜素 100 mg以上，少量喂给即可满足各种畜禽对胡萝卜素的需要。它还含有多量的钾盐、磷盐和铁盐等。胡萝卜不仅适口性好，而且消化率高，适量地饲喂各种畜禽，有助于提高日粮的消化性。对鹅的生长发育有利。胡萝卜叶青绿多汁，亦是禽畜好饲料。胡萝卜宜生喂，熟喂破坏胡萝卜素和维生素 C、维生素 E，降低营养价值。胡萝卜块根和叶子，也可切碎和其他饲料如甘薯藤、叶菜类饲料等混合青贮。其青贮料对各种畜禽的适口性都很好，特别适于饲喂种鹅和雏鹅。胡萝卜也是一种重要的维生素补充饲料。

七、优质牧草——菊苣

菊苣原产于欧洲，广泛用作蔬菜、饲料和制糖原料，20 世纪 80 年代我国引进饲用菊苣品种，由于它品质优良，饲用价值高，全国许多地区广泛种植，成为最有发展前途的饲料和经济作物品种，深受农牧民的喜爱。

菊苣为菊科菊苣属多年生草本植物，叶期高度 70 ~ 80 cm，抽茎开花期高 170 cm 以上，叶片 25 ~ 38 片，长 30 ~ 46 cm，宽 8 ~ 12 cm；茎直立，茎生叶渐小，折断后有白色乳汁，花冠全部舌状，蓝色，边开花边结籽，种子千粒重 0.96 ~ 1.2 g。

菊苣的分部范围极广，我国东北、西北、华北、西南及长江中下游地区均可生长，既耐南方的夏季高温，又耐北方的冬季严寒。主根明显、肉质、粗壮、入土深，侧根发达，因而抗旱性也极强。菊苣适合多种土壤类型，对土质要求不严。但以在温暖的气候下，排水良好的沙壤土中生长最好，对水肥条件敏感，当水肥条件好时能极大地提高产量。

菊苣生长当年抽茎较少，大部分处于莲座叶丛期，第二年全部植株均能正常开花结籽，两年以上植株的根茎不断产生新的萌芽，这些新枝芽生根、成苗，逐渐取代老植株，成为独立的新植株。春季返青早、冬季休眠晚，利用期长达 8 个月之久，可解决养殖业春秋两头和伏天青饲料紧缺的矛盾，当管理条件好时，一次种植可连续利用 15 年。

菊苣富含粗蛋白质，茎叶柔嫩，叶片有微量奶汁。菊苣叶丛期含干物质 8% ~ 14%，初花期茎叶含干物质 15% ~ 16%。干物质中粗蛋白质为 15% ~ 32%、粗脂肪 13%~43.5%、粗灰分 16%、无氮浸出物 28%~36%、钙 1.5%左右、磷 0.24%~0.5%，各种氨基酸及微量元素也很丰富。植株 40 cm 高时即可刈割，留茬 2~3 cm，再生能力强，每年可割 4~6 次，在菊苣的生长旺季每 25~30 d 即可割 1 次，亩产鲜草 10 000 kg以上。可鲜喂、青贮或制成干粉。

莲座叶丛期，最适宜喂鸡、鹅、猪、兔等，直接饲喂；抽茎开花阶段，宜牛、羊利用，青饲和放牧均可，放牧以轮牧最佳；抽茎期也可刈割制作青贮料，作为奶牛良好的冬季青饲料。菊苣饲喂鸡、鹅、猪，抽茎初期就要及时刈割。

八、饲、粮、菜兼用高产牧草——籽粒苋

籽粒苋又名千穗谷，是苋科苋属一年生优质牧草，是一种粮、饲、菜和观赏兼用、营养丰富的高产作物。株高 250~350 cm，茎秆直立，粗 3~5 cm，单叶，互生，倒卵形或卵状椭圆形。主根不发达，侧根发达，根系庞大，多集中于 10~30 cm 的土层内。籽粒苋为 C_4 植物，与 CO_2 亲和力高，具有磷酸烯醇式丙酮酸羧化酶系统，光合作用速率较高。所以，生物产量大，干物质含量高。分枝再生能力强，适于多次刈割，刈割后由腋芽萌发出新生枝条，迅速生长并再次开花结果。

籽粒苋是喜温作物，生长期 4 个多月，但在温带、寒温带气候条件下也能良好生长。对土壤要求不严，最适宜于半干旱、半湿润地区，但在酸性土壤、重盐碱土壤、贫瘠的风沙土壤以及通气不良的黏质土壤上也可生长。抗旱性强，据测定，其需水量相当于小麦的 41.8%~46.8%，相当于玉米的 51.4%~61.7%，因而是西北黄土高原、半干旱、半湿润地区沙地上的理想旱作饲料作物资源，也是滨海平原及内陆次生盐渍化地区优良的饲料作物。

籽粒苋叶片柔软，气味纯正，各种家畜均喜采食。据测定，籽粒苋新鲜茎叶具有较高的营养价值，苗期叶片蛋白质含量高达 21.8%、赖氨酸为 0.74%；成熟期的叶片蛋白质含量仍可达 18.8%。整株植物的粗蛋白质、粗脂肪、赖氨酸和维生素的含量均较高。

籽粒具有比茎叶更高的蛋白质、脂肪、维生素、氨基酸和矿物质含量，营养价值也超过大米、小麦和玉米等作物的籽粒。当株高 60~80 cm 时开始刈割利用，留茬高度为 20 cm，每隔 20~30 d 刈割 1 次，每年可刈割 4~5 次，年产鲜草可达 5 600~10 000 kg/亩。可青饲、青贮，也可打浆、发酵、煮熟后饲喂畜禽。青贮时，可单贮或与豆科牧草、青刈玉米混合青贮。收种后的秸秆和残叶可用于放牧，也可制成干草粉。

九、苦荬菜

苦荬菜又名苦麻菜、鹅菜、山莴苣，为菊科苦荬菜属一年生或越年生草本植

物，无毛，茎直立，全株含白色乳汁，多分枝，叶片披针形或倒卵圆形，常带紫红色。苦荬菜适应性广，对土壤要求不严，在温带、亚热带的气候条件下均可生长。苦荬菜的再生能力比较强，只要不损伤根茎部的芽点，刈割或放牧多次，并不影响其再生草的生长。但对水肥条件要求很高，怕旱又怕涝。

苦荬菜喜温暖湿润气候，既耐寒又耐热。北方一般早春解冻即可播种，可一直生长到降霜为止。轻霜对它危害不大，成株能耐-4～-3℃的低温。夏季高温，只要保证水肥供应，生长仍十分旺盛，产量极高。

苦荬菜在开花前，叶茎嫩绿多汁，适口性好，各种家畜均喜采食，尤以猪、鸡、鸭、鹅、兔、山羊最喜食，是一种优等青绿饲草。苦荬菜的能量价值比较高，尤其喂猪、羊价值最高。苦荬菜适于放牧，也可刈割，但用作青绿饲草最为适宜。放牧以叶丛期或分枝之前为最好；刈割饲喂以现蕾之前最为适宜。

第四节　如何选种牧草

近几年，随着畜禽养殖业的不断发展、畜牧业结构调整和国家退耕还林还草政策的实施，牧草种植业蓬勃兴起，种草养畜对于农户来说，既改善了畜禽日粮结构、节省饲粮，又将种植业、养殖业结合在一起，提高了土地的经济利用率，并取得了良好的效益。有些牧草供种者通过广告媒体片面夸大某些牧草的优良特性，将其说得完美无缺，诸如某种牧草适应性强，全国各地均可种植，产量高，营养丰富，蛋白质含量高，适口性好，各种畜禽都喜食，易栽培管理，无病虫害等，使引种者眼花缭乱，不知选择哪种牧草种植好。但也有部分农户人云亦云，盲目引种一些生物学特性和生长习性与本地环境相悖、与饲养畜种食性相异的牧草品种，结果畜禽不爱吃，生产性能未能得到提高，种草未达到目的，经济效益不高。其实，各种牧草都有其优缺点，因此，笔者认为，种植牧草应从以下几个方面考虑。

一、根据饲养畜禽品种选择牧草

牧草的品质主要是指其蛋白质含量与可消化率，饲养对象不同，对牧草的利用也不同，因此，种草养牛、羊可选择墨西哥玉米、苇状羊茅、饲用玉米、苏丹草、杂交苏丹草、黑麦草、冬牧 70 黑麦草、紫花苜蓿、三叶草等，这些牧草粗纤维含量较高，产量高，营养价值也高，既可以青饲，又适宜青贮或调制干草；种草养猪、鸡可选择菊苣、籽粒苋、苦荬菜等，这些牧草粗纤维含量较低，产量高，含水量高，以鲜喂为主；种草养鹅可选择黑麦草、菊苣、籽粒苋、苦荬菜、苇状羊茅等牧草，因鹅耐粗饲；苏丹草、杂交苏丹草、黑麦草是养鱼最适宜的牧草。

二、根据当地环境条件选择牧草

沙质土壤比较适合种植根系大而深的、不耐水淹的、多年生豆科牧草，如紫花苜蓿等；重壤土、黏壤土可种植浅根性牧草，如禾本科牧草和莎科牧草等；黑麦草、白三叶喜温暖、湿润条件种植。

紫花苜蓿具有固氮特性，可以培肥地力，庞大的多年生根系还可固定土壤，防止水土流失，保护生态环境，是适合于干旱贫瘠地区种植的优良牧草品种，但它不耐湿热，怕积水；一年生黑麦草品质好，在长江流域及以南地区种植生长迅速，但在北方地区种植生长不良。大多数牧草喜光而不耐阴，如黄花苜蓿、沙打旺等，若光照不足，产量会受到极大影响，这些牧草应种在向阳的坡地；有些牧草喜光又耐阴，如紫花苜蓿、白三叶、鸭茅等，当光照不足时仍能有较高产量；还有一小部分牧草不能在强光下生长，需要遮阴，如牛皮菜等。

我们可以充分利用这些特点，把牧草与果树、农作物通过间混套种的形式，实行草林、草农结合，充分利用有限的土地资源提高复种指数，最大限度地提高经济效益。

三、根据利用方式选择牧草

生产上，如果以刈割青鲜饲草利用为目的，应以品种的丰产性，即牧草的生物产量高低作为选择重点来考虑。如菊苣、籽粒苋、紫花苜蓿、杂交苏丹草、墨西哥玉米等，这些牧草一般亩产鲜草 4 000 kg以上，高的甚至上万千克。如果作为人工草场来放牧，选择品种时除了考虑丰产性能外，要重点考虑再生能力强、密度大的品种，如三叶草、多年生黑麦草、鸭茅等，这些牧草的生物产量季节性变化较平稳，而且耐践踏，有较好的再生性。如果作为调制干草或青贮，除了考虑丰产，还需要考虑牧草的含水量，如紫花苜蓿、杂交苏丹草、三叶草、苇状羊茅、鸭茅等，这些收草含水量低于叶菜类牧草。

特别需要提醒牧草种植者注意的是，牧草种类较多，不要轻信广告宣传，最好先到科研部门咨询或实地考察、小面积试种后，选择适合的牧草品种规模发展，确保成功，提高效益。千万不要去买新、奇、特种子，因为这些种子没有经过实践检验，盲目购买后会极大地增加生产风险。

第五节　种草养畜应注意的问题

本书以安徽省为例，介绍种草养畜应注意的问题。在安徽省实施农业和农村经济结构战略性调整，加快发展畜牧业的背景下，抓住目前种草养畜效益好的机遇，积极引导农民种草，加快发展草食畜牧业，增加农民收入。随着其畜牧业生产的进一步发展，种草养畜的热潮正在兴起，但许多牧草种植者由于缺乏必要的专业知识，在种草方面盲目性很大，容易走入误区，达不到种草养畜的目的，经济效益不高。因此，发展种草养畜应注意以下问题。

一、选择适宜当地种植的牧草

安徽省位于我国的东南部，长江、淮河横贯其中，天然地将其分为淮北、江淮之间和江南3个地区。根据该省的气候、土壤特点和牧草的生态特性，可将其分为3个牧草栽培区域：淮北地区气候比较干燥少雨，适宜种多年生牧草，一次播种多年利用，适宜的牧草品种有紫花苜蓿、鸭茅、苇状羊茅、串叶松香草、菊苣等，另外还可种植白三叶，特别是在果园。也可种植苦荬菜、杂交苏丹草、一年生黑麦草及冬牧70黑麦。江淮之间，特别是江淮分水岭地区，属丘陵地区，土质差、水资源缺乏，多为低产田，能种植的优质牧草较少，但草食动物，如羊、鹅等数量又较多，对饲草的需求量大，因此，对土壤进行改良后可种植耐贫瘠、耐旱、覆盖性好的牧草。适宜的牧草品种有紫花苜蓿、白三叶、红三叶、苇状羊茅、一年生黑麦草、冬牧70黑麦等，要逐步建立人工或半人工优质牧草草场。沿江水源较好的地区也可以种植菊苣、串叶松香草、籽粒苋、苦荬菜等。江南地区自然条件优越，耕地少，坡地多，适宜种植的牧草品种有白三叶、红三叶、苇状羊茅、一年生黑麦草、杂交狼尾草、菊苣等优质牧草，以解决绿化和冬春季青绿饲料。

总之，适合安徽省种植的牧草品种有紫花苜蓿、白三叶、红三叶、一年生黑麦草、冬牧70黑麦、菊苣、籽粒苋、苦荬菜、杂交苏丹草等。辅助品种有苇状羊茅、鸭茅、牛皮菜、串叶松香草、杂交狼尾草等。

二、各种牧草适宜饲养的畜禽

紫花苜蓿、白三叶、红三叶适合于各种畜、禽、鱼，也可制作草粉作配合饲料；杂交苏丹草、苇状羊茅、杂交狼尾草、鸭茅，适合于各种畜、禽、鱼，尤其适合于草食家畜及鱼；一年生黑麦草、冬牧70黑麦，适合于各种畜、禽、鱼，尤其适合于牛、羊、鹅、兔、鱼等；菊苣、籽粒苋、苦荬菜、牛皮菜，适合于各种畜、禽、鱼，尤其适合于猪、鹅、奶牛等。

三、各种牧草的饲用价值

各种牧草营养价值根据收割利用期不同，营养成分变化很大，豆科牧草如紫花苜蓿、白三叶、红三叶等，在中等现蕾期收割，消化干物质及粗蛋白质产量均较高，且对植株寿命无不良影响；禾本科牧草如一年生黑麦草、冬牧70黑麦、苇状羊茅、鸭茅等，早期收割的黑麦草，叶多茎少，质地柔嫩，营养价值较高；叶菜类饲料作物如菊苣、籽粒苋、苦荬菜、牛皮菜等，鲜草中粗蛋白质含量高，营养丰富，粗纤维含量低，消化利用率高。

四、草种质量及价格

在购买牧草种子时，一定要到正规单位，并且要检查牧草种子的品质，首先从感官上观察种子的纯净度，主要检查种子中无胚、破损、小粒、霉烂、瘦粒、受虫害的无价值种子及非本牧草品种的其他种子、土块、沙石等；观察牧草种子的整齐度和色泽，主要检查种子的大小、饱满程度、新鲜程度以及发芽率。优良的牧草种子纯净度高，符合本品种特征，整齐一致，发芽率高，一般种子发芽率不低于85%。多年陈种子发芽率会大幅度下降，还有低于85%的种子，建议种草者不要购买。

根据我国的国情，每亩每年种草总投入不应超过400元。不必购买太贵的牧草种子，一般说来，牧草种子每亩投入在100元以内，同时购买草种时要合理搭配。

第六节　牧草的加工调制

一、青干草调制技术

（一）调制干草要求

（1）适时收割，使牧草价值较高。

（2）减少因牧草移动运输引起的损失，做到叶片、嫩枝尽量少抛失。

（3）选择晴天，快速干燥。低于20%水分即可储存，干草折而不断，堆而不折，使其微生物停止生命活动。

（4）减少雨淋或露水返潮，以减少营养损失。

（5）缩短晒制的干燥时间，减少维生素损失。

（6）保持适当干燥度，储存青干草水分含量在15%~17%最佳。

（二）青干草干燥法

1. 草架干燥法

适于多雨地区，刈割后打捆晾晒，使草根向上，草头向下，草层厚20~80 cm。草架人梯形或三脚架，用竹木或钢管焊接均可。农户用树干、墙头晾晒也可。

2. 地面干燥法

选晴天进行，方法是刈割—铺晒—翻晒，等水分减至40%~50%时，堆成小堆，晒至30%水分，运至储草场或草棚、草房堆放，让风力减少水分至20%左右即可。

（三）干草储存

做到防火、防霉变。

1. 草棚（草房）储存

注意通风、防雨、防潮。

2. 露天堆存

要求干草水分在18%左右，20~50 kg 打 1 个草捆，垛形状应是屋脊状或圆锥状，顶部盖麦秸，草泥封实。

3. 草捆储存

最先进的干草储存方式，发达国家基本采用此种方法，但投资较大。

（四）干草品质鉴定

在生产应用上，通常根据干草的外观特征，评定干草的饲用价值。

二、植物学组成的分析

植物学组成，一般分为豆科、禾本科、其他可食草、不可食草和有毒植物 5 类。野干草中凡豆科草所占比例大的，属于成分优良；禾本科草和其他可食草比例大的，属成分中等；含不可食草多的，属劣等干草；有毒有害植物在干草中如超过一定限度则不宜作为饲料利用。豆科牧草的比例超过 5%为优等，禾本科及杂草占 80%以上为中等，有毒杂草含量在 10%以上为劣等。

三、干草的颜色及气味

干草的颜色和气味是干草调制好坏的最明显标志。胡萝卜素是鲜草各类营养物质中最难保存的一种成分。干草的绿色程度愈高，不仅表示干草的胡萝卜素含量高，而且其他成分的保存也愈多。按干草的颜色，可分为以下 4 类。

1. 鲜绿色

表示青草刈割适时，调制过程未遭雨淋和阳光暴晒，储藏过程未遇高温发酵，能较好地保存青草中的养分，属优良干草。

2. 淡绿色（或灰绿色）

表示干草的晒制与储藏基本合理，未受到雨淋发霉，营养物质无重大损失，属良好干草。

3. 黄褐色

表示青草收割过晚，晒制过程中虽受雨淋，储藏期内曾经过高温发酵，营养成分损失严重，但尚未失去饲用价值，属次等干草。

4. 暗褐色

表明干草的调制与保藏不合理，不仅受到雨淋，而且已发霉变质，不宜再作饲用。

干草的芳香气味，是在干草保藏过程中产生的，田间刚晒制或人工干燥的干草并无香味，只是经过堆积发酵后才产生此种气味，可作为干草是否合理保藏的标志。

第七节　牧草青贮

一、牧草青贮的意义

1. 青贮提高了饲用价值

牧草和其他青绿饲料，收获后水分高、维生素含量高，适口性好，易被消化，是各种家畜的好饲料。但不易保存，容易腐烂变质。青贮后，保持青绿饲料的鲜嫩、青绿，营养物质也不会减少，而且有一种芳香酸味，刺激家畜的食欲，增加食量，对牲畜的生长发育有良好的促进作用。

2. 青贮扩大了饲料来源

青贮料除大量的玉米、甘薯外，还有青贮牧草、蔬菜、树叶及一些农副产品。经过青贮后，可以去异味，去毒素。

3. 青贮可以平衡淡旺季和丰歉年的余缺

我国北方淡旺季饲料生产明显，旺季时，吃不完，饲草饲料霉烂；淡季时，缺少青绿饲料。青贮可以做到常年均衡供应不间断，有利于提高家畜的生产能力，保证家畜健康生长。

4. 青贮是一种经济实惠的保存青绿饲料的方法

青贮可以使单位面积收获的总养分保存达最高值，浪费少，便于实现机械化作业收割、运输。饲喂时，也可以使用机械，减轻劳动强度，提高工作效率，降低饲料成本。

5. 青贮可以防治病虫害

牧草的一些病虫害，通过青贮，可以杀死虫卵病原菌，减少植物病虫害的发生与蔓延。

二、青贮饲料的原理

青贮饲料是一个复杂的微生物活动和生物化学变化过程。在青贮发酵过程中，参与活动和作用的微生物很多，但以乳酸菌为主。青贮的成败主要取决于乳酸发酵过程。刚收的牧草带有各种细菌，也包含乳酸菌，当青贮原料铡碎入窖后，植物细胞继续呼吸，有机物进行氧化分解，产生二氧化碳、水和热量。由于在密闭的环境内空气逐渐减少，一些好气性微生物逐渐死亡，而乳酸菌在厌氧环境下迅速繁殖扩大，将青贮牧草原料中的可溶性碳水化合物，主要是蔗糖、葡萄糖和果糖转化为以乳酸为主的有机酸，在青贮料中积聚起来，当有机酸积累到0.65%~1.3%，pH值降到4.2以下时，绝大多数有害微生物的活动受到抑制，霉菌也因厌氧而不再活动，随着酸度的增加，最终乳酸菌本身也受到抑制而停止活动，使青贮料得以长期保存。

三、青贮的技术环节

1. 根据牧草茎秆柔软程度，决定切碎长度

禾本科牧草及一些豆科牧草（苜蓿、三叶草等）茎秆柔软，切碎长度应为3~4 cm。沙打旺、红豆草等茎秆较粗硬的牧草，切碎长度应为1~2 cm。

2. 豆科牧草不宜单独青贮

豆科牧草蛋白质含量较高而糖分含量较低，满足不了乳酸菌对糖分的需要，单独青贮时容易腐烂变质。为了增加糖分含量，可采用与禾本科牧草或饲料作物混合青贮。

3. 禾本科牧草与豆科牧草混合青贮

禾本科牧草有些水分含量偏低（如披碱草、老芒草），糖分含量稍高；而豆科牧草水分含量较高（如苜蓿、三叶草），二者进行混合青贮，优劣可以互补，营养平衡。所以在建立人工草地时，就应考虑种植混播牧草，便于收割和青贮。

4. 原料的选择

作为青贮饲料的原料，首先是无毒、无害、无异味，可以作饲料的青绿植物。其次是青贮原料必须含有一定的糖分和水分。青贮原料中的含糖量至少应占鲜重的1%~1.5%。根据含糖量的高低，可将青贮原料分为3类。

第一类：易青贮的原料。在青绿植物中糖分含量较高的，如玉米、甜高粱、甘薯藤、芜菁（灰萝卜）、甘蓝、甜菜叶、向日葵等以及禾本科牧草及野生植物（如狗尾草等）。这类原料中含有较丰富的糖分，在青贮时不需添加其他含糖量高的物质。

第二类：不易青贮的原料。这类原料含糖分较低，但饲料品质和营养价值较高，如紫花苜蓿、草木樨、三叶草、饲用大豆等豆科植物。这类原料多为优质饲料，应与第一类含糖量高的原料（如玉米、甜高粱）混合青贮，或添加制糖副产物（如鲜甜菜渣、糖蜜等）。

第三类：不能单独青贮的原料。这类原料不仅含糖量低，而且营养成分含量

不高，适口性差，必须添加含糖量高的原料，才能调制出中等质量的青贮饲料。这类原料有南瓜蔓和西瓜蔓等。

青贮原料的含水量，也是影响乳酸菌繁殖快慢的重要因素。如水分不足，青贮时原料不能踩紧压实，窖内残留空气较多，为好气性细菌繁殖创造了条件，引起饲料发霉腐烂。但水分过多，植物细菌液被挤压流失，使养分损失，影响青贮饲料的质量。

一般青贮原料的适宜含水量为65%~75%。青贮原料如果含水量过高，可在收割后在田间晾晒1~2 d，以降低含水量。如果遇阴雨天不能晾晒时，可以添加一些秸秆粉或糠麸类饲料，以降低含水量。

青贮原料如果含水量不足，可以添加清水。要根据原料的实际含水量，计算应加水的数量。

四、青贮操作技术

青贮的发酵过程，大致可分为3个阶段：第一阶段是从原料装入窖内，到原料呼吸作用停止，当窖内变为厌气状态时止。这个阶段长短是由窖内氧气残存量和密封程度所决定的，其时间越短越好。因为在这个阶段中，原料的呼吸作用和好气性细菌的活动将可溶性糖类分解成二氧化碳和水，并产生热量，蛋白质被分解成氨基酸。第二阶段是乳酸菌增殖，乳酸大量生成。当乳酸量达到原料的1%~1.5%，pH值为4.2以下时，便进入第三阶段。在这一阶段，青贮窖内蛋白质分解和一般细菌减弱直至停止活动，各种变化基本上处于稳定状态。在一般情况下，装料后20 d左右，即可达到这个程度。如果密封等条件好，这种稳定状态就能长期继续保持下去。

为了保证青贮质量，在调制时应注意掌握以下方法。

（一）精心调制贮料

1. 尽量排气，合理控温

调制青贮料必须将青贮原料铡碎均匀，长短2~3 cm，然后才能青贮。青贮量必须注意边切边贮，一层一层地装填，并踩紧压实。一般装填33 cm左右，即踩紧一次。踩时，由四周依次踩到中心，长窖可用石磙来回滚压，将青贮料压紧，使其中的空气尽量排出，以利于乳酸菌的繁殖。要注意压实边角部分。如果踩踏不紧，使空气过多，有害微生物就容易繁殖生长，从而引起霉烂。贮料踩压得紧，由于窖内氧气含量少，发酵的速度也就比较慢，青贮时的温度即可以保持在25~30℃。如果踩压不紧，其中含氧过多，温度则可以达到50~60℃。这样会迅速地降低青贮料的营养价值，其中的含氮物质、糖、淀粉和维生素则大部分丧失。如甘薯藤、蚕豆苗或蔬菜脚叶等，用来青贮可以采取随切随装，踩紧压实，迅速地将空气排出。如果青贮原料水分过多，须晾晒一两天，使其失去一部分水分，便于踩实排气后再青贮。这样做，可以大大提高青贮料的品质。

有3~4片叶子枯黄的收获玉米后的玉米秆，可切碎成寸段，加水5%~10%，充分拌匀后再青贮，禾本科植物虽然含有大量的淀粉，但必须切得很短才能青贮。其主要原因是这种植物有紧密的细胞壁组织。如果切得过长，其细胞液分泌缓慢，会妨碍发酵过程。

2. 给豆科牧草贮料添加糖分

如果用豆科牧草青贮，可以在开花盛期进行，但必须将它切碎，与禾本科牧草混合青贮，或加入10%~20%的米混合青贮，可以得到品质良好的青贮料。

3. 合理控制含水量

青贮料要有适当的含水量，一般以65%~75%为宜。如果湿度超过这一含水程度，青贮料酸化过程的效率就会降低，乳酸积聚缓慢，会使有害物质酪酸得以发展，使青贮料变坏。如果湿度不足，则不能迅速地排出青贮料中的空气，就会引起青贮料发热，使温度增高或微生物受到损失。因此，若是水分过多，就应在青贮时进行短时间的晾晒，或混合米糠等进行混合青贮；若是水分过少，则应适当喷水，以提高青贮饲料的品质。

为了便于掌握青贮料的含水量，在生产上可以取一小束青饲料用手拧绞，如果有小滴液出现，那么含水量在75%以上；如果拧绞处没有潮湿的迹象，那么含水量在65%以下；如果拧绞时稍微出现潮湿，那么含水量在65%~75%的适宜范围。用这种简易方法鉴定含水量的多少，具有一定的实际使用价值。

（二）严密封窖

青贮原料按逐层铺放、踩紧、压实的方法装填完毕后，即要及时封窖。只有使青贮窖处于密封的状态，才能使青贮调制成功。封窖的操作过程如下。

1. 盖膜抹泥

在原料上覆盖塑料薄膜，在塑料薄膜上涂上厚10~15 cm的稀泥封严青贮料。这样便可隔绝空气的进入，使青贮料发酵完善，保存的时间也较长，并可以大大提高青贮料的品质。将来开窖时，塑料薄膜上的稀泥，只是稍干一些，但仍然完好如初。潮湿松软的泥层，可以阻挡泥沙落入青贮料内。

2. 封土夯紧

在稀泥层上面覆盖泥土，并且做到边填土边夯紧，务使严实。封土从边缘外围33~67 cm（1~2尺）的地方开始堆积，形成圆锥形。长方形青贮窖的封土，应该两侧倾斜，使其呈屋脊状。

3. 挖沟搭棚

沿封土四周挖好排水沟，并在青贮窖上面搭盖草棚，以防雨水浸入。

4. 及时补缝

封窖后 5~7 d，青贮料即可完成发酵过程，窖内饲料体积缩小，封土层下沉，出现裂缝现象。这就应及时填土，补好缝隙，以利于青贮饲料保存。土窖青贮饲料，如果管理良好，做到不透气，不浸水，可以保存一两年不变质，照常可以用来饲养家畜。

五、青贮设施

一般小规模饲养户采用长方形窖，用砖、石、水泥建造，窖壁用水泥挂面，以减少青贮饲料水分被窖壁吸收。窖底只用砖铺地面，不抹水泥，以便使多余水分渗漏。宽 1.5~3 m，深 2.5~4 m，长度根据需要而定。长度超过 5 m 以上时，每隔 4 m 砌一横墙，以加固窖壁，防止砖、石倒塌。国外小型饲养场，采用质地较好的塑料薄膜袋，装填青贮饲料，袋口扎紧，堆放在畜舍内，使用很方便。袋宽 50 cm，长 80~120 cm，每袋装 40~50 kg。但因塑料袋储量小，成本高，易受鼠害，故应用较少。

大规模饲养场采用青贮壕，此类建筑最好选择在地方宽敞、地势高燥或有斜坡的地方，开口在低处，以便夏季排出雨水。青贮壕一般宽 4~6 m，深 5~7 m，地上至少 2~3 m，长 20~40 m。必须用砖、石、水泥建筑永久窖。青贮壕是三面砌墙，地势低的一端敞开，以便车辆运取饲料。

第八节　农作物秸秆的加工利用

目前，作物秸秆的加工利用多采用青贮、黄贮和微贮技术。主要采用物理法、化学法和生物处理法。

一、物理法

秸秆揉搓加工、秸秆饲料压块是近几年发展起来的新方法。这些方法能提高农作物秸秆的适口性，增加采食量，提高消化率，但不能改变农作物秸秆的组织结构，无法提高其营养价值。

二、化学法

化学法包括酸处理、碱处理、氧化剂处理、氨化等方法，酸、碱处理研究得较早，因其用量较大，需用大量水冲洗，容易造成环境污染，生产中并不广泛应用。

目前主要应用氨化，秸秆的主要成分是纤维素、半纤维素和木质素，纤维素和半纤维素可以被草食家畜消化利用，木质素则基本不能利用，秸秆中的一部分纤维素和半纤维素与不能消化的木质素紧密地结合在一起，不能被家畜消化吸收，氨化的作用就在于切断这种联系，把秸秆中的这部分营养释放出来。氨化后秸秆的利用率可提高20%左右，氨化后秸秆的适口性提高，家畜采食量也相应提高20%左右。氨化还可以使秸秆的粗蛋白质含量提高1~2倍，营养价值相应提高1倍以上，1 kg氨化秸秆相当于0.4~0.5 kg燕麦的营养价值。

氨化操作方法：先将秸秆切至2 cm左右，每100 kg秸秆（干物质）加入5 kg含氨量46%的尿素，先把尿素放入50 kg水中溶解，然后均匀喷洒在秸秆上，边装窖，边压实，装满后用塑料膜盖严，用土密封。加热使窖或池内湿度达到40℃以上，7 d后起窖放氨后即可饲喂。

三、生物处理法

利用某些特定微生物及其分泌物处理农作物秸秆，如青贮、微贮等。能产生纤维素酶的微生物均能降解纤维素。降解木质素的微生物主要有放线菌、软腐真菌、褐腐真菌、白腐真菌等。美国的研究人员从200多种细菌中筛选出既可固定空气中的氮，又能利用秸秆纤维作为唯一碳源的菌种，可使秸秆经发酵后蛋白质含量提高3~4倍。

青贮就是利用微生物的发酵作用，在适宜的温度、湿度、密封等条件下，通过厌氧发酵产生酸性环境，抑制和杀灭各种微生物的繁衍，从而做到长期保存青绿多汁饲料及其营养。青贮饲料气味酸香、柔软多汁、营养不易丢失、容易被动物消化吸收，是动物冬春不可缺少的优良饲料。青贮方法有半干青贮、添加某些添加剂的特种青贮和用于非草食动物的混合青贮等。

微贮是在农作物秸秆中加入微生物高效活性菌种——秸秆发酵活干菌，放入密封的容器中，经过一定的发酵时间使农作物秸秆在适宜的温度和厌氧环境下，将大量的木质纤维类物质转化为糖类，糖类又经有机酸发酵转化为乳酸和挥发性脂肪酸，使pH值降低到4.5~5.0，抑制了丁酸菌、腐败菌等有害菌的繁殖，使秸秆能够长期保存。

第七章　山羊的营养需要与日粮配制

第一节　山羊营养需要与饲养标准

一、山羊营养需要

山羊所需要的营养物质包括能量、蛋白质、无机盐、维生素和水等，这些营养物质均来源于饲料。饲料是各种营养的载体，它几乎含有羊所需要的所有营养物质。科学合理供给羊所需的营养物质，才能经济利用饲草饲料，生产出量多质优的畜产品。营养需要包括维持需要和生产需要。维持需要是指在仅满足羊的基本生命活动（呼吸、消化、体液循环、体温调节等）的情况下，羊对各种营养的需要。生产需要包括生长、繁殖、泌乳和产毛等营养需要。羊摄入营养物质后，首先满足自身的维持需要，多余的部分才能用于生产。

（一）能量

能量是供给羊体器官的正常活动、维持羊的生命活动和保持体温所必需的。羊对能量的需要与其活动量、生理状况、年龄、体重和环境温度等诸多因素有关。能量的单位根据需要可选择消化能、代谢能、净能和总消化养分等，我国目前使用代谢能为羊的能量单位。

1. 维持

能量维持需要是指维持动物正常生命活动、保持体重不变所必需的那部分能量。维持需要是个基数，它是通过测定基础代谢来确定的。如繁殖、生长、哺乳、育肥和产毛等其他需要都是在维持需要的基础上确定的。

2. 繁殖

羊在配种期和母羊妊娠期都要求饲料中保持一定的能量水平。在母羊的妊娠期，能量水平过低或过高都不利于胚胎的正常发育。

3. 生长

羔羊从哺乳期到育成阶段生长发育较快，其体内新陈代谢的特点是同化作用强于异化作用。羔羊生长过程中的合成代谢需要消耗能量，能量水平是决定羔羊增重和体格正常发育的重要因素。

4. 泌乳

母羊在泌乳期内随乳汁排出大量营养物质。为了维持泌乳，应不断供给充足的营养物质和能量来满足羊体内合成乳的需要，特别在母羊产羔后4~6周更是如此。

（二）蛋白质

蛋白质是羊体生命活动的重要组成部分。羊体内细胞的更新，各种酶、内分泌、色素和抗体的作用都需要以蛋白质为原料；同时，羊的生长、繁殖、泌乳和产毛等也需要不断从饲料中补充蛋白质，才能保持正常营养状况。新一代羊的饲养标准已考虑使用瘤胃降解蛋白质和非降解蛋白质指标。氨基酸的需要量及其模式也受到重视，特别是由小肠吸收的赖氨酸、色氨酸和含硫氨基酸量对羔羊育肥和产毛性能有较大的影响。

1. 维持

它是指补充羊体内各种酶、内分泌活动及各种组织器官的细胞更新所消耗的蛋白质。

2. 生长

羊体增重需要以蛋白质为原料。生长羊每日都有大量蛋白质沉积于体内，这就需要从饲料中不断供给蛋白质和必需氨基酸。

3. 泌乳

羊乳中含有丰富的乳酪素、乳蛋白、乳糖等。母羊在泌乳期每天由乳中排出约45 g蛋白质，泌乳高峰可高达72 g。为了维持母羊较高的泌乳量，必须由饲料供给充分的蛋白质和氨基酸，特别是供给一定比例的非降解蛋白质，才能保证较高的泌乳量。

4. 产毛

羊毛纤维是由18种氨基酸组成的角蛋白构成的，其中含硫氨基酸含量丰富。需要由饲料中供给蛋白质和含硫氨基酸。羔羊在出生前后的营养水平将会对次级毛囊和初级毛囊的比例产生影响，进而对其终身毛量产生影响。成年母羊饲料中蛋白质和含硫氨基酸含量不仅影响其产毛量，而且会影响羊毛细度、强度和弯曲度等理化性状。

（三）干物质

干物质是饲料脱水后留下的所有固形物的总称，它包括矿物质（灰分）、粗蛋白质、粗脂肪、粗纤维、无氮浸出物及维生素等。干物质的需要量通常用干物质采食量表示。羊的干物质采食量占羊体重的3%~5%。干物质采食量的多少与羊的品种、个体特点（如生理阶段、体重、生产水平及健康等）、饲料（如饲料的适口性、消化率等）、饲喂方式（如限饲或自由采食等）以及外界环境（气温、羊舍通风）等因素有关。

干物质采食量是一个综合性营养指标。若饲料条件太差（如劣质粗饲料），因受羊生理填充度的影响，虽然干物质采食量较高，羊在生理上也有饱感，但主要养分的摄入量不一定能被满足。反之，若日粮养分的浓度过高，可能因为主要养分（比如能量）的需要量已经满足，使羊对干物质的采食量不足，也会因此引起羊的恐慌不安。上述两种情况均会限制羊生产性能的发挥。

（四）矿物质

矿物质是羊体组织、细胞、骨骼和体液的重要成分。体内缺乏矿物质会引起神经系统、肌肉运动、食物消化、营养输送、血液凝固和体内酸碱平衡等功能的紊乱，进而影响羊体健康、生长发育、繁殖和生产，甚至导致死亡。羊所需要的矿物质元素主要包括钙、磷、氯、钠、硫、镁、钾、铁、铜、锌、硒、锰、钴、碘和钼。前7种为常量元素，用克表示其需要量；后8种为微量元素，因正常饲养可以基本满足，故一般不予考虑。

一般最容易使羊缺乏的矿物质是钙、磷和钠。一般干旱年份比正常年份易患低血钙症。由于羊体内矿物质间的相互作用，很难确定其对每种矿物质的需要量。一种矿物质缺乏或过量可引起其他物质缺乏或过量。

（五）维生素

维生素对维持羊的健康、生长和繁殖有十分重要的意义。成年羊瘤胃微生物能合成B族维生素及维生素K、维生素C，这些维生素除哺乳期羔羊、羊患病期外，一般不会缺乏。在羊日粮中应注意补给维生素A、维生素D和维生素E，哺乳羔羊应补给维生素B_2。

1. 维生素A

维生素A能促进细胞繁殖、保持器官上皮细胞的正常活动，维持正常视力。缺乏维生素A时，羔羊表现生长发育受阻，下痢，易患肺炎、感冒。母羊易发生流产、难产。公羊生殖机能减退，精子数量减少，活力下降，畸形精子增多。缺乏维生素A还会使羊视力下降，出现干眼症或夜盲症。植物性饲料中不含维生素A，但青绿饲料及优良青干草中含丰富的胡萝卜素，胡萝卜素可在羊肝脏内转化成维生素A。然而，饲料长期储存和晾晒，会使胡萝卜素遭到破坏。一般情况下，在夏秋季节，青绿饲料供应充足，维生素A不会缺乏，但在冬春枯草季节，容易发生维生素A缺乏症，应补给适时晒制的青干草、豆科干草、青贮饲料和胡萝卜。维生素A制品有维生素A乙酸酯和维生素A棕榈酸酯。

2. 维生素 D

可增强肠道对钙磷的吸收和骨组织的矿物化。维生素 D 缺乏会影响钙磷代谢，羔羊会出现软骨症，成年羊骨质疏松、关节变形，食欲不振，体质虚弱，发育缓慢。常用饲料中维生素 D 的含量较少，但谷粒饲料、多汁饲料和青饲料中含有维生素 D_2 原（麦角固醇），经阳光照射后，能转化为维生素 D_2；羊皮下的维生素 D_3 原（7-脱氢胆固醇）经日光紫外线照射可转化为维生素 D。维生素 D 不足时，可按每千克体重 10~15 IU 剂量补充。

3. 维生素 E

又名生育酚，在体内起催化和抗氧化作用。母羊缺乏维生素 E，会造成不孕、流产或丧失生殖能力。公羊缺乏维生素 E，则精子品质下降，数量减少，无受精能力，最后完全丧失性机能。维生素 E 还具有提高胡萝卜素和维生素 A 吸收和利用的作用。一般羔羊每千克日粮干物质维生素 E 不应低于 15~16 IU，成年羊一般日粮所含维生素 E 可以满足需要。谷实的胚和幼嫩青绿饲料中含维生素 E 较多，但加工过程中容易被氧化破坏，日粮中可用生育酚醋酸脂补充维生素 E。

4. 维生素 B_2

维生素 B_2 参与酶系统的一系列代谢调节，细胞内氧化和碳水化合物、脂肪和氨基酸的代谢过程。由于羔羊瘤胃微生物区系尚未完善，容易造成维生素 B_2 缺乏，羔羊表现食欲减退，生长发育受阻。维生素 B_2 缺乏还会影响羊毛再生，背上、眼边、耳边和胸部脱毛。青绿饲料、根菜、燕麦、大麦和玉米等籽实和麸皮中维生素 B_2 含量丰富。

（六）水分

水是羊机体重要组成部分之一，是生命活动不可缺少的物质。水可以溶解、吸收、运输各种营养物质，排出代谢废物，调节体温，促进细胞与组织的化学作用，调节组织的渗透压。羊饮水不足会影响其生理功能，使代谢紊乱，体温上升，易患病，甚至死亡。

羊饮水量的多少，取决于羊的体况、季节和饲料种类。羊每采食 1 kg 饲料干物质，需水 3~5 L，每日应让羊自由饮水 2~3 次。夏季、春末、秋初饮水量增大，冬季、春初和秋末饮水量较少。

二、山羊饲养标准

羊的营养需要量又称羊的饲养标准，是指羊维持生命活动和从事生产（乳、肉、毛和繁殖等）对能量和各种营养物质的需要量。各种营养物质，不但数量要充足，而且比例要恰当。饲养标准就是反映肉用山羊不同发育阶段、不同生理状况、不同生产方向和生产水平对能量、蛋白质、矿物质和维生素等营养物质的需要量。饲养标准是配制日粮的科学依据，只有按照饲养标准中规定的需要量供应各种养分，才可能发挥羊的生产潜力，获得良好的经济效益和社会效益。

我国肉羊饲养标准是农业农村部2021年发布的中华人民共和国农业行业标准（NY/T 816—2021），该标准规定了肉用绵羊和肉用山羊对日粮干物质进食量、消化能、代谢能、粗蛋白质、维生素和矿物质元素每日的需要量，适用于产肉为主，产毛、绒为辅的绵羊、山羊品种。肉用山羊哺乳羔羊营养需要量见表1，肉用山羊生长育肥营养需要量见表2，肉用山羊妊娠母羊营养需要量见表3，肉用山羊泌乳母羊营养需要量见表4，肉用山羊种用公羊营养需要量见表5，肉用山羊矿物质和维生素需要量见表6。

第二节　肉用山羊饲料种类

饲料是羊的物质基础，饲料成本占规模养羊经营中饲养总成本的50%～70%，饲料利用得合理与否，直接影响规模养羊的经济效益。羊的饲料种类繁多，其营养价值也因品种、生长地、生长阶段及加工调制方法等影响而不同。1983年，我国根据国际饲料命名及分类原则、按饲料营养特性把饲料分成8大类，分别为粗饲料、青饲料、青贮饲料、能量饲料、蛋白质饲料、矿物质饲料、维生素饲料和饲料添加剂，并使其命名具有数字化，各种饲料均有编码。

一、青饲料

青饲料（也称青绿饲料、绿饲料），是指可以用作饲料的植物新鲜茎叶，因富含叶绿素而得名。青饲料主要包括天然牧草、栽培牧草、青割饲料和水生植物（水生饲料）等。青饲料的不同品种、不同利用方法、不同利用对象，其最佳利用时间是不一样的，禾本科一般在孕穗期，豆科则在初花至盛花期。青饲料是家畜的良好饲料，由于不同畜禽的消化系统结构和消化生理存在差异，利用方法也有不同，因此，必须与其他饲料搭配利用，以求达到最佳利用效果。

（一）牧草

牧草是指供饲养的牲畜使用的草或其他草本植物，包括自然生长的野生牧草和人工栽培的牧草。野生牧草种类繁多，其营养价值和鲜草产量因植物种类、土壤状况、自然气候等不同而有差异。人工栽培的牧草，特点是经过人工选育的优良牧草品种，其产量丰富、营养价值高、适口性好。我国南方地区养羊常用的牧草有牛鞭草、多花黑麦草、鸭茅、三叶草和光叶紫花苕等。

表1　肉用山羊哺乳羔羊营养需要量

体重 (BW), kg	日增重 (ADG), g/d	干物质采食量 (DMI), kg/d	代谢能 (ME), MJ/d	净能 (NE), MJ/d	粗蛋白质 (CP), g/d	代谢蛋白质 (MP), g/d	净蛋白质 (NP), g/d	钙 (Ca), g/d	磷 (P), g/d
2	50	0.08	1.0	0.4	16	13	10	0.7	0.4
4	50	0.14	1.7	0.7	29	23	17	1.3	0.7
	100	0.16	1.9	0.8	32	26	19	1.4	0.8
6	50	0.17	2.1	0.9	35	28	21	1.6	0.9
	100	0.19	2.3	1.0	38	31	23	1.7	1.0
8	50	0.23	2.8	1.2	46	37	28	2.1	1.2
	100	0.25	2.9	1.2	49	39	29	2.2	1.2
	150	0.26	3.1	1.3	52	41	31	2.3	1.3
	200	0.27	3.3	1.4	55	44	33	2.5	1.4
10	50	0.35	4.2	1.8	70	56	42	3.2	1.8
	100	0.37	4.5	1.9	74	60	45	3.3	1.9
	150	0.39	4.7	2.0	79	63	47	3.5	2.0
	200	0.41	5.0	2.1	83	66	50	3.7	2.1
12	50	0.47	4.7	2.0	75	53	40	4.2	2.4
	100	0.50	5.0	2.1	80	56	42	4.5	2.5
	150	0.53	5.3	2.2	84	59	44	4.7	2.6
	200	0.55	5.5	2.3	89	62	47	5.0	2.8
14	50	0.59	5.9	2.5	94	66	50	5.3	3.0
	100	0.63	6.3	2.6	100	70	53	5.6	3.1
	150	0.66	6.6	2.8	106	74	55	5.9	3.3
	200	0.69	6.9	2.9	111	78	58	6.3	3.5

表 2　肉用山羊生长育肥营养需要量

体重（BW），kg	日增重（ADG），g/d	干物质采食量（DMI），kg/d	代谢能（ME），MJ/d	净能（NE），MJ/d	粗蛋白质（CP），g/d	代谢蛋白质（MP），g/d	净蛋白质（NP），g/d	中性洗涤纤维（NDF），kg/d	钙（Ca），g/d	磷（P），g/d
15	50	0.61	4.9	2.0	85	44	33	0.18	5.5	3.1
	100	0.75	6.0	2.5	105	55	41	0.23	6.8	3.8
	150	0.76	6.1	2.6	106	55	41	0.23	6.8	3.8
	200	0.76	6.1	2.6	106	55	41	0.23	6.8	3.8
	250	0.79	6.3	2.7	111	58	43	0.24	7.1	4.0
20	50	0.72	5.8	2.4	101	52	39	0.22	6.5	3.6
	100	0.82	6.6	2.8	115	60	45	0.25	7.4	4.1
	150	0.9	7.2	3.0	126	66	49	0.27	8.1	4.5
	200	0.92	7.4	3.1	129	67	50	0.28	8.3	4.6
	250	0.95	7.6	3.2	133	69	52	0.29	8.6	4.8
25	50	0.83	6.6	2.8	116	60	45	0.25	7.5	4.2
	100	0.97	7.8	3.3	136	71	53	0.29	8.7	4.9
	150	0.99	7.9	3.3	139	72	54	0.30	8.9	5.0
	200	1.01	8.1	3.4	141	74	55	0.30	9.1	5.1
	250	1.12	9.0	3.8	157	82	61	0.34	10.1	5.6
30	50	0.93	7.4	3.1	130	68	51	0.28	8.4	4.7
	100	1.07	8.6	3.6	150	78	58	0.32	9.6	5.4
	150	1.22	9.8	4.1	171	89	67	0.37	11.0	6.1
	200	1.28	10.2	4.3	179	93	70	0.38	11.5	6.4
	250	1.34	10.7	4.5	188	98	73	0.40	12.1	6.7

（续表）

体重（BW），kg	日增重（ADG），g/d	干物质采食量（DMI），kg/d	代谢能（ME），MJ/d	净能（NE），MJ/d	粗蛋白质（CP），g/d	代谢蛋白质（MP），g/d	净蛋白质（NP），g/d	中性洗涤纤维（NDF），kg/d	钙（Ca），g/d	磷（P），g/d
35	50	1.02	8.2	3.4	143	74	56	0.31	9.2	5.1
	100	1.17	9.4	3.9	164	85	64	0.35	10.5	5.9
	150	1.31	10.5	4.4	183	95	72	0.39	11.8	6.6
	200	1.37	11.0	4.6	192	100	75	0.41	12.3	6.9
	250	1.42	11.4	4.8	199	103	78	0.43	12.8	7.1
40	50	1.19	9.5	4.0	155	80	60	0.42	10.7	6.0
	100	1.26	10.1	4.2	164	85	64	0.44	11.3	6.3
	150	1.41	11.3	4.7	183	95	71	0.49	12.7	7.1
	200	1.55	12.4	5.2	202	105	79	0.54	14.0	7.8
	250	1.59	12.7	5.3	207	107	81	0.56	14.3	8.0
45	50	1.29	10.3	4.3	168	87	65	0.45	11.6	6.5
	100	1.35	10.8	4.5	176	91	68	0.47	12.2	6.8
	150	1.50	12.0	5.0	195	101	76	0.53	13.5	7.5
	200	1.64	13.1	5.5	213	111	83	0.57	14.8	8.2
	250	1.78	14.2	6.0	231	120	90	0.62	16.0	8.9
50	50	1.38	11.0	4.6	179	93	70	0.48	12.4	6.9
	100	1.53	12.2	5.1	199	103	78	0.54	13.8	7.7
	150	1.58	12.6	5.3	205	107	80	0.55	14.2	7.9
	200	1.73	13.8	5.8	225	117	88	0.61	15.6	8.7
	250	1.87	15.0	6.3	243	126	95	0.65	16.8	9.4

表 3　肉用山羊妊娠母羊营养需要量

妊娠阶段	体重（BW），kg	干物质采食量（DMI），kg/d			代谢能（ME），MJ/d			粗蛋白质（CP），g/d			代谢蛋白质（MP），g/d			钙（Ca），g/d			磷（P），g/d		
		单羔	双羔	三羔	单羔	双羔	三羔	单羔	双羔	三羔	单羔	双羔	三羔	单羔	双羔	三羔	单羔	双羔	三羔
前期	30	0.81	0.88	0.92	6.5	7.0	7.3	105	114	120	74	80	84	7.3	7.9	8.3	4.9	5.3	5.5
	40	0.99	1.07	1.12	8.0	8.6	9.0	129	139	146	90	97	102	8.9	9.6	10.1	5.9	6.4	6.7
	50	1.16	1.25	1.31	9.3	10.0	10.5	151	163	170	106	114	119	10.4	11.3	11.8	7.0	7.5	7.9
	60	1.33	1.43	1.48	10.6	11.4	11.9	173	186	192	121	130	135	12.0	12.9	13.3	8.0	8.6	8.9
	70	1.48	1.59	1.65	11.9	12.7	13.2	192	207	215	135	145	150	13.3	14.3	14.9	8.9	9.5	9.9
	80	1.63	1.75	1.82	13.1	14.0	14.6	212	228	237	148	159	166	14.7	15.8	16.4	9.8	10.5	10.9
后期	30	1.06	1.20	1.29	8.5	9.7	10.3	138	156	168	97	109	117	9.6	10.8	11.6	6.4	7.2	7.7
	40	1.29	1.45	1.56	10.3	11.6	12.5	167	189	203	117	132	142	11.6	13.1	14.0	7.7	8.7	9.4
	50	1.49	1.68	1.79	11.9	13.4	14.3	194	218	232	136	152	162	13.4	15.1	16.1	8.9	10.1	10.7
	60	1.68	1.90	2.01	13.4	15.2	16.2	218	247	262	153	173	183	15.1	17.1	18.1	10.1	11.4	12.1
	70	1.87	2.10	2.24	15.0	16.8	17.9	243	273	291	170	191	204	16.8	18.9	20.1	11.2	12.6	13.4
	80	2.04	2.32	2.45	16.4	18.5	19.6	265	302	319	186	211	223	18.4	20.9	22.1	12.2	13.9	14.7

注：妊娠第 1 天至第 90 天为前期、第 91 天至第 150 天为后期。

表 4　肉用山羊泌乳母羊营养需要量

哺乳阶段	体重（BW），kg	干物质采食量（DMI），kg/d			代谢能（ME），MJ/d			粗蛋白质（CP），g/d			代谢蛋白质（MP），g/d			钙（Ca），g/d			磷（P），g/d		
		单羔	双羔	三羔	单羔	双羔	三羔	单羔	双羔	三羔	单羔	双羔	三羔	单羔	双羔	三羔	单羔	双羔	三羔
前期	30	0.95	1.09	1.14	7.6	8.7	9.1	124	142	148	86	99	104	8.6	9.8	10.3	5.7	6.5	6.8
	40	1.17	1.32	1.39	9.4	10.6	11.1	152	172	181	106	120	126	10.5	11.9	12.5	7.0	7.9	8.3
	50	1.36	1.54	1.61	10.9	12.3	12.9	177	200	209	124	140	147	12.2	13.9	14.5	8.2	9.2	9.7
	60	1.55	1.75	1.83	12.4	14.0	14.6	202	228	238	141	159	167	14.0	15.8	16.5	9.3	10.5	11.0
	70	1.73	1.93	2.03	13.8	15.4	16.2	225	251	264	157	176	185	15.6	17.4	18.3	10.4	11.6	12.2
中期	30	0.92	1.17	1.32	7.4	9.4	10.6	120	152	172	84	106	120	8.3	10.5	11.9	5.5	7.0	7.9
	40	1.19	1.42	1.60	9.5	11.4	12.8	155	185	208	108	129	146	10.7	12.8	14.4	7.1	8.5	9.6
	50	1.39	1.65	1.85	11.1	13.2	14.8	181	215	241	126	150	168	12.5	14.9	16.7	8.3	9.9	11.1
	60	1.58	1.87	2.09	12.6	15.0	16.7	205	243	272	144	170	190	14.2	16.8	18.8	9.5	11.2	12.5
	70	1.76	2.08	2.31	14.1	16.6	18.5	229	270	300	160	189	210	15.8	18.7	20.8	10.6	12.5	13.9
后期	30	0.89	1.05	1.18	7.1	8.4	9.4	116	137	153	81	96	107	8.0	9.5	10.6	5.3	6.3	7.1
	40	1.08	1.27	1.42	8.7	10.1	11.4	140	165	185	98	116	129	9.7	11.4	12.8	6.5	7.6	8.5
	50	1.27	1.48	1.66	10.2	11.8	13.3	165	192	216	116	135	151	11.4	13.3	14.9	7.6	8.9	10.0
	60	1.44	1.67	1.87	11.5	13.4	14.9	187	217	243	131	152	170	13.0	15.0	16.8	8.6	10.0	11.2
	70	1.61	1.86	2.08	12.9	14.9	16.6	209	242	270	147	169	189	14.5	16.7	18.7	9.7	11.2	12.5

注：哺乳第 1 天至第 30 天为前期、第 31 天至第 60 天为中期、第 61 天至第 90 天为后期。

表 5　肉用山羊种用公羊营养需要量

体重（BW），kg	干物质采食量（DMI），kg/d		代谢能（ME），MJ/d		粗蛋白质（CP），g/d		代谢蛋白质（MP），g/d		中性洗涤纤维（NDF），kg/d		钙（Ca），g/d		磷（P），g/d	
	非配种期	配种期	非配种期	配种期	非配种期	配种期	非配种期	配种期	非配种期	配种期	非配种期	配种期	非配种期	配种期
50	1.14	1.26	9.1	10.0	160	189	112	132	0.40	0.44	10.3	11.3	6.8	7.6
75	1.55	1.70	12.4	13.6	217	255	152	179	0.54	0.60	14.0	15.3	9.3	10.2
100	1.92	2.11	15.4	16.9	269	317	188	222	0.67	0.74	17.3	19.0	11.5	12.7
125	2.27	2.50	18.2	20.0	318	375	222	263	0.79	0.88	20.4	22.5	13.6	15.0
150	2.60	2.86	20.8	22.9	364	429	255	300	0.91	1.00	23.4	25.7	15.6	17.2

表 6　肉用山羊矿物质和维生素需要量

生理阶段	羔羊（2~14 kg）	生长育肥羊（15~50 kg）	妊娠母羊（30~80 kg）	泌乳母羊（30~70 kg）	种用公羊（50~150 kg）
钠（Na），g/d	0.08~0.47	0.28~1.54	0.59~1.51	0.95~1.72	1.03~1.88
钾（K），g/d	0.48~2.46	2.30~8.00	4.40~10.20	7.00~11.80	7.14~11.90
氯（Cl），g/d	0.06~0.51	0.41~1.88	0.85~1.92	1.24~5.80	2.22~2.75
硫（S），g/d	0.26~1.32	1.30~4.20	2.00~4.90	3.30~5.20	3.10~4.90
镁（mg），g/d	0.30~0.80	0.60~2.30	1.00~2.50	1.4~3.50	1.80~3.70
铜（Cu），mg/d	0.64~3.40	3.6~12.0	7.2~19.2	7.2~16.8	12.0~36.0
铁（Fe），mg/d	0.20~7.2	9.00~40.0	22.0~48.0	12.0~39.0	30.0~90.0
锰（Mn），mg/d	0.60~9.70	4.00~33.0	11.0~57.0	14.0~28.0	14.4~27.0
锌（Zn），mg/d	0.40~9.80	2.00~36.0	14.0~78.0	38.0~71.0	16.4~30.0
碘（I），mg/d	0.07~0.26	0.25~0.79	0.46~1.11	1.00~1.61	0.71~1.10
钴（Co），mg/d	0.01~0.06	0.06~0.18	0.10~0.25	0.14~0.22	0.15~0.24
硒（Se），mg/d	0.27~0.47	0.30~0.95	0.17~0.37	0.30~0.44	0.17~0.19
维生素 A（VA），IU/d	700~4 600	5 000~16 500	3 100~9 000	5 300~10 600	5 700~11 300
维生素 D（VD），IU/d	11~467	84~550	168~549	381~1096	308~830
维生素 E（VE），IU/d	20~140	150~400	159~336	168~336	292~420

（二）青割饲料

把以收获种子为目的而种植的禾谷类，或在未形成种子之前从近地面处割取，然后将其整个植物体用作家畜饲料，称为青割饲料，如饲用甜高粱、小麦等。可以用这种青饲料直接饲喂家畜，也可以把它封存于青贮室使其进行乳酸发酵，作为贮藏饲料的青贮饲料。

（三）水生饲料

水生饲料生长繁殖迅速，产量高，水分含量较高，纤维含量少，营养价值高，对因地制宜、扩大青饲料来源、发展养殖业具有重要意义，如水葫芦、水花生等。但是，水生饲料的缺点是容易传染寄生虫卵，利用不当往往得不偿失。解决办法是在水塘开展消毒、灭蝇工作或者将水生饲料青贮发酵利用。

二、粗饲料

粗饲料是指自然水分含量在45%以下，干物质中粗纤维含量等于或高于18%的植物性饲料。粗饲料在饲料分类系统中属于第一大类，主要包括干草、农作物秸秆、糟渣等饲料，粗饲料在羊日粮搭配中含量占60%～70%，并且是山羊、绵羊在冬春枯草期饲料的主要来源。粗饲料的特点是来源广、种类多、产量大和价格低，能够有效地降低养殖成本。粗饲料中含有相对较高的纤维素，能够增强瘤胃兴奋，保持正常的消化机能，调节瘤胃内酸碱度，保持瘤胃微生物分解，并且纤维素是形成乳脂肪的重要原料。其中秸秆和秕壳类的粗纤维木质化程度较高，纤维物质的利用率较低，能量、无氮浸出物和蛋白质含量较低，而且会降低其他饲料的消化率和利用率。因此，利用该类粗饲料饲喂羊时，需要进行适当的加工处理，并采取一些营养调控措施，才能提高利用率。

（一）干草

干草是指青草或栽培青绿饲料的生长植株地上部分在未结籽实前刈割下来，经一定干燥方法制成的绿色干草。干草的水分一般为12%～15%，干草水分含量过高，容易发生霉变，不能储存；水分含量过低，会造成叶片脱落，降低草的品质。干草是青饲料的加工产品，是为了保存青饲料的营养价值而制成的储藏产品。它与作物秸秆、秕壳类是完全不同性质的粗饲料，其蛋白质、矿物质和维生素含量较高，而纤维素含量较低，是营养价值较平衡的粗饲料。按照饲草品种的植物学分类划分，常见的可将干草分为禾本科、豆科等，在每个科中，可根据饲草品种的名称命名干草名。豆科干草，富含蛋白质、钙和胡萝卜素等，营养价值较高，是补充蛋白质饲料的主要来源；禾本科干草，来源广、数量大、适口性好，是补充热能饲料的主要来源。

（二）秸秆类

秸秆是指成熟农作物在收获籽实后茎叶部分的总称。秸秆来源广、数量多，特点是粗纤维含量高（30%~40%），蛋白质含量低。主要有玉米秸、麦秸、豆秸、稻秸和油菜秸等，其中豆秸营养价值高于玉米秸、麦秸、稻秸和油菜秸，蛋白质含量和消化率都较高；而玉米秸、麦秸、稻秸和油菜秸的粗纤维含量高，适口性差，营养价值低。

（三）糟渣类

糟渣类饲料属食品和发酵工业的副产品，我国糟渣资源丰富，种类多、数量大，主要包括白酒糟、啤酒糟、果渣、糟渣和酱醋渣等。糟渣水分含量较高（70%~90%），还含有一定的粗纤维、粗蛋白质和粗脂肪等，而无氮浸出物含量较低，其粗蛋白质占糟渣物质的20%~40%。糟渣类饲料是受养殖户欢迎的廉价饲料资源。

三、青贮饲料

青贮饲料指将新鲜的青饲料切短装入密封容器中，经过微生物发酵作用，制成一种具有特殊芳香气味、营养丰富的多汁饲料，通常有窖贮和袋贮两种方式。青贮饲料营养损失少（<10%），比制作干草的损失少（干草营养损失为20%~40%），同时，青贮饲料制作简便、保存时间长、使用方便、适口性强，不仅是草食家畜的一类理想饲料，更是解决冬春缺草的主要饲料来源。

根据含糖量，青贮原料可分为3类。

1. 易青贮的原料

如青玉米秆、高粱秆、禾本科青草、山芋藤、菜叶、根茎类、瓜类和粉渣等含糖丰富的原料。

2. 难贮的原料

如苜蓿、草木樨、豆类、紫云英以及土豆秧等。因这类原料含糖少，含蛋白质多，发酵产生氨等碱性物质，中和乳酸而使pH值不能降至4.2，故宜和含糖多的原料进行混贮或用其他方法。

3. 不能单独贮的原料

如各种瓜蔓，宜与其他含糖多的原料进行混贮。

四、能量饲料

能量饲料是指饲料绝干物质中粗纤维含量低于18%、粗蛋白质低于20%的饲料。如禾本科籽实类、糠麸类、淀粉质块根块茎类和糟渣类等，一般每千克饲料干物质含消化能在10.46 MJ以上的饲料均属能量饲料。该类饲料体积小，可消化养分含量高，但养分组成较偏，因此，在生产中一般将能量饲料用作粗饲料的补充料，在催肥期使用。

（一）禾本科籽实类

常用的禾本科籽实饲料有玉米、稻谷、燕麦、大麦和粟等。玉米是最重要的能量饲料，素有“饲料之王”之称，它在禾本科籽实类饲料中含可利用能量最高，含代谢能约13.56 MJ/kg，粗纤维少，适口性好。大麦有皮大麦与裸大麦，用作饲料的为皮大麦。由于皮大麦外包颖壳，所以，粗纤维含量比玉米高1倍以上，代谢能较低，约11.3 MJ/kg，但粗蛋白质含量比玉米高，约11%，大麦中粗脂肪含量低，约1.7%。由于皮大麦表面尖硬，适口性较差，如能脱壳喂最好。高粱与玉米相比，代谢能含量低一些，约12.3 MJ/kg，粗蛋白质含量与玉米相近，脂肪含量比玉米低，不含胡萝卜素。

（二）糠麸类

糠麸类饲料是谷物的加工副产品，制米的副产品称为糠，制粉的副产品称作麸。糠麸类是畜禽的重要能量饲料原料，主要有米糠、麦麸、玉米皮、高粱糠及谷糠等，其中以米糠与小麦麸为主。

米糠是糙米加工成白米时的副产物。我国饲用米糠饼、粕属脱脂米糠类产品。米糠代谢能水平较高，为11.21 MJ/kg，粗蛋白质含量约13%，米糠中脂肪酸含量较高，可达16.5%，约为麦麸、玉米糠的3倍多，因而能值也位于糠麸类饲料之首。然而米糠粗脂肪含有不饱和脂肪酸多，长期储藏或储存不当时，脂肪易氧化而发热霉变。所以，应尽可能鲜喂或用新鲜米糠配料。小麦麸是生产面粉的副产物。由于粗纤维含量高，代谢能含量就很低，约6.80 MJ/kg，粗蛋白质约15%。小麦麸结构蓬松，有轻泻性，在日粮中的比例不宜太多。

（三）块根、块茎类饲料

常见的品种有甜菜、胡萝卜、白萝卜、甘薯和马铃薯等。这类饲料含有较多的碳水化合物和水分，适口性好，能够有效刺激羊的食欲，可作为补充饲料，特别是哺乳母羊和羔羊的补充料，也是冬春季节缺少青饲料时肉用山羊的主要维生素饲料来源。但因含水量高，体积大，如果喂量过多，会降低动物对干物质和养分的采食量，从而影响其生产性能。

胡萝卜是最常用的优良多汁饲料，具有适应性强、易栽培、产量高、耐储藏、病虫害少和适口性好等优点，主要营养物质是淀粉和糖类，富含胡萝卜素和磷，每千克胡萝卜含胡萝卜素 36 mg 以上，含磷量为 0.09%，高于一般多汁饲料。

甘薯中淀粉含量高，能量含量居多汁饲料之首，甘薯怕冷，宜在 13℃左右储存。有黑斑病的甘薯有异味，且含毒性酮，喂羊易导致气喘病，严重的会引起死亡。

马铃薯与甘薯一样，能量含量比其他多汁饲料高。马铃薯含有龙葵素，在幼芽、未成熟的块茎和在储存期间经日光照射变成绿色的块茎中含量较高，喂量过多可引起中毒。饲喂时应切除发芽部位并仔细选择，以防中毒。

甜菜及甜菜渣等饲用甜菜产量高，含糖 5%~11%，适于喂羊，但喂量不要过多，也不宜单一饲喂。糖用甜菜（含糖 20%~22%）经榨汁制糖后剩余的残渣称为甜菜渣。甜菜渣中 80%的粗纤维可以被羊消化，所以，按干物质计算可看成羊的能量饲料。甜菜渣含钙、磷较多，且钙多于磷，比例优于其他多汁饲料。

五、蛋白质饲料

蛋白质饲料是指饲料干物质中粗蛋白质含量不小于 20%、粗纤维含量小于18%的一类饲料。蛋白质饲料在生产中起到关键性作用，影响动物生长与增重，使用量比能量饲料少，一般占精料补充料的 20%~30%，植物性蛋白质饲料包括豆类籽实、饼粕类和菜籽饼等。豆类籽实主要包括大豆、蚕豆、黑豆和豌豆等，蛋白质含量一般在 20%~40%；饼粕类主要包括大豆粕、菜籽饼、芝麻和胡麻等经压榨或浸提取油后的副产物，蛋白质含量为 33%~50%。

六、矿物质饲料

矿物质饲料含有矿物质元素，主要用于补充日粮中矿物质的不足。常用的矿物质饲料有食盐、贝壳粉、蛋壳粉、磷酸氢钙以及微量元素添加剂等。该类饲料不含蛋白质、能量，一般用作添加剂。

七、饲料添加剂

饲料添加剂是指在饲料生产加工、使用过程中添加的少量或微量物质，在饲料中用量很少但作用显著。饲料添加剂是羊配合饲料的添加成分，对强化基础饲料营养价值、促进羊的生长发育、提高生产性能、防止疾病、节省饲料成本、改善品质等方面有明显的效果。添加剂成分主要分为两类，即非营养添加剂和营养添加剂。非营养添加剂包括生长促进剂、着色剂和防腐剂等；营养添加剂包括维生素、矿物质、微量元素和工业生产的氨基酸等。

第三节　肉用山羊常用饲料的加工调制

试验研究与生产实践证明，对饲料进行加工调制，可以明显地改善适口性，利于咀嚼，提高消化率，提高生产性能；便于储藏和运输。常用饲料的加工调制包括：青饲料的加工调制，粗饲料的加工调制和能量饲料的加工调制。

一、青饲料的加工调制

青饲料鲜嫩多汁，适口性好，易消化，富含蛋白质、维生素、矿物质，是营养相对平衡的大容积饲料。合理加工、利用青饲料资源，对解决冬、春季节饲草资源匮乏具有实际意义。

（一）青干草的调制与储藏

青干草是加工保存青饲料最常用的一种方法，是指将青绿植物在结实以前刈割下来，采用自然或人工的方法进行干燥，调制成能长期保存的饲草。

1. 原料收获

禾本科牧草最适宜的收割时期为牧草生长的抽穗期；豆科牧草最适宜的收割时期为牧草生长的初花期。因为，此时是牧草单位面积上营养物质收获量最高的时期。另外，在原料收割时，也要注意剔除有毒有害的杂草。

2. 干燥方法

调制青干草主要有自然干燥法和人工干燥法。干燥的方法不同，牧草中所含的养分有所不同，其中以人工快速干燥法效果最好。但是，青干草调制必须因地制宜，适合南方小规模调制青干草的方法主要有以下几种。

（1）自然干燥法。与人工干燥法相比，自然干燥法成本低，劳动强度大，制作的青干草质量较差。自然干燥的方式又可分为地面干燥、草架干燥和发酵干燥 3 种。

地面干燥法：夏、秋季节，选择晴朗的天气，将收割的牧草就地晾晒 4~6 h，使之凋萎，其水分降到 50%左右，再使用搂草机或人工把草搂成垄，继续干燥 7~8 h，使其水分降至 35%左右，用集草机或人工将草集成草堆干燥，再经 1~2 d 晾晒后，就可以调制成含水量为 15%左右的优质青干草。

草架干燥法：先在地面干燥 4~10 h，当含水量降到 40%~50%时，自下而上逐渐堆放在草架上。堆放成圆锥形或屋脊形，要堆得蓬松些，厚度不超过 80 cm，离地面应有 20~30 cm 的距离，堆中应留通道，以利于空气流通；外层要平整，保持一定倾斜度，以利于采光和排水。该方法适宜于在湿润或适逢雨季的地区。

发酵干燥法：将刈割的牧草进行平铺、摊晾，经过短时间的风干，当其水分降低到50%左右时，分层堆积高 3~5 m，逐层压实，每层可撒上为青草重量0.5%~1%的食盐。垛的表层可以用土或薄膜覆盖，使草垛中牧草迅速发热，并在2~3 d内，使垛温达到60~70℃，未干草料所含水分即受热蒸发。随后，在晴天时开垛晾晒，随着发酵热量的散失，经风干或晒干将草干燥，制成褐色干草。发酵干燥需 1~2 个月方可完成，这种方法养分损失较多，故多在阴雨连绵时采用。

（2）人工干燥法。

常温通风干燥：在田间将需要通风干燥的青草草茎压碎，并堆成垄行或小堆风干，使水分下降到30%~40%，然后在草库内利用电风扇、吹风机和送风器等常温鼓风机，通过草堆中设置的栅栏通风道，把空气强制吹入，将半干青草所含水分迅速风干，完成干燥过程。

低温烘干法：采用加热的空气，将青草水分烘干。干燥温度若为50~70℃，需5~6 h，若为120~150℃，需5~30 min完成。

高温快速干燥法：将新鲜的青饲料置于烘干机内，在800℃、1 100℃的条件下，经过3~5 s，含水量很高的牧草在烘干机内需要多干燥几秒钟，使其中的水分迅速降到10%~12%，可达到饲喂和长期储存的要求。

3. 青干草的储藏

调制好的青干草应及时妥善收藏保存，合理储藏青干草，是调制青干草过程中的一个重要环节。青干草的储藏方法是否合理，对青干草品质影响很大。若青干草含水量较高，营养物质易发生分解和破坏，严重时会引起青干草发酵、发热、发霉，使青干草变质，失去原有色泽，并有不良气味，饲用价值会大大降低。收藏方法可因具体情况和需要而定，不论采用什么方法储藏，都应尽量缩小与空气的接触面，减少日晒雨淋等。

（1）散青干草的储藏。

露天堆垛：这是一种最经济、较省事的储存青干草的方法。选择离畜舍较近、平坦、干燥、易排水和不易积水的地方，做成高出地面的平台，台上铺上树枝、石块或作物秸秆约30 cm厚，作为防潮底垫，四周挖好排水沟，堆成圆形或长方形草堆。长方形草堆，一般高 6~10 m，宽 4~5 m；圆形草堆，底部直径3~4 m，高 5~6 m。堆垛时，第一层先从外向里堆，使里边的一排压住外面的梢部。如此逐排向内堆排，成为外部稍低、中间隆起的弧形。每层 30~60 cm 厚，直至堆成封顶。封顶用绳索纵横交错系紧。堆垛时应尽量压紧，加大密度，缩小与外界环境的接触面，垛顶用薄膜封顶，防止日晒漏雨，以减少损失。为了防止自燃，上垛的青干草含水量一定要在15%以下。堆大垛时，为了避免垛中产生的热量难以散发，应在堆垛时每隔 50~60 cm 垫放一层硬秸秆或树枝，以便于散热。

草棚堆藏：气候湿润或条件较好的牧场应建造简易的青干草棚或青干草专用储存仓库，避免日晒、雨淋。堆草方法与露天堆垛基本相同，要注意青干草与地面、棚顶保持一定距离，便于通风散热。也可利用空房或屋前屋后能遮雨的地方储藏。

（2）压捆青干草的储藏。散青干草体积大，储运不方便，为了便于储运，使损失降至最低，并保持青干草的优良品质，生产中常把青干草压缩成长方形或圆形的草捆，然后一层一层叠放储藏。草捆垛的大小，可根据储存场地加以确定，一般长 20 m、宽 5 m、高 18～20 层青干草捆，每层应有 0.3 m 的通风道，其数目根据青干草含水量与草捆垛的大小而定。

（3）半干草的储藏。

氨水处理：牧草适时收割后，在田间经短期晾晒，当含水量为 35%～40%时即打捆储存，可逐捆注入 25%的氨水，然后堆垛用塑料膜覆盖密封。氨水用量是青干草重量的 1%～3%，处理时间应根据温度不同而异。一般在 25℃左右时，至少处理 21 d 以上。用氨水处理半干豆科牧草，可减少营养物质的损失。与通风干燥相比，粗蛋白质含量提高 8%～10%，胡萝卜素提高 30%，青干草的消化率提高约 10%。

有机酸防腐剂处理：有机酸能有效地防止高水分（>30%）青干草发霉变质，并可减少储存过程中的营养损失。生产实践中常用于打捆青干草。豆科干草含水量为 20%～25%时，用 0.5%的丙酸；含水量为 25%～30%时，用 1%的丙酸喷洒效果较好。

青干草在储存中应注意控制含水量在 17%以下，并注意通风和防雨。这是由于青干草仍含有较高的水分，发生于青干草调制过程中的各种变化并未完全停止。如果不注意通风，草堆周围环境湿度大或漏雨，致使青干草水分升高，则酶和微生物共同作用会导致青干草内温度升高，当温度达 72℃以上时，会出现化学氧化，进一步产热，热量的累积最后会引起青干草自燃。因此，要定期检查维护，发现漏缝或温度升高时，应及时采取措施加以维护。

青干草经过长期储存后，干物质含量及消化率降低，胡萝卜素被破坏，草香味消失，适口性较差，营养价值下降。因此，过长时间的储存或隔年储藏的方法是不适宜的。

4. 青干草的品质鉴定

青干草品质的好坏应最终决定于家畜的自由采食以及营养价值的高低。但生产实践证明，青干草的植物学组成、颜色、气味和含叶量等外观特征与家畜的适口性及营养价值有密切的联系。

（1）植物学组成的分析。植物学组成，一般分为豆科、禾本科、其他可食草、不可食草和有毒植物 5 类。野干草中凡豆科草所占比例大的，属于成分优良干草；禾本科草和其他可食草比例大的，属成分中等干草；含不可食草多的，属劣等青干草；若青干草中有毒有害植物超过一定限度则不宜作为饲料利用。豆科牧草的比例在 5%以上为优等青干草；禾本科及杂草占 80%以上为中等青干草；有毒杂草含量在 10%以上为劣等青干草。

（2）青干草的颜色及气味。青干草的颜色和气味是青干草调制好坏的最明显标志。胡萝卜素是鲜草各类营养物质中最难保存的一种成分。青干草的绿色程度越高，不仅表示青干草的胡萝卜素含量高，而且其他成分保存的也越多。按青干草的颜色，可分为 4 类。

鲜绿色：表示青草刈割适时，调制过程未遭雨淋和阳光强烈暴晒，储存过程未遇高温发酵，能较好地保存青草中的养分，属优良干草。

浅绿色（或灰绿色）：表示青干草的晒制与储存基本合理，未受到雨淋发霉，营养物质无重大损失，属良好青干草。

黄褐色：表示青草收割过晚，晒制过程中虽受雨淋，储存期内曾经过高温发酵，营养成分损失严重，但尚未失去饲用价值，属次等青干草。

暗褐色：表明青干草的调制与储存不合理，不仅受到雨淋，而且已发霉变质，不宜再作饲用。

青干草的芳香气味是在青干草储存过程中产生的，田间刚晒制或人工干燥的青干草并无香味，只有经过堆积发酵后才产生此种气味，这可作为青干草是否合理储存的标志。

（3）青干草的含叶量。青干草含叶量的多少，是青干草营养价值高低的最明显指标，叶片所含的蛋白质、矿物质和维生素等都远远超过茎的含量，叶片的消化性也较高。青干草的叶片保有量在 75%以上为优等；在 50%～75%为中等；低于 25%的为劣等。

（二）青贮饲料的调制

青贮饲料是把新鲜青饲料通过微生物厌氧发酵和化学作用制成的一种适口性好、消化率高和营养丰富的饲料，是保证常年均衡供应家畜饲料的有效措施。青贮能够很好地保存青饲料养分，使其质地变软、具有香味，能促进羊的食欲，解决冬、春季节饲草的不足问题。同时，制作青贮饲料比堆垛同量青干草要节省一半占地面积，还有利于防火、防雨、防霉烂等。

1. 青贮设备的选择

（1）因地制宜，采用不同形式。可修建永久性的建筑设备，亦可挖掘临时性的土窖，还可利用闲置的贮水池、发酵池等。我国南方养殖专业户则可利用木桶、水缸和塑料袋等；在地下水位较低、冬季寒冷的北方地区，可采用地下或半地下式青贮窖或青贮壕。

（2）青贮场所。应选择地势高且干燥、土质坚实、地下水位低并靠近畜舍，远离水源和粪坑的地方作为青贮场所。

2. 常用青贮形式

（1）青贮壕。是指大型的壕沟式青贮设备，适于大型养殖场短期内大量保存青贮饲料。大型青贮长 30~60 m、宽 10 m、高 5 m 左右。在青贮壕的两侧有斜坡，便于运输车辆调动工作。底部为混凝土结构，两侧墙与底部接合处修一水沟，以便排出青贮饲料渗出液。青贮壕的底面应倾斜，以利于排水。青贮壕最好用砖石砌成永久性建筑，以保证密封和提高青贮效果。青贮壕的优点是便于人工或机械装填、压紧和取料，可从任一端开窖取用，对建筑材料要求不高，造价低。缺点是密封性较差，养分损失较大，耗费劳力较多。

（2）青贮池。青贮池有地上式、地下式及半地下式 3 种。地下式青贮池适用于地下水位低、土质较好的地方；地上式或半地下式青贮池适用于地下水位高、土质较差的地方；青贮池以长方形为好，池四周用砖石砌成，三合土或水泥抹面，坚固耐用，内壁光滑不透气，不透水。青贮池是目前南方区域比较常用的青贮设施，它具有投资小、贮料和取料方便、青贮浪费率低等优点。

（3）袋贮与捆裹。用聚乙烯无毒塑料薄膜制成的塑料袋，双幅袋形塑料，厚度 80~120 μm、宽 100 cm、长 100~170 cm，为防穿孔，也可用 2 层，可储青贮饲料约 200 kg。塑料袋青贮方法设备简单，方法简便，浪费少，适用于小规模饲养场。有条件的地方，也可购买裹包青贮机械，用塑料拉伸膜将青贮原料用机器压成圆捆，再用裹包机包被在草捆上进行青贮。

3. 青贮调制方法

（1）青贮原料的要求。

糖分：青贮原料要有适当的含糖量，保证乳酸菌能大量繁殖。乳酸增多后，将酸碱度调到 pH 值 4.2 以下。含糖分多的饲料最易青贮，如红苕、蔓菁、南瓜、玉米叶秆和禾本科牧草等。相反，含蛋白质较多而含糖分较少的豆科牧草，要与含糖分高的原料混合青贮，才易于保证青贮品质。

水分：水分过少，难于踩实压紧，造成好气菌大量繁殖，使饲料发霉腐烂；水分过多，又易压实结块，利于酪酸菌活动，使饲料腐臭，品质变坏。最适宜的水分含量是 65%~75%。简单判断方法：将青贮原料捣碎，用手握紧，指缝有水珠而不滴下，即为适宜水分含量。水分过多可加糠或稍晾晒，水分不足可洒水调节。

温度：青贮时窖内青贮饲料温度最好在 25~35℃，在此温度内乳酸菌能够大量繁殖，抑制其他杂菌繁殖。然而青贮过程中温度是否适宜，关键在于青贮原料含水量是否合适、含糖量是否足够及青贮窖是否处于厌氧环境这 3 个条件。当能满足这3个条件时，青贮温度一般会维持在30℃左右。如果不能满足上述条件，就有可能造成青贮过程中温度过高，温度过高可能使发酵过程出现产热过量而抑制乳酸菌增殖，助长其他杂菌增殖，造成营养成分和能量的损失。同时，会造成气味刺鼻、适口性差的状况，甚至青贮失败，不能饲用。

（2）青贮方法和步骤。调制青贮饲料大致可分为收割、切短、装填和封窖4个步骤。

收割：青贮原料要适时收割。整株玉米青贮应在蜡熟期，即在干物质含量为30%~35%时（即1/3乳线至3/4乳线时期）收割最佳；豆科牧草一般在现蕾至开花期刈割青贮；禾本科牧草一般在孕穗至刚抽穗时刈割青贮；甘薯藤和马铃薯茎叶等一般在收薯前1~2 d或霜前收割青贮。幼嫩牧草或杂草收割后可晾晒3~4 h（南方）或1~2 h（北方）后青贮，或与玉米秸等混贮。

切短：青贮饲料切短长度因种类不同而异，玉米秸秆切短长度以1 cm左右为宜；禾本科或豆科等柔软饲草，切短长度为3~4 cm。切短前先将霉烂、带泥沙或不干净的原料除去。

装填：装填前，底部铺10~15 cm厚的秸秆，以便吸收液汁。装填原料时需要调节水分，使其含水量在65%~70%为宜，装填要踏实，可用推土机碾压，人力夯实，一直装到高出窖沿60 cm左右，即可封顶。袋装法须将袋口张开，将青贮原料装入专用塑料袋，用手压和用脚踩实压紧，装填至距袋口30 cm左右时，抽气封口、扎紧袋口。

封窖：上面用塑料薄膜覆盖好后，用细土、轮胎等封严，封窖后需要加强后期管理，若发现窖顶下陷或裂缝，应及时加土或使用胶带封严，防止雨水、空气进入窖内。

4. 青贮饲料的取用

封窖后一般经过45 d发酵即可取用。凡发霉腐烂的青贮饲料不能饲喂，要求现取现喂。取出放置过久，易霉烂。每次取用要注意盖严，保存好剩余在窖中的青贮饲料。注意青贮饲料与配合饲料搭配。青贮饲料喂量从少到多，让牲畜逐步适应。

5. 青贮饲料的品质鉴定（感官鉴定标准）

开启青贮容器时，根据青贮饲料的颜色、气味、口味、质地和结构等指标，通过感官评定其品质好坏，这种方法简便、迅速。

色泽：优质的青贮饲料非常接近于作物原先的颜色。若青贮前作物为绿色，青贮后仍为绿色或黄绿色最佳。青贮器内原料发酵的温度是影响青贮饲料色泽的主要因素，温度越低，青贮饲料就越接近于原先的颜色。对于禾本科牧草，温度高于30℃，颜色变成深黄；当温度为45~60℃，颜色近于棕色；超过60℃，由于糖分焦化近乎黑色。一般来说，品质优良的青贮饲料颜色呈黄绿色或青绿色，中等的为黄褐色或暗褐色，劣等的为墨绿色或黑色。

气味：品质优良的青贮饲料具有轻微的酸味和水果香味。若有刺鼻的酸味，则醋酸较多，品质较次。腐烂腐败并有臭味的则为劣等青贮饲料，不宜喂家畜。总之，芳香而喜闻者为上等，而刺鼻者为中等，臭而难闻者为劣等。

质地：植物的茎叶等结构应当能清晰辨认，结构破坏及呈黏滑状态是青贮腐败的标志，黏度越大，表示腐败程度越高。优良的青贮饲料，在窖内压得非常紧实，但拿起时松散柔软，略湿润，不黏手，茎、叶、花保持原状，容易分离。中等青贮饲料茎、叶部分保持原状，柔软，水分稍多。劣等的青贮饲料结成一团，腐烂发黏，分不清原有结构。

二、粗饲料的加工调制

（一）农作物秸秆加工调制

农作物秸秆具有体积大、难消化、可利用养分少等特点，鉴于这些特点就必须进行加工处理，方可大大提高饲用率。加工处理方法一般可分为物理加工法、化学加工法、微生物发酵法 3 大类。

1. 物理加工法

利用人工、机械、热和压力等方法，将秸秆的物理性状改变，把秸秆切短、撕碎、粉碎、浸泡和蒸煮软化等都是物理学方法。物理加工处理后，便于咀嚼，减少能耗，提高采食量，并减少饲喂过程中的饲料浪费。

（1）切碎。饲喂切碎的秸秆可减少因咀嚼而消耗的能量，减少浪费。与其他饲料配合使用，可增加采食量。饲喂肉用山羊的粗饲料切短长度一般为 1.5~2.5 cm，玉米秸粗硬且有结节，以 1 cm 左右为宜。

（2）粉碎。秸秆经粉碎后可提高采食量，以弥补其本身的能量不足。但要注意的是不可粉得过细，否则会影响肉用山羊反刍。一般细度为 0.7 cm 左右效果最好。

（3）揉搓。使用揉搓机将秸秆饲料揉搓成丝条状，不但提高了饲料的适口性，也提高了饲料转化率，是目前秸秆利用比较理想的加工方法。

（4）浸泡。将农作物秸秆放在一定的水中进行浸泡处理，再将浸泡后的秸秆料饲喂家畜，这是一种简单的物理处理方法。经浸泡的秸秆，质地柔软，能提高适口性。

（5）蒸煮。将农作物秸秆放在具有一定压力的容器中进行蒸煮处理，也能提高秸秆的营养质量。

（6）膨化与热喷。膨化处理是将秸秆放在密闭的膨化设备中，用高温（200℃）高压（1.5 MPa）水蒸气处理一定的时间，再突然降压，使饲料膨化的一种方法。膨化处理的原理是使木质素低分子化和分解结构性碳水化合物，从而增加可溶性成分。但是，在目前的条件下，由于这类处理方法的设备投资较高，还很难在实践中推广应用。

(7) 饲料的干燥和颗粒化处理。干燥的目的是减少水分，保存饲料。颗粒化处理，是将秸秆粉碎后再加上少量黏合剂而制成颗粒饲料，使粉碎的粗饲料通过消化道的速度减慢，防止消化率下降。

2. 化学加工法

利用酸、碱等化学物质对秸秆饲料进行处理，降解纤维素和木质素中部分营养物质，以提高其饲用价值。

(1) 碱化法。碱化法可使纤维素结构软化，使木质素、硅酸盐转变为可溶性物质。同时，处理过的秸秆呈碱性，而羊瘤胃微生物在碱性条件下能有效地分解粗纤维，从而提高粗饲料的营养价值。碱化法的主要原料为氢氧化钠和生石灰水。方法：将未铡碎秸秆铺放成25 cm厚，喷洒2%氢氧化钠和1.5%生石灰水混合压实，铺一层后再喷洒。每100 kg秸秆喷150~250 kg混合液。1周后切碎饲喂。

(2) 氨化法。在农作物秸秆中加入一定比例的氨水、尿素等，改变秸秆形态结构，提高消化利用率。方法：将秸秆饲料切成2~3 cm长的小段，以密闭的塑料薄膜或氨化窖等为容器，以液氨、氨水、尿素、碳酸氢铵中的任何一种氮化合物为氮源，使用占风干秸秆饲料重量2%~3%的氨，使秸秆的含水量达到20%~30%，在外界温度为20~30℃的条件下处理7~14 d，外界温度为0~10℃时处理78~56 d，外界温度为10~20℃时处理14~28 d，30℃以上时处理5~7 d，使秸秆饲料变软变香。

(3) 酸化处理。用硫酸、盐酸、磷酸和甲酸等酸类物质处理秸秆的方法，称为酸化处理法。前两者多用于秸秆的木材加工副产物，后两者则多用于保存青贮饲料。酸化处理能破坏饲料纤维类物质的结构，提高动物对粗饲料的消化利用率。例如，用1%稀硫酸和1%稀盐酸喷洒秸秆，消化率可达65%。

3. 微生物发酵法

主要是利用微生物的发酵作用，增加秸秆的柔软性和膨胀度，并使难消化的粗纤维分解，生成菌体蛋白，从而提高粗饲料的质量，增加其适口性和采食量。常用的有自然发酵法、微生物发酵法及酶解法。

(1) 自然发酵法。就是利用粗饲料原有的细菌进行发酵，一般常见的是秸秆青贮。适时刈割的秸秆（含水量在40%~75%）青贮时，在厌氧环境下乳酸菌大量繁殖，从而将原料中的淀粉和糖转变成乳酸，青贮饲料的pH值在短期内达到4.0~4.2，这时霉菌和腐败菌的生长均受到抑制，使得养分保存下来。此外，由于产生相当数量的有机酸，饲料不仅具有酸香味，适口性增加，并且能够促进羊消化液分泌。

（2）微生物菌种发酵法。主要指秸秆微贮，该技术通过加微生物高效活性菌种，在密闭的厌氧条件下，促进秸秆纤维素、半纤维素和木质素的分解，使秸秆具有酸香味，改善秸秆的适口性，提高其消化率和营养价值。

（3）酶解法。酶作为生物化学反应的催化剂，本是生物体自身所产生的一种活性物质。酶制剂无毒、无残留、无副作用，是优质的新型促生长类饲料添加剂。通过添加酶制剂处理秸秆饲料，可以促进蛋白质、脂肪、淀粉和纤维素的水解，从而促进饲料营养的消化吸收，最终提高秸秆饲料的营养价值和饲用效果。

（二）糟渣类饲料加工调制

糟渣类饲料是用甜菜、禾谷类、豆类等生产糖、淀粉、酒、醋和酱油等产品之后的副产品，如甜菜渣、淀粉渣、白酒糟、啤酒糟、醋糟、酱油糟、饴糖渣和豆腐渣等。对其综合利用不仅有利于畜牧业的发展，而且可减少污染，保护环境。

1. 糟渣类饲料资源种类及营养特点

糟渣类饲料具有来源广、价格低廉、适口性好等特点，合理饲用可有效降低养殖成本。新鲜的糟渣水分含量超过 75%。但是，高水分含量易使糟渣类饲料发霉腐败，不耐储存。另外，糟渣类饲料营养单一，单独使用得不到良好效果，而且饲喂后，羊容易患消化障碍病和营养缺乏病，有时甚至中毒。因此，只有科学搭配、合理利用副产品饲料，才能做到节约精饲料用量，并收到较好的饲养效果。

（1）白酒糟。由于白酒糟中可溶性碳水化合物发酵被提取，其他营养成分相应提高。在酿酒过程中，常在原料中加入一定比例的麦壳作为疏松通气物质，以便多出酒，却导致白酒糟营养价值大为降低。含壳白酒糟成分为粗蛋白质 16%~25%、粗纤维 15%~20%，是育肥肉羊的好原料，鲜糟日用量控制在 3~4 kg。

（2）啤酒糟。以大麦为原料，经发酵提取其籽实中部分可溶性碳水化合物酿造啤酒后的工业副产品。鲜啤酒糟中含水分 75%以上，过瘤胃蛋白质含量较高，并含有啤酒酵母。干糟中蛋白质为 20%~25%，纤维含量为 10%~14%，啤酒糟饲喂奶羊，可代替部分精饲料或优质干草，有明显的增奶效果。成年母羊日饲喂量控制在 5~7 kg。

（3）淀粉渣。

玉米淀粉渣：玉米淀粉渣含有较多的粗纤维及少量的淀粉和蛋白质，适口性较好，可以鲜喂。玉米淀粉加工时含有少量亚硫酸，易导致草食家畜发生膨胀病和酸中毒，可在饲料中加入碳酸氢钠缓解。

薯类淀粉渣：薯类淀粉渣是以马铃薯、甘薯、木薯为主要原料的粉渣，其干物质主要是淀粉，其中无氮浸出物含量高，粗纤维含量低，粗蛋白质含量极少。薯类淀粉渣主要用于鲜饲，但饲喂过多或储存不当易发霉，造成奶羊等反刍动物瘤胃积食、瘤胃积气、肠炎等胃肠道疾病。

（4）醋糟。醋糟是用玉米、高粱等原料酿醋的主要下脚料，其含有粗蛋白质6%~10%、粗脂肪2%~5%、无氮浸出物20%~30%、粗灰分13%~17%、钙0.25%~0.5%、磷0.16%~0.37%。醋糟中含有醋酸，有酸香味，能增加动物的食欲，但不能单一饲喂，最好与碱性饲料混合饲喂，羔羊阶段不宜饲喂。

2. 糟渣类的加工与储藏

我国的糟渣类资源丰富，种类多，数量大，仅酿酒、淀粉、果品加工每年就可产生上亿吨的糟渣。因原料组成、生产工艺不同，其营养价值不同。糟渣类饲料普遍营养物质含量丰富，是受养殖户欢迎的廉价饲料资源。但是，新鲜糟渣类饲料的共同特点是含水量高，如鲜白酒糟含水量高达60%以上，鲜木薯渣含水量80%~90%，若不及时储藏处理极易腐败变质，既浪费饲料资源，又对环境造成污染。同时，糟渣类饲料的生产易受到环境温湿度、季节性变化的影响，易造成养殖场糟渣类饲料季节供应不平衡，而且受到运输距离和成本的限制。传统的烘干保存易损失营养物质和增加燃料成本，晒干保存易受天气和场地的影响，因此，糟渣类饲料的储藏技术是实现糟渣类饲料有效利用的关键实用技术。

（1）单独储藏。选用新鲜的糟渣饲料，夏季选用生产之后不超过1 d的糟渣，冬季不超过3 d的糟渣。运输途中防止淋雨，凡被污染的、发臭变质的糟渣均不可用，储存前对混入的土石块、塑料薄膜等杂物进行清理。该技术关键控制点为：选用新鲜糟渣，储藏中压实，严格密封厌氧。

（2）混合储藏。

酒糟与干稻草混储：该技术是利用干稻草含水量低、混储易控制白酒糟含水量高的缺点，甚至可做低水分储藏，其关键是混储比例，酒糟与稻草的比例一般选（8~10）：1，其次是稻草要铡短，长度在1~2 cm，如果能将稻草用揉切机揉切，长度可在3~5 cm，否则不易压实排出空气。

木薯渣与玉米秸秆混储：由于木薯渣含水量高，可与收获玉米棒后的玉米秸秆混合储存。将玉米秸秆切短为23 cm长，揉切的玉米秸秆更好，每10~20 cm厚切短的玉米秸秆上铺一层木薯渣，木薯渣加入量可根据玉米秸秆的含水量添加，木薯渣与玉米秸秆的推荐比例为2：1。

木薯渣与甘蔗梢混储：方法与玉米秸秆混储相同，木薯渣与甘蔗梢混储的比例为2：1。

柑橘渣与玉米芯混储：柑橘渣与玉米芯混储可实现营养的互补。玉米芯粉碎后与柑橘渣按4：6的比例混合，将混贮料抓一把紧握在手里，有水珠流到指缝，但不滴落下来，将手松开混储料会松散开来，这样水分就合适了。再额外加入玉米芯与柑橘渣总重量的 7% 的玉米粉、0.3% 的尿素、0.001 5% 的乳酸菌，均匀混合。

(3) 特种储藏。可在糟渣中添加尿素、氯化铵、乳酸菌等符合法规的储藏添加剂。以酒糟中添加氯化铵为例进行特种储藏。添加氯化铵可以提高酒糟的氮含量，并具有杀菌、抑菌作用，有助于防止开窖后白酒糟二次发酵腐败。在酒糟中添加氯化铵饱和溶液（常温下可按 100 g 水配 40 g 氯化铵）储藏，氯化铵添加量为 0.3%。为了让氯化铵与白酒糟混合均匀和控制水分增加，储藏中根据窖藏酒糟量确定氯化铵的量，将其溶于水后，在装填酒糟过程中用喷雾器喷入。

三、能量饲料的加工调制

能量饲料的营养价值和消化率一般都比较高，但由于籽实类饲料的种皮、硬壳及内部淀粉粒的结构均会影响营养成分的消化吸收和利用。所以，这类饲料在饲喂前必须经过加工调制，以便能够充分发挥其作用。

（一）粉碎

这是最简单、最常用的一种加工方法。经粉碎后的籽实便于咀嚼，增加了饲料与消化液的接触面积，使消化作用进行得比较完全，从而提高了饲料的消化率和利用率。

（二）浸泡

将饲料置于池中或缸中，按 1：（1~1.5）的比例加水进行浸泡。谷类、豆类、油饼类的饲料经过浸泡后变得膨胀柔软，便于消化。而且，通过浸泡后某些饲料可以减轻一些毒性和异味，从而提高了适口性。但是，浸泡的时间应掌握好，浸泡时间过长，会造成营养成分的损失，适口性也随之降低，有的能量饲料甚至还会因为浸泡过久而变质。

（三）蒸煮

马铃薯、豆类等能量饲料不能生喂，必须经过蒸煮。同时，蒸煮还可以提高其适口性和消化率。为了不引起蛋白质变性和破坏饲料中的维生素，蒸煮时间一般不能超过 20 min。

（四）发芽

谷物籽粒发芽后，可使一部分蛋白质分解成氨基酸。同时，糖分、胡萝卜素、维生素 E、维生素 C 及 B 族维生素的含量也大大增加。此法主要是在缺乏青饲料的冬、春季节使用。

（五）制粒

制粒是将能量饲料配合制成颗粒饲料。羊具有啃咬坚硬食物的嗜好，这种嗜好可以刺激羊消化道消化液的分泌，促进消化道的蠕动，从而提高羊对饲料的消化吸收率。将配合饲料制成颗粒，可以使淀粉熟化；可以使大豆、豆饼及谷物饲料中的抗营养因子发生变化，减少其对羊的危害；可以保持饲料的均质性。因此，制粒可显著提高配合饲料的适口性和消化率，减少饲料浪费；便于储存和运输。颗粒饲料在加工过程中需要注意以下几项影响饲喂效果的因素。

1. 原料粉粒的大小

制作羊用颗粒饲料所用的原料粉粒过大会影响羊的消化吸收，过小易引起肠炎。一般粉粒直径以 1~2 mm 为宜。其中添加剂的粒度以 0.18~0.60 mm 为宜，这样有助于搅拌均匀和消化吸收。

2. 粗纤维含量

颗粒料中所含粗纤维以 12%~14%为宜，水分含量低于 12.5%，食盐添加量小于颗粒料用量的 0.5%。制成的颗粒直径应为 2~5 mm，长度为 8~10 mm，此规格的颗粒饲料喂羊效果最好。

第四节　肉用山羊日粮配合技术

一、日粮配制的原则

日粮配制首先要考虑饲养标准。饲养标准是进行饲草料配制的依据，配制饲草料时应保证供给羊只所需的各种营养物质。但饲养标准是在一定生产条件下制定的，应通过实际饲养效果，根据各地具体条件对饲养标准进行必要的修正和补充。日粮配制还要考虑羊的生理特点和饲料的多样性、适口性，以及当地的饲料来源，尽量做到饲料的多样搭配，这样既可促进羊的食欲，又可在营养成分上得到互补。结合我国目前的山羊生产模式，日粮配合可采用如下原则。

1. 营养性原则

在配制日粮时，必须以山羊的饲养标准为依据，并结合不同生产条件下山羊的生长情况与生产性能状况灵活应用。若发现日粮中的营养水平偏低或偏高，要及时调整，既要满足山羊所需的营养，又不至于浪费。同时，应注意饲料的多样化，尽可能将多种饲料合理搭配使用，以充分发挥各种饲料的营养互补作用，平衡各营养素之间的比例，保证日粮的全价性，提高日粮中营养物质的利用效率。不论是粗料还是精料，切忌品种单一，尤其是精料。山羊的日粮应以青饲料、干粗饲料、青贮饲料、精料及各种补充饲料等加以合理搭配使用，配合的饲料既要有一定的容积，山羊吃后具有饱胀感，又要保证有适宜的养分浓度，使山羊每天采食的饲料能满足所需的营养。

2. 经济性原则

山羊是反刍动物，可大量使用青粗饲料，尤其是可以将农作物秸秆处理后进行饲喂，山羊对日粮中蛋白质的品质要求也不高。因此，配制日粮时应以青粗饲料为主，再补充精料等其他饲料，尽量做到就地取材，充分、合理地利用当地来源广泛、营养丰富、价格低廉的牧草、农作物秸秆和农副加工产品等饲料资源，以降低生产成本。

（1）充分利用青粗饲料。青粗饲料种类多、来源广，生产上应该把青粗饲料作为山羊日粮的主要饲料。青饲料包括野青草、青牧草、青割饲草、青树叶、嫩树枝、水生饲草料、青贮饲料和鲜蔬菜等，其主要特点是含水多，一般在70%以上。这些青饲料含有较多的粗蛋白质，含有丰富的维生素和矿物质，适口性好，消化率高，对山羊的健康有良好的作用，是山羊喜食的饲料。

粗饲料主要指成熟后的农作物秸秆、秕壳、老树叶和老野草等，主要特点是含粗纤维多，一般在20%~30%，虽然对猪、鸡等单胃动物难于消化，营养价值不大，但是对山羊来说，利用率很高。因为山羊能通过瘤胃中的微生物把粗纤维转化成可以消化利用的成分，所以应当把粗饲料作为山羊的基础饲料。它不仅能供给山羊营养，还能够使其吃后具有饱腹感。但是粗饲料在日粮中的比重不宜过大，以不超过30%为好，否则山羊采食量和日增重会逐渐降低。在冬季青饲料缺乏时，为使山羊常年不断青，除采用青贮饲料饲喂外，有条件的还可用大麦、小麦、玉米等谷物籽实制作饲料喂山羊。

（2）合理搭配其他饲料。除了充分利用青粗饲料外，还可利用洋姜、萝卜、瓜类、青菜等多汁饲料喂山羊，因其汁多、适口、易消化。精饲料体积小，纤维少，营养丰富，消化率高，主要有两类：一类如大豆、豌豆、玉米、大麦等籽实饲料，另一类如糠麸、粉渣、豆腐渣、菜籽饼等在青粗饲料营养满足不了需要时，特别是在舍饲或怀孕后期、哺乳期的母羊以及配种期的公羊，精饲料是良好的补充饲料。同时还要经常补充食盐、磷酸钙、碳酸钙、贝壳粉、石灰石、蛋壳粉等矿物质饲料。因食盐含氯和钠，山羊吃后能增进食欲，促进血液循环和消化、增膘，每天应该饲喂一定的食盐，用量为成年羊每天10 g左右，青年羊5~7 g，羔羊5 g以下，如喂量过多，会导致山羊中毒，甚至死亡。

（3）补充特殊饲料——尿素。尿素是含氮量约45%的优质化肥，也是山羊很好的特殊补充饲料。饲喂尿素成本低、效果显著，可促进山羊的生长，当山羊采食尿素后，瘤胃内的微生物能将尿素分解出来的氨合成菌体蛋白质。饲喂量为山羊体重的0.02%~0.03%，即每10 kg体重可喂尿素2~3 g。虽然尿素对山羊有效，也只能解决日粮中蛋白质的不足，而不能代替日粮中全部蛋白质。因此，其他饲料不能少。

尿素的饲喂法：用少量温水溶解尿素，将其拌在切短的饲料中，随拌随喂。用尿素饲喂山羊，如果使用不当也会起反作用，甚至会造成中毒死亡，因此饲喂时应特别注意以下几点。羔羊的瘤胃发育不全，不能饲喂尿素；青年羊可以少喂，特别是体弱的羊应少喂或不喂。喂羊要严格按规定用量，开始喂量约等于规定用量的10%，逐渐增加，10~15 d才增加到规定用量，切记不可超过用量，以免中毒。尿素吸湿性大，既不能单独饲喂，又不能放在水中饮用。即使拌在饲料混喂后60 min内也不能饮水，否则容易引起中毒。喂尿素过程不要间断，若间断后再喂，必须重新从小用量开始饲喂，再循序渐进。若中毒应立即进行抢救，中毒的表现是在食后15~40 min出现颤抖、动作紊乱，可用50~100 g食醋兑水3~5倍给羊灌服，调整瘤胃的酸碱度，阻止尿素在瘤胃内分解为氨，以减轻中毒症状。

3. 适口性原则

饲料的适口性与山羊的采食量有直接关系。日粮适口性好，可增进山羊的食欲，提高采食量；反之，日粮适口性不好，山羊食欲不振，采食量下降，不利于山羊的生长，达不到应有的增重效果。因此，在一些适口性较差的饲料中加入调味剂，可使适口性得到改善，增进山羊食欲。

4. 安全性原则

随着无公害食品和绿色食品产业的兴起，消费者对肉类食品的要求越来越高，希望能购买到安全、无公害、绿色的肉食品。因此，在配制日粮时，必须保证饲料的安全可靠。选用的原料应质地良好，保证无毒、无害、无霉变、无污染。在日粮中尽量不添加抗生素类等药物性添加剂。养羊场应树立食品安全意识，对国家有关部门明令禁用的某些兽药及添加剂坚决不予使用。

二、日粮配制的方法

羊日粮是指羊在一昼夜内采食各种饲料的数量总和；但在实际生产中并不是按1只羊1 d所需来配料的，而是对一群羊所需的各种饲料，按一定比例配成混合饲料来饲喂。配合日粮的方法和步骤有多种。一般所用饲料种类越多，选用营养需要的指标越多，计算过程就越复杂，有时甚至用手算不能很好完成。因此，在现代畜牧生产中，已经应用电子计算机来完成饲料配方的计算，既方便又快捷。而小规模养羊或农户养羊因饲料不固定，可用试差法手工计算。常用试差法如下。

第一步，确定舍饲羊群中羊的平均体重和日增重水平，作为日粮配方的基本依据。

第二步，计算出每千克饲粮的养分含量，用羊的营养需要量除以羊的采食量即为每千克饲粮的养分含量（%）。

第三步，确定拟用的饲料，列出选用饲料的营养成分和营养价值表，以便选用计算。

第四步，以日粮中能量和蛋白质含量为主，留出矿物质和添加剂的份额，一般为2%~3%，初步试配出混合饲料。

第五步，在保持初配混合料能量浓度和蛋白质含量基本不变的前提下，调整饲料原料的用量，以降低日粮成本，并保持能量和蛋白质这两项基本营养指标符合需要。

第六步，在能量和蛋白质含量以及饲料搭配基本符合要求的基础上，调整补充钙、磷和食盐以及添加剂等其他指标。

第五节　全混合日粮配制技术

全混合日粮（TMR）技术是根据反刍动物不同生长发育阶段和生产目的的营养需要标准，即反刍动物对能量、粗蛋白质、粗纤维、矿物质和维生素等营养素的特定需要，采用饲料营养调控技术和多饲料搭配的原则，用专用的搅拌机将各种粗饲料、精饲料及饲料添加剂进行充分混合加工而成的营养平衡的日粮。当前肉羊产业主推的舍饲圈养技术、肥羔生产技术、当年羔羊当年出栏技术、杂交育肥技术和精准饲养技术等需要成熟的TMR饲养技术支撑。

一、全混合日粮技术的优势

反刍动物都具有一定的挑食性，传统的精粗分饲、混群饲养的养殖制度，粗料自由采食，精料限量饲喂，饲喂的随意性较大，日粮组成不稳定且营养平衡性差，瘤胃pH变化幅度大，破坏了瘤胃内消化代谢的动态平衡，不利于粗纤维的消化，导致饲料利用率低，粗饲料浪费严重，生产水平低下，不同程度上造成了反刍动物生长缓慢、饲养周期长、生产成本高、商品化程度低且产品质量差等问题，不适应现代畜牧业集约化规模生产和产业化发展的需要。而TMR饲料是应用现代营养学原理和技术调制出来的能够满足肉羊相应生长阶段和生产目的营养需求的日粮，能够保证各营养成分均衡供应，实现反刍动物同养的科学化、机械化、自动化、定量化和营养均衡化，克服传统饲养方法中的精粗分饲、营养不均衡、难以定量和效率低下的问题。TMR饲养方式与传统的饲养方式相比，避免了传统饲养方式挑食、摄入营养不平衡的缺点，可以使反刍动物瘤胃pH更加趋于稳定，有利于微生物的生长繁殖，改善了瘤胃功能，降低了消化和代谢疾病的发病率。另外，它可以降低适口性较差饲料的不良影响，某些利用传统方法饲喂适口性差、转化率低的饲料，如鱼粉、棉籽饼、糟渣等经过 TMR 技术处理后适口性得到改善，有效防止动物挑食，在减少了粗饲料浪费的同时进一步开发饲料资源，提高干物质采食量和日增重，降低了饲料成本。

二、全混合日粮配制技术

（一）选择合适的饲养标准配制日粮

TMR 配方的设计是建立在原料营养成分准确测定和不同阶段肉羊的饲养标准明确的基础上的，而我国目前所用的肉羊饲养标准大多参考国外标准，适合我国国情的山羊饲养标准和山羊常用饲料的营养参数尚不完备。因此，要选择一个最适的饲养标准。同时根据羊场实际情况，要考虑山羊的类别、胎次、妊娠阶段、体况、饲料资源及气候等因素进行干物质采食量预测及日粮设计，制定合理的饲料配方。干草如单独饲喂，应准确测定其每头每天的采食量，以便准确配制日粮。

（二）定期测定饲料原料营养成分

TMR 由计算机进行配方处理，要求输入准确的原料成分含量，客观上需要经常调查并分析原料营养成分的变化，尤其是饲料原料中干物质含量和营养成分由于受产地、品种、部位、批次、收获时间和加工处理方式等影响而常有变化，个别指标甚至变化比较大，常常导致实配饲料的营养含量与标准配方的营养含量有差异。为避免差异太大，有条件的羊场应定期抽样测定各饲料原料养分的含量。饲草分析至少每月 1 次，青贮类型或质量有变动应立即分析。青贮切铡长度以 1.5~2 cm 为宜。

（三）合理分群

TMR 技术是针对羊只不同生理阶段和生产目的而建立的营养供需平衡方案。所以，羊只的分群技术是实现 TMR 定量饲喂工艺的重要前提。目前羊场应用饲喂技术还未严格科学分群，一定程度上影响了 TMR 技术应用的效果。理论上讲，分群越细越好，但是考虑到生产实践操作的便利性以及频繁分群导致的应激问题，分群的数目主要视羊群的生产阶段、羊群大小和现有的设施设备而定。主要有 3 种分群方案，方案一：分 2 个群，即将公羊和母羊分开；方案二：分 3 个组群，即舍饲育肥群、种母羊群、种公羊群；方案三：分 7 个组群，即哺乳羔羊群、生长育肥群、空怀配种母羊群、妊娠母羊群、后备母羊群、后备公羊群、种公羊群，该方案适合于大中型羊场。

（四）日粮饲料质量监控

饲料质量的好坏，关键是做好日常的质量监控工作，这包括水分含量、搅拌时间、细度、填料顺序等。其中，原料水分是决定 TMR 饲喂成败的重要因素之一。水分含量直接影响 TMR 饲料配制时精粗饲料的分离程度，进而影响瘤胃内 pH 的变化，间接影响瘤胃内纤毛虫数和酶活力的变化。在实际生产中，一般认为 TMR 水分含量以 35%~45%为宜，过干或过湿都会影响羊群干物质的采食量。可用手握法简单判定 TMR 水分含量是否合适，即紧握不滴水，松开手后 TMR 蓬松且较快复原，手上湿润但没有水珠渗出则表明含水量适宜（含量 45%左右）。

（五）原料预处理和搅拌方法

大型草捆应提前散开，牧草铡短、块根类冲洗干净，部分种类的秸秆应在水池中预先浸泡软化等，这些都有助于后续的加工处理。搅拌时要注意原料的准确称量，掌握正确的填料顺序，一般立式混合机是先粗后精，按“干草—青贮—精料”的顺序添加混合。在混合过程中，要边加料加水，边搅拌，待物料全部加入后再搅拌 4~6 min。如采用卧式搅拌车，在不存在死角的情况下，可采用先精后粗的投料方式。在原料添加过程中，要防止铁器、石块、包装绳等杂质混入，造成搅拌机损伤。

另外，搅拌的时间要控制合适，时间太短导致原料混合不匀，时间过长使 TMR 太细，有效纤维不足，使瘤胃 pH 值降低，造成营养代谢病发生。因此要在加料的同时进行搅拌混合，最后批次的原料添加完后再搅拌 4~6 min 即可。搅拌时间要根据日粮中粗料的长度适当调整，比如粗料长度小于 15 cm 时搅拌时间适当缩短。通过 TMR 搅拌机的饲料原料的细度也要控制合适，一般用宾州筛测定，顶层筛上的物重应占总重的 6%~10%，生产中可根据实际情况做适当调整。

（六）全混合日粮品质鉴定

饲料的品质好坏一般需要有经验的技术人员鉴定，外观上看，精粗饲料混合均匀，精料附着在粗料表面，松散而不分离，色泽均匀，质地新鲜湿润，无异味，柔软而不结块。在实际生产中，技术人员要定期检查 TMR 饲料的品质。

（七）科学管理

首次饲喂时做好饲料过渡期的新旧料调整工作，确保 TMR 饲料的饲喂效果。科学化管理，更注重细节，如山羊的社会关系、妊娠前后采食量、充足供应饮水等。

三、全混合日粮饲料制作的设备选型

目前，国内外使用的 TMR 搅拌机都是针对奶牛设计的，包括立式 TMR 搅拌机、卧式 TMR 搅拌机、牵引式 TMR 搅拌机、自走式 TMR 搅拌机和固定式 TMR 搅拌机等。由于国内针对舍饲山羊使用的 TMR 搅拌机研究较少，所以一些奶牛用的 TMR 搅拌机也应用到舍饲山羊生产上，并取得了积极的效果，在舍饲山羊生产上应用也逐渐增多。对 TMR 搅拌机进行选择时，要充分考虑设备的各种耗费，包括节能性能、维修费用及使用寿命等因素。日常使用中要做好机器日常的保养和维护工作，避免超时间、超负荷使用。

四、全混合日粮饲养技术应注意的事项

（一）饲养方式的转变应有一定的过渡期

在由放牧饲养或常规精粗料分饲转为自由采食 TMR 时，应有一定的适应期，使山羊平稳过渡，以避免由于采食过量而引起消化疾病和酸中毒。

（二）保持自由采食状态

TMR 可以采用较大的饲槽，也可以不用饲槽，而是在围栏外修建一个平台，将日粮放在平台上，供山羊随意进食。

（三）注意山羊采食量及体重的变化

在使用 TMR 饲喂时，在泌乳的中期和后期可通过调整日粮精粗比来控制体重的适度增加。

（四）全混合日粮的营养平衡性和稳定性要有保证

在配制 TMR 时，饲草质量、计量的准确性、混合机的混合性能及 TMR 的营养平衡性要有保证。

（五）技术人员要求

全场需要根据生理阶段或生产性能进行分群饲喂，每一个群体的日粮配方各不相同，需要分别对待。这要求羊场的技术人员工作热情高，责任心强。

五、全混合日粮技术应用面临的主要问题

（1）各阶段山羊饲养标准的建立和常用饲料营养参数的制定。

（2）山羊精细分群饲喂还存在很大困难。

（3）全混合日粮饲料质量监控环节多。

（4）TMR 的配制要求所有原料均匀混合，青贮饲料、青绿饲料、干草需要专用机械设备进行切短或揉碎。为了保证日粮营养平衡，要求有性能良好的混合和计量设备。TMR 通常由搅拌车进行混合，并直接送到山羊饲槽，需要一次性投入成套设备，设备成本较高。

第八章　羔羊培育与山羊育肥技术

近年来，随着商品经济的发展和人们生活水平的提高，民众对羊肉产品的需求量也正逐步扩大。因此，养羊不再是简单的家庭副业，而是由原来的家庭散养逐渐向规模化饲养转变的重要经济产业。在肉用山羊的饲养管理过程中，肉用山羊快速育肥作为一个重要的组成部分，对完成成果转化和实现经济效益具有重要的意义。肉用山羊的育肥是为了山羊在出栏或屠宰前用低廉的成本获得量多质好的羊肉，实现肉用山羊集约化经营、标准化生产和效益最大化的结果。

第一节　羔羊接产与护理

只有保质保量地做好每一批羔羊的接产及产后护理工作，降低羔羊的死亡率，使其健康生长发育，才能保证后续的保种、繁育、育肥出栏等工作顺利进行，从而不断提高生产效益。

一、接产前的准备工作

（一）制订产羔计划

根据配种日期、个体状态编制产羔预计进度表和绘制产羔曲线。产羔曲线的绘制方法是，以横坐标为日期（单位为天），纵坐标为当日产羔预计数，将每一个时间和产羔数交叉点用线连接起来即为产羔曲线图。

（二）临产母羊的饲养管理

临产前母羊行动不便，最好能单独分圈管理，精心护理，特别是严格控制进出圈舍门的速度，以防相互挤压而出现流产。如果母羊膘肥体壮，产前 15 d 应减少精料的供应量，在产前 7 d 停止供给精料，以防胎儿过大而出现难产。应多准备些多汁饲料，供产后母羊补饲，促进母羊乳汁分泌。

（三）建立产房

如果母羊群具备一定规模，应建有产房，一般可将临近羊舍改建成产房。产羔前 3~5 d 把产房打扫干净，墙壁和地面用 4%的氢氧化钠或 2%~3%来苏尔（煤酚皂溶液）消毒，在产羔期间还应消毒 2~3 次。产羔期间要尽量保持恒温和干燥，一般维持舍内温度 25℃左右，湿度 50%~55%为宜，并铺上干净垫草。另外，准备一暖室或数个保温箱，用于初生弱羔保温。

（四）人员准备

安排有责任感并具有接产经验的接产人员昼夜值班，巡回检查，发现进入产前的母羊，及时接产。提高羔羊的成活率，关键就在对产后羔羊的精心照料及对弱羔的重点照顾。

（五）备好用具和药品

一是备好消毒药品，即准备好两种以上常用的场地消毒剂及用于脐带、断尾消毒的消毒剂（如碘酒、酒精）、脱脂棉、消毒纱布等；二是备好常用接产用具和药品，主要包括脸盆、毛巾、肥皂、抹布、打号工具、产羔记录纸、奶粉、奶瓶、来苏尔、葡萄糖粉、破伤风抗毒素、“三联苗”等，并备好台秤，记录笔等。有条件的羊场可备好用于剖宫产的外科手术器械，以便难产时进行手术。

二、正常接产

母羊在分娩前数小时会表现不安，频频转头和起卧，常用四肢刨地，并发出鸣叫声；排尿次数增多，回头顾腹，寻找安静的角落伏卧于地，四肢努责伸直；乳房胀大，可挤出少量黄色初乳；阴门肿胀，有液体流出，骨盆韧带松弛。

剪去临产母羊乳房周围和后肢内侧的毛，以免妨碍初生羔羊哺乳及羔羊吃下脏毛。用温水洗净乳房，并挤出几滴乳，再将母羊的尾根、外阴部、肛门洗净，用 1%的来苏尔消毒。

母羊分娩时，由羊膜和绒毛膜形成的白色半透明的囊状物突出于阴门，膜内有羊水和胎儿。羊膜、绒毛膜破裂后排出羊水，随后将胎儿产出。胎儿从显露到产出体外的时间为 0.5~2 h，产双羔时先后间隔 5~30 min，胎儿产出时间一般不会超过 3 h，如果时间过长，则可能胎儿胎位不正常形成难产。正常分娩的经产母羊，在羊膜破后 10~30 min 羔羊即能顺利产出，产后大约 3 h 排出胎衣，5~6 d 排净恶露。

胎儿从母羊产道正常产出的姿势一般是两前肢和头部先出，若先看到前肢，接着是嘴和鼻，即是正常胎位。头露出来后，即可顺利产出，不必助产。少数后肢先出，这时要立即进行人工接产，动作要快，否则极易出现胎儿窒息死亡。这两种姿势都算是正常产出的胎势，只要产道不狭窄，胎儿不是过大，均能正常产出。如果有的母羊产后仍有疼痛和努责症状，可能会产多胎。

羔羊产出后应迅速将其口、鼻、耳中的黏液抠出，以免引起呼吸困难而窒息死亡，或者黏液吸入气管引起异物性肺炎。羔羊身上的黏液必须让母羊舔净，如母羊不舔，可在羔羊身上撒些精饲料或麸皮，促使其舔净。如天气寒冷，则用干净布或干草迅速将羔羊身体擦干，避免受凉。

羔羊出生后，一般母羊站起，脐带自然断裂，这时在脐带断端涂 5%碘酒消毒。如脐带未断，可在离脐带基部 6~10 cm 处将内部血液向两边挤，然后在此处剪断，涂抹碘酒消毒。不论哪种方式断脐，都应用 5%碘酒对断脐处进行消毒，并立即注射破伤风抗毒素 1 支。之后对羔羊进行称重，做好记录。稍等片刻后，将母羊的乳房用温水清洗，挤出最初几滴初乳，1 h 内辅助羔羊吃上初乳，并在 2~3 h 观察羔羊是否排出胎粪。

三、难产及助产

初产母羊要适时予以助产。在母羊羊水流出 20 min 后仍不见羔羊产出，也不见母羊努责，即应进行助产。一般当羔羊嘴露出阴门后，手用力捏挤母羊尾根部，羔羊头部就会被挤出，同时用手拉住羔羊的两前肢顺势向后下方轻拉，羔羊即可产出。阴道狭窄、子宫颈狭窄、母羊阵缩及努责微弱、胎儿过大、产道畸形、胎儿畸形及胎位不正；两前肢先出，但头部向后仰起；两前肢只出一肢，另一肢伸向后方；两前肢先出，但头部向下或向侧弯向后方；两肢露出阴道，但前肢关节卷曲于产道内等均可引起难产。

助产的方法主要是判断胎儿姿势，然后进行矫正，待胎位正常后，拉出胎羔。助产员要剪短、磨光指甲，洗净手臂并消毒、涂抹润滑剂。先将母羊阴门撑大，把胎儿的两前肢拉出来再送进去，重复 3~4 次矫正姿势；然后一手拉前肢，一手扶头，配合母羊的努责，慢慢向后下方拉出，注意不要用力过猛，以防损伤产道。刺激阴道壁或掏出胎儿时，手指不能向母羊椎骨方向用力，以免造成母羊大动脉破裂引起死亡。难产的情况很多，可视具体情况而做相应处理，确实难产的可施行剖宫产。

四、假死羔羊救治

有些羔羊产出后，心脏虽然跳动，但没有呼吸，称为“假死”。抢救假死羔羊，首先应把羔羊呼吸道内的黏液、羊水清除掉，擦净鼻孔，向鼻孔吹气或进行人工呼吸。可以把羔羊放在前低后高的地方仰卧，手握前肢，反复前后屈伸，轻轻拍打胸部两侧，或提起羔羊两后肢，使羔羊悬空并拍击其背、胸部，使堵塞咽喉的黏液流出，并刺激肺呼吸。

五、矫正弃羔母羊

有的初产母羊患有恶癖，或因粗暴接产而造成不认自生羔羊，不仅不舔舐羔羊身上的黏液，还不给羔羊哺乳，甚至经常顶、撞、踩压羔羊。遇此情况可将羔羊身上黏液抹入母羊鼻端、嘴内，诱导母羊舔羔。如母羊还不舔羔，应尽快用干布或软草将羔羊身上擦干，辅助羔羊吃上初乳。

把母羊和羔羊放入带隔离栏的固定小圈内，或将羔羊单放暖室、暖炕上，每隔 2~3 h 驱赶母羊 1 次，强迫母羊给羔羊吃奶。经过 1 周时间，能促进母崽相识与亲和，绝大多数弃羔母羊会认羔。认羔母羊应及时离开小圈，放入中圈饲养。少数仍不认羔的，要继续留圈强制哺乳。

六、“冻僵”羔羊救治

早春天气寒冷，对临产母羊观察不仔细或放牧过远，都可能造成母羊在室外产羔。羔羊产下后停止呼吸，周身冰凉，称为“冻僵”羔羊。这时应迅速将羔羊移入暖室进行温水浴，水温由 38℃逐渐升到 42℃，水浴时间以 20~30 min 为宜。洗浴时，手握前肢，将羔羊头部露出水面，避免其呛水，用手轻轻拍打羔羊胸部两侧，使其苏醒。还可使羔羊头部下垂，左右摇晃地同时拍打其胸背部，让堵塞咽喉的黏液流出，使其复苏。

七、胎盘排出

山羊的胎盘通常是分娩后 2~4 h 排出，排出时间一般需要 0.5~8 h，但不能超过 12 h，否则容易引起子宫炎等疾病。

八、新生羔羊护理

初生羔羊体质较弱，适应能力低，抵抗力差，容易发病。随着集约化养羊产业的起步，舍饲方式和季节性集中繁育制度正在逐步兴起，羔羊生产密度加大，产羔季节相对集中。所以，有必要深入了解羔羊饲养管理的基本知识，加强护理，保证其成活及健壮，以便为提供量多质优的后备种羊和育肥羊奠定坚实的基础。

（一）吃好初乳

初乳（母羊产羔后 5 d 内分泌的乳汁）黏稠，含有丰富的蛋白质、维生素、矿物质等营养物质，容易被消化吸收，更重要的是初乳中含有大量抗体，能抑制消化道内病菌繁殖。另外，羔羊本身还不能产生抗体，初乳可大大增强羔羊的抵抗力。同时其中含有镁盐，具有轻泻作用，吃足量的初乳，有利于胎便的排出。

因此，及时吃到初乳是提高羔羊抵抗力和成活率的关键措施之一。吃初乳时间越早越好，而且要吃够，否则羔羊抗病力低，胎粪排出困难，易发病，甚至死亡。

羔羊出生后，一般十几分钟即可站起，寻找母羊乳头。首次哺乳应在接产人员护理下进行，使羔羊尽早吃到初乳。羔羊吃完初乳后，最好将母仔放在单独的圈内饲养 1~2 d，此期间特别注意观察羔羊的哺乳情况，保证每 2 h 能吃足 1 次奶。羔羊吃了初乳，在 1~3 d 逐渐排出胎粪，如果母羊产后无奶或死亡，吃不到自己母亲的初乳的羔羊，也要让它吃到其他母羊的初乳，否则很难成活。对于母性强的母羊，产后就能哺乳羔羊，有的母羊，特别是初产母羊，没有护羔经验，母性差，产后不喂羔羊，必须强制人工哺乳。即把母羊保定住（人用两腿夹住母羊颈部），把羔羊推到乳房前，羔羊就会吸乳，几次之后羔羊就会自己找母羊吃奶。母羊对亲生羔羊的识别，主要靠嗅闻尾根处气味是否与自己相同。弱羔和病羔，自己无力找到乳头，可用手托住羔羊胸底去寻找，见它频频摇尾，就表示已经吃到奶，摇尾是为了让母羊嗅闻它的气味。

（二）羔舍保温

初生羔羊体温调节功能不完善，对外界温度变化极为敏感，血液中缺乏免疫抗体，消化功能弱，肠道适应性差，被毛稀而湿，皮肤又薄，抗病和抗寒能力差，此时如果羔舍温度过低，会使羔羊体内能量消耗过多，导致体温下降，影响羔羊的健康和正常发育，造成羔羊感冒，并容易诱发肺炎造成死亡。因此，羔羊出生后，首先应让母羊尽快舔干羔羊身上的黏液，母羊不愿舔时，可在羔羊身上撒些麸皮或豆面即可。舔羔对母仔双方都有利，羔羊可以促进体温调节和排出胎粪，母羊可以促进胎衣排出和认羔。其次母仔羊舍要温度适宜，一般应在 25℃以上，温度低时应设置取暖设备，地面铺一些御寒的垫料，如柔软的干草、稻草等，并检查门窗、墙壁是否密闭，有无贼风侵袭之处。

（三）代哺或人工哺乳

一胎多羔、产羔母羊死亡或母羊无乳等原因，造成羔羊缺奶，应及时采取代哺或人工哺乳，可将产羔后羔羊死亡或同期生产的单产母羊作为保姆羊。羊的嗅觉灵敏，开始时不让代哺羔羊吃奶，要在羔羊的头顶、耳根、尾部涂上保姆羊的胎液、乳汁，再将保姆羊与羔羊圈在单栏中单独饲喂 3~7 d，直到认羔为止。此法适用于 5~10 日龄羔羊的代哺。

如果找不到保姆羊，则应实行人工哺乳。建议选择新鲜牛奶补给缺奶羔羊，但应注意 10 日龄以内的羔羊不宜补喂牛奶。人工哺乳应定温、定量、定时，并保证牛奶质量，特别注意的是应保证牛奶温度在 38℃左右，否则容易引发腹泻。人工哺乳在羔羊少时可用奶瓶，多时用哺乳器。使用牛奶、羊奶应先煮沸消毒。

(四) 弱羔的饲喂

在养羊生产中，新生羔体温过低是体弱、死亡的主要原因。羔羊的正常体温是39~40℃，一旦低于20℃时，如保温措施不及时会很快死亡。出现羔羊体温过低的主要原因是出生后5 h之内未将全身擦干，散热过多造成的，或出生6 h以后（多数是在12~72 h）因吃奶不足，导致饥饿而耗尽体内有限的能量储备。对于体温较低的羔羊，要尽快使其体温恢复到37℃左右，可用木箱红外灯距羔羊120 cm进行增温或其他增温措施。

可以挤健康母羊的初乳喂给弱羔。如果母羊乳头过大，要人工辅助弱羔吃奶，并放置在30~37℃的暖室护理。待羔羊能独立吃奶时，放入母羊小圈观察几天，直至羔羊健壮，再放入大群饲养。

(五) 疫病防控

羔羊的疫病防控应从怀孕母羊抓起，即在母羊怀孕4个月左右、羔羊出生7 d内分别进行三联四防苗的接种，可有效防止羔羊痢疾、羊肠毒血症等疾病的发生。在羔羊出生后立即进行破伤风抗毒素苗的接种。羔羊采食后，还应定期对羔羊料槽、水槽进行消毒，消毒的次数依气温而定，气温较高时，细菌、病毒繁殖加快，消毒间隔时间缩短，反之则适当延长。此外，用不同消毒剂对产房、圈舍、用具进行喷洒消毒。在给羔羊打耳标时，对耳标、钳等均应用75%酒精进行消毒。

(六) 防止毛团堵塞

初生羔羊在圈舍中，因采食或异嗜而将羊毛吃进胃中，日积月累，最终导致羊毛互相缠绕成团，堵塞消化道，引起死亡。可以从以下几个方面来预防毛团堵塞。羔羊吃奶前，将母羊乳头四周的羊毛剪净，以防误食；将羊圈内及四周散落的羊毛用耙子处理干净，用火烧掉；保持羔羊营养平衡，防止异嗜病的发生；适当延长羔羊在圈外放牧的时间；撒些饲料，或用软树枝、青草等引诱羔羊采食，转移兴趣。

(七) 做好产羔记录

羔羊生后3 d，及时打上耳标，并填写好记录。分娩记录包括产羔日期、产羔母羊号、单双羔情况、羔羊毛色、初生重、健康状态、与配公羊号等。

在羔羊饲养过程中，只要坚持做到“三早”（早喂初乳、早开食、早断奶）和“三查”（查食欲、查精神、查粪便），就能有效地提高羔羊的成活率和培育质量。

(八) 搞好环境卫生

羔羊生理功能发育不全，抵抗力差。因此羔羊发病率高，发病原因大多由于羊舍及周围环境的病菌污染，因此要搞好圈舍卫生管理，杜绝一切发病因素的发生。饲养人员每天要认真观察羔羊采食、饮水、粪便等是否正常，发现病情及时诊治。

九、产后母羊护理

妊娠母羊产羔后，应及时擦净母羊臀部、外阴及后肢上黏附的胎水及污物，清除、更换垫草，清理胎衣并检查是否有病变及完整情况。母羊分娩后 1 h 左右，胎盘一般会自然排出，要及时深埋，以免被母羊吞食，养成恶习。若胎衣、恶露排出异常，要及时请兽医诊治，做胎衣剥离等处理。

母羊分娩时体力消耗大，抵抗疾病的能力下降，此时应注意保温、防潮、避风、防感冒，要喂饮温热的盐水麸皮汤以恢复体力，或单独饮豆浆水、小米粥等，以利催乳，切忌喝冷水，防止发生乳房炎。

产后将母羊连同羔羊（未吃到初乳前）一同移到产羔栏称重，并记录。产后几天母羊可以不随群放牧，以利于培养母仔感情。检查产后母羊的乳房有无异常、硬块，如发现有奶孔闭塞、乳房炎、化脓或乳汁过多等情况，要及时采取相应措施予以处理。保证适量的运动和充足的光照，要在距离羊舍较近的牧场放牧，放牧时间由短到长，距离由近到远。对体况较好的母羊，产后 1~3 d 可不补喂精料，以免引起消化不良或发生乳房炎。待其新陈代谢功能完全恢复后，再逐渐增至应补给量。精料补饲标准应有所提高，每天每只母羊补饲精料 0.4~0.45 kg、优质多汁饲草 4~5 kg。给母羊饲喂优质青干草和青绿多汁饲料，可促进母羊的泌乳机能。

哺乳母羊的圈舍要经常打扫，保持清洁干燥，圈舍内的胎衣、毛团、石块、烂草等要及时清除，以免羔羊舔食而引起疾病。哺乳母羊舍每周用草木灰、生石灰消毒 1 次。母羊的哺乳时间为 4 个月，分为哺乳前期（前 2 个月）和哺乳后期（后 2 个月）。母羊补饲的重点在哺乳前期。出生 15~20 d 的羔羊，母乳是其获取营养的主要来源，母羊泌乳越多，羔羊生长越快，发育越好，抗病力越强。因此，为促进母羊泌乳并恢复产后母羊的体况，应加强哺乳前期母羊的饲养管理。对于缺乳母羊可采用下列方法催乳。①海带 25 g、猪油 100 g 煮汤，让母羊一次性采食，一般采食后 6 h 左右产奶量明显增加。3~4 d 喂 1 次，连喂 3~4 次，并补给足够的青绿多汁饲料。②黄豆 250 g，在水中泡涨，然后磨浆再煮熟，凉后让母羊自饮，每天 2 次，连续 3~4 d。③蜂蜜 250 g、鸡蛋清 2 个，混匀后给母羊灌服，每天 1 次，连用 2~3 d。

第二节　羔羊早期断奶及人工哺乳

羔羊早期断奶是指将羔羊哺乳期缩短到40~60 d，利用羔羊在4月龄内生长速度最快这一特性，将早期断奶后的羔羊进行强度育肥，充分发挥其优势，在较短时间内达到预期育肥的目标。

早期断奶技术能够提高母羊的繁殖潜力，缩短世代间隔，同时可以降低养殖成本，加快羔羊的生长速度。当前我国养羊业，羔羊一般在3~4月龄断奶，母羊一般两年三胎或三年五胎，难以达到一年两胎的水平。究其原因就是由于羔羊断奶时间较晚，导致母羊促乳素分泌水平较高，抑制雌激素的分泌，从而推迟母羊的发情时间，造成母羊发情配种时间较晚；同时，母羊哺乳期延长，造成体力无法提前恢复，延长了配种周期，降低了母羊繁殖力。因此，羔羊早期断奶技术的推广应用非常必要。

一、早期断奶的理论依据

（一）母羊哺乳期泌乳规律

母羊产后1周内的乳汁称为初乳。初乳具有多种免疫活性因子，能够提高羔羊的抗病力，同时具有轻泻作用，促进羔羊胎粪的排出。因此，必须保证羔羊吃好吃足初乳。产后2~4周母羊达到泌乳高峰，3周内泌乳量相当于泌乳周期泌乳总量的75%。此后，泌乳量明显下降，到9~12周后，泌乳量仅能满足羔羊营养需要的5%~10%。

（二）羔羊生长发育规律

羔羊出生至3周龄为无反刍阶段，4~8周龄为过渡阶段，8周龄以后为反刍阶段。3周龄内羔羊基本以母乳为营养来源，其消化是由皱胃承担，消化规律与单胃动物相似；之后羔羊开始消化植物性饲料，瘤胃开始发育。当生长到7周龄时，麦芽糖酶的活性逐渐增强，8周龄时胰脂肪酶的活力达到最高水平，瘤胃得到充分发育，此时羔羊能采食和消化大量植物性饲料。

二、早期断奶技术

羔羊早期断奶并不是简单的早期母崽分离，在实施过程中需要胎儿期的培育、产羔护理、早期补饲、断奶方法、防疫保健、饲养管理、饲料配合等方面的相关技术来支撑。

（一）胎儿期

提供体质健壮、发育良好的羔羊，必须从胎儿期就开始培育，使其得到充分发育，出生后强度生长，快速发育，从而给早期断奶打好基础，因此加强胎儿期培育十分重要。

胎儿期培育一般从母羊怀孕后期的 2 个月开始，每天给怀孕期母羊补饲混合日粮 0.5 kg。混合日粮可以参考怀孕母羊饲养标准，结合当地饲草料资源配制。除补饲混合饲粮外，还应补饲优质青干草和食盐、钙磷等。青干草一般每只羊每天补饲 1.0～1.5 kg。全舍饲时每天每只羊给予的混合日粮应增加到 1.0～1.25 kg。以先粗后精、少量勤添的原则给饲。

（二）初乳期（出生至第 5 天）

初乳含有丰富的营养物质和免疫抗体，具有独特的生物学功能，是初生羔羊不可缺少的保健食品。初乳期一般为 5 d，不能间断，羔羊吃初乳越早越好，首次喂初乳最好在产羔后 1 h 内。第一次喂奶前，先用 0.05%的高锰酸钾溶液或淡盐水将母羊乳房乳头洗干净，挤出少许乳汁弃掉，然后由人工辅助吃奶，也可自由吸吮，每天 4~6 次。对于弱羔，应将母乳挤到它的口内。有的初产母羊不愿意哺乳，就要强行驯化它按时喂奶，经过几次反复后就可自行奶羔；对于产期相近的羔羊，如羔羊数太悬殊，可找保姆羊代乳，用异母初乳哺喂多产羔羊。

（三）常乳期（6~60 日龄）

常乳是母羊产羔 5 d 以后至干奶期以前所分泌的乳汁，它是一种营养完全的食品。羔羊在最初的 1 个月内生长快，营养需要多，但消化能力弱，不能大量采食草料，基本上以母乳为主要食物。但要早开食，早训练吃草料，以促进前胃发育，增加营养来源。一般从 10 日龄起，将幼嫩青草捆成小把吊于空中，让小羊自由挑拣选吃。从 15 日龄开始调教吃料，方法是将炒香的豆类磨碎，加入数滴羊奶，用温开水拌成糊状，盛于饲料盘内让羊自由舔食，或用小勺塞于羊口内或抹于羊嘴唇上，每天 20 g 左右，2~4 d 就可学会采食。随着羔羊日龄的增加，以及采食兴趣和采食技巧的提高，草料量要缓慢增加，逐步将开食料换成混合料。羔羊出生 2 周后，可随母羊放牧，在羊圈内要设置专用补饲间。

（四）过渡期（61～90 日龄）

这一时期，羔羊日粮组成与 40～60 日龄相比有较大的区别，一方面母乳高峰期即将过去，另一方面所需营养越来越多，应逐步由奶、草并重转向以草料为主、哺乳为辅，饲料要多样化，注意日粮的营养水平和全价性，将青干草、青贮料、多汁饲料等合理搭配使用。

三、羔羊人工哺乳技术

羔羊人工哺乳是指人为地将挤出的新鲜羊奶或牛奶以及用奶粉配制奶液哺育羔羊的一种方法，分为瓶喂法和盆喂法。瓶喂法是将奶液装入奶瓶，奶瓶上的乳头对住羔羊嘴中，用手慢慢挤压奶瓶。此法多用于初生羔羊或少数羔羊的人工哺乳。盆喂法是将奶液盛于小盆中，开始用手指沾一滴奶液放在羔羊嘴边，引诱羔羊至盆里吸乳，之后羔羊自行吸食。此法多用于羔羊的群体人工哺乳。

（一）羔羊训练

羔羊开始人工哺乳时，不习惯在奶盆中或用奶瓶吮乳汁，应进行哺乳训练。方法是将温热的羊奶（或牛奶）倒入奶盆中，喂奶员一只手的食指弯曲浸入奶盆，另一只手保定羔羊头部，让其嘴巴慢慢接近乳汁，使其吮吸沾有乳汁的指头，这样经过2~3次训练，绝大多数羔羊能自己吸盆中的乳汁。哺乳训练时喂奶员要先剪去指甲，洗净双手，训练时要细致耐心，不可把羔羊鼻孔浸入乳汁中，以免乳汁呛入羔羊的气管。

（二）定时定量

羔羊在第一周，吃奶间隔时间多为1.5 h左右。到20日龄后，吃奶间隔时间多在4 h左右。所以人工哺乳时要求，羔羊7日龄内吃奶间隔为2 h，8~20日龄多为3 h，20日龄以上多为4 h。人工哺喂初乳，宜于生后20~30 min开始，初乳的日喂量不应超过其体重的20%，特别是第一次喂初乳，量更应少，以免造成消化不良。到6日龄后，逐渐减少哺喂次数，增加每次喂量。1月龄时达最高峰，以后减少。

（三）定温

人工乳的温度一定要掌握好，温度高容易烫伤羔羊，或发生便秘；温度低容易发生消化不良、拉稀、臌胀等。一般1月龄以内的羔羊冬季奶温在38~39℃，夏季在35~36℃。随着羔羊月龄增长，人工乳温度可适当降一些。

（四）定质

用奶粉泡制的乳汁，其浓度应与羊奶差不多，即1份奶粉加7份水。开始用少量开水冲溶奶粉，然后加入温水，调好温度，搅拌均匀。

（五）卫生消毒

初生羔羊体质较弱，适应能力差，对疾病抵抗能力弱，因此搞好人工哺乳过程的卫生消毒对羔羊的健康成长非常必要。首先，喂养人员在喂奶前要洗净双手，平时不接触病羊，应尽量减少或避免接触致病因素。出现病羔及时隔离，专人管理。迫不得已病羔和健康羔由 1 人管理时，应先喂健康羔，再喂病羔，并且喂完后马上洗净并消毒手臂，脱下工作衣用开水冲洗消毒处理。其次，羔羊喂奶、饮水、草料等都应注意卫生。奶喂前应煮沸，喂奶器械严格消毒。奶瓶应保持清洁卫生，喂完后随即冲洗干净。病羔奶瓶在喂完后要用高锰酸钾水或其他消毒液消毒，再用水冲洗干净。哺乳后要用清洁的毛巾揩净羔羊嘴角上的残余乳汁，以防羔羊贪乳而互相舔食，引起疾病。

四、代乳料和开食料饲喂

早期断奶的羔羊由于其消化功能尚未完全成熟，因此，必须采用易消化的代乳料逐步进行过渡。具体操作方法如下。

代乳料分流体料、湿拌料、干粉料 3 种。流体料使用前以 1∶3 的比例加入纯净水搅匀成糊状灌入奶瓶给饲，湿拌料加水至手捏成团不出水为宜。从 20 日龄开始训练羔羊吮吸流体代乳料并减少母乳吮吸次数，至 30 日龄改喂湿拌料，35 日龄后逐渐改喂干粉料至 40 日龄断奶。

开始训练补喂代乳料的最初几天，应使用奶瓶进行人工辅助哺乳喂养，喂饮时奶瓶的仰角不应超过 30℃，尽量让羔羊自己吮吸吃料，必要时可以强制授乳，但不能硬灌，以防呛乳。

断奶羔羊体格较小，瘤胃体积有限，瘤胃乳头尚未发育，瘤胃收缩的肌肉组织也未发育，未建立起微生物种群，微生物的合成作用尚不完备。粗饲料过多，营养跟不上；精料过多则缺乏饱腹感，因此精粗料比以 8∶2 为宜。羔羊处于发育时期，要求的蛋白质、能量水平高，矿物质和维生素要全面。试验表明，日粮中微量元素含量不足时，羔羊有吃土、舔墙现象。因此，不论是代乳料、开食料，还是早期的补料，必须根据羔羊消化生理特点及正常生长发育对营养物质的要求，在保证质量尽量接近母乳的情况下，一要日粮具有较好的适口性，保证吃够数量，易消化吸收；二要营养好，保证羔羊生长发育需要的营养，特别是能量和蛋白质；三要成本低廉。

颗粒饲料体积小，营养浓度大，非常适合饲喂羔羊，应推广颗粒饲料。实践证明，颗粒料比粉料能提高饲料报酬 5%～10%，且适口性好，羊喜欢采食。生产上在开展早期断奶强度育肥时都采用颗粒饲料。另外，颗粒饲料良好的流动性和输送特性对于商品化的反刍动物饲料生产非常重要。

给羔羊补饲代乳料时要做到少给勤添，定时、定量、定温，流体料的温度应保持在37℃左右。人工哺乳务必做到清洁卫生，哺乳用具应定期消毒，保持清洁，以避免羔羊通过消化道感染病菌。

五、断奶羔羊饲养管理

羔羊哺乳期间，一定要供给充足的饮水。初生羔羊应该供饮温水，以防羔羊拉稀。羔羊达30日龄以上时宜母仔分开，以利于增重、抓膘，预防寄生虫病的传播。

采取逐步断奶法，开始时羔羊在入夜前脱离母羊，然后白天隔离半天，最后全天母仔分开。羔羊断奶一般从体格大和体质强的个体开始，陆续断奶，经过1~2周应全部断奶。

断奶后的羔羊应单独组群，按照性别、体重和强弱进行分群饲养管理。白天放牧，早晚补饲，4月龄后可根据牧草生长情况逐渐减少补饲量。牧草生长旺盛的秋季，可以只放牧不补饲。严冬枯草期采用放牧加补饲的饲养方式。断奶后的羔羊期是早期生长发育的旺盛时期，放牧时应选用牧草生长好的草场，早出牧，晚归牧，中午多休息，有条件时夜间补饲一些优质鲜嫩的青草。

六、卫生保健

根据断奶羔羊整群和移圈的具体情况，对暖棚和圈舍的地面、设施、墙壁、用具及圈舍四周，用3%~5%的来苏尔、10%~20%的石灰乳溶液或其他消毒药水进行定期和不定期消毒。

为了预防白肌病，对5~6日龄的羔羊注射亚硒酸钠。在分群前10~15 d要注射四联苗或五联苗、传染性胸膜肺炎疫苗和山羊痘疫苗等，以免发生疫情。

羔羊要进行体内外驱虫工作。春秋两季选用0.05%辛硫磷乳油水溶液或0.03%林丹乳油水溶液、0.05%蝇毒磷乳剂进行药浴，间隔1周后可用相同方法再药浴1次，以增强药浴效果，防止体外寄生虫病发生。同时选用丙硫苯咪唑按15~20 mg/kg口服，或按200 IU/kg皮下注射阿维菌素，或按300 mg/kg灌服虫克星，以预防羊只体内寄生虫病的发生。

第三节　育肥前的准备

一、选择育肥羊

根据当地肉用山羊品种，利用良种肉公羊与本地优良母羊杂交，以杂交后代作为育肥羊。育肥羊的生长速度、饲料利用率和羊肉品质等都高于本地山羊。选择育肥羊时要羊只健康无病、四肢健壮、骨架大、腰身长以及蹄质坚实等。

二、贮备饲草饲料

为了确保育肥工作的顺利进行，饲草饲料必须储备充足，而且精料或粗料应多样化，增加适口性。舍饲育肥的粗饲料主要是人工栽培牧草、野草、青干草和农作物秸秆等，要根据育肥羊的数量及采食量，准备好充足的饲草。禾本科干草要在抽穗期刈割，豆科牧草要在花蕾期至开花期刈割，晒至含水量在15%以下，并切铡或粉碎成长度为0.5~1.5 cm 储藏。农作物秸秆切成1.5~2.5 cm 长的碎节或打成草粉制作成微贮或氨化饲料后饲喂。青贮玉米除单贮外，可与豆科牧草、禾本科牧草、块根、块茎及糠麸、糟、渣类饲料混贮。精料可先储备一部分，随后边用边购，注意精料的含水量，防止发霉。

三、圈舍准备

在育肥山羊进圈舍前，应对圈舍进行检修，并对圈舍的地面、墙壁、饲槽草架及所用的工具等用1%的烧碱溶液进行全面彻底的消毒。在圈舍门口设置消毒池，进场人员应严格消毒，以防疫病的传播。

四、科学合理分群

在肉用山羊育肥中，合理分群育肥是科学饲养肉用山羊的主要技术措施，也是提高肉用山羊生产效率的重要途径。根据育肥山羊的品种、年龄、体重和性别，结合营养状况进行科学合理的分群。实行同进同出的标准化生产，能有效提高肉用山羊育肥的经济效益。

五、做好去势、修蹄、驱虫和防疫

育肥羊，特别是成年公羊经过去势后，性情温顺、便于管理、容易上膘、肉的膻味较小以及肉品质优良。育肥羔羊一般在出生后2~3周龄时去势。

在雨后或在潮湿的草地放牧后，待蹄质变软即可进行修蹄，先用果树剪将生长过长的蹄尖剪掉，再用利刀将蹄底的边缘修整到和蹄底一样平整。

寄生虫不但能消耗山羊大量的营养，而且分泌毒素，破坏羊只消化、呼吸和循环系统的功能，所以为了提高育肥羊的增重效果，加速饲草饲料的有效转化，在肉用山羊育肥之前应先进行驱虫健胃，以利于山羊上膘。驱虫、健胃时要注意用药剂量，否则将造成无效或中毒。按每5 kg 体重用虫星粉剂5 g 或虫克星胶囊0.2粒，口服或拌料喂服，或用左旋咪唑或苯丙咪唑驱虫。驱虫后3 d 用健胃散（25 g/只）和酵母片（5~10片/只）拌料饲喂，连用2次。

为了预防传染病的发生，所有的育肥山羊都应在育肥前注射三联四防疫苗预防羊快疫、猝狙、羔羊痢疾和羊肠毒血症等传染病的发生，同时也应进行羊痘疫苗和传染性胸膜肺炎疫苗的注射。

第四节　羔羊育肥技术

羔羊育肥生产是利用羔羊早期生长速度快、饲料报酬高、肉质鲜美、生产周期短和经济效益高等特点，因地、因时制宜，加快羊肉的生产，是现代养羊生产的主流，也是我国肉用山羊生产的发展方向。因此，加强对羔羊的培育，为其创造适宜的饲养管理条件，既是提高羊群生产性能，培育高产羊群的重要措施，也是增加羊肉产量，提高羊肉品质的重要措施。然而羔羊出生时身体各组织器官未发育成熟，体质较弱，适应力较差，极易发生死亡，是羊一生中饲养难度最大的时期。因此，为了提高羔羊的成活率，需对羔羊进行特殊的护理和培育工作。

一、哺乳羔羊育肥

哺乳羔羊的育肥主要是指羔羊断奶前，利用其生长速度快、胴体组成部分增加大于非胴体部分的增加、脂肪沉积少等特点进行育肥。这种育肥方式保留原有的母仔对，羔羊不提前断奶，只是提高其补饲水平，届时从大群中挑出达到屠宰体重的羔羊出栏上市，剩余羊只仍可转入一般羊群继续喂养。哺乳羔羊育肥的优势是可减少断奶造成的应激，保持羔羊稳定生长。哺乳羔羊育肥是为节日应时需要的特殊生产方式，不属于强度育肥，不是羊肉生产的主要方式，其特殊意义在于可以利用全年繁殖的母羊，安排在秋季和初冬产羔，生产元旦和春节等节日特需的羔羊肉。

（一）饲养要点

1. 隔栏补饲

母仔同时加强补饲，母羊哺乳期间每天喂足量的优质豆科牧草，另加 500 g 精料，使泌乳量增加。为了加快羔羊生长速度，缩小单、双羔及出生稍晚羔羊的差异，为以后提高育肥效果打好基础，羔羊应及早隔栏补饲。规模较大的羊群在羔羊 17~21 d 开始补料。规模较小的户养羊群，可在发现羔羊有舔饲料动作时开始，最早可提前到 10 日龄。

2. 饲料配制

参考配方为：整粒玉米 75%，豆粕 18%，麸皮 5%，沸石粉 1.4%，食盐 0.5%，维生素和微量元素 0.1%。其中，维生素和微量元素的添加量按每千克饲料计算为：维生素 A、维生素 D 和维生素 E 分别是 5 000 IU、1 000 IU和 20 IU；硫酸钴 3 mg，碘酸钾 1 mg 和亚硒酸钠 1 mg。

3. 饲喂技术

羔羊自由采食、自由饮水。开始补饲时，饲料量少而精，不论吃净与否，每过一天全部换成新料。待羔羊适应吃料后，每天再按日采食量投放。每天喂两次，每次喂量以 20 min 内吃净为宜。羔羊宜自由采食上等苜蓿干草，若干草质量较差，日粮中每只应添加 50~100 g 蛋白质饲料，使日粮蛋白水平保持在 15%以上，育肥全期不变更饲料配方。

（二）适时出栏

羔羊育肥期为 50 d，挑出羔羊群中达到 25 kg 以上的羔羊出栏上市。剩余羊只断奶后再转入舍饲育肥群，进行短期强度育肥。

二、早期断奶羔羊的强度育肥

羔羊的早期断奶是在常规 3~4 月龄断奶的基础上，将哺乳期缩短到 40~60 d 甚至更短，利用羔羊在 4 月龄内生长速度最快这一优势，将早期断奶后的羔羊进行强度育肥，以便在短时间内达到预期的育肥目标。早期断奶实质上是控制哺乳期、缩短母羊产羔间隔和控制繁殖周期，从而达到一年两胎或两年三胎、多胎多产的一项重要技术措施。羔羊早期断奶是工厂化生产的重要环节，是大幅度提高产品效率的基本措施，从而被认为是养羊生产环节的一大革新。

（一）饲养要点

1. 设置预饲期

羔羊断奶后，进入育肥圈后需要经过一段时间的过渡适应期。一般情况下为 10~15 d，如果是羔羊整体膘情中等，就可以将预饲期缩短为 7 d。

2. 饲料配制

根据羔羊的体重和育肥速度，配制全价日粮。参考配方为：整粒玉米 83%，黄豆饼 15%，石灰石粉 1.4%，食盐 0.5%，微量元素和维生素 0.1%。微量元素和维生素添加量按每千克育肥饲料计算：七水硫酸锌 15 mg，一水硫酸锰 80 mg，氧化镁 200 mg，七水硫酸钴 5 mg，碘酸钾 1 mg，维生素 A 5 000 IU，维生素 D 1 000 IU和维生素 E 20 IU。

3. 饲喂方法

羔羊出生后与母羊同圈饲养，前 21 d 全部依靠母乳，随后训练羔羊采食饲料，将配合饲料加少量水拌潮即可，以后随着日龄的增长，添加苜蓿草粉，45 d 断奶后进行强度育肥。根据羔羊的体格大小分组，体格相对比较大的羔羊可以提前提供优质的精料，经过短时间的高强度育肥，能够提前出栏；但对于体格相对较小的羔羊，需要先给其饲喂粗料比例大的日粮，干草的比例占到日粮的 70%

左右，待其复原之后可以进入育肥期。日粮供应为 2 次，投料的数量为每次 40 min吃完为宜，如果量大的，需要及时清扫干净。自由饮水，圈内设有微量元素盐砖，让其自由舔食。

（二）适时出栏

出栏时间与品种、饲料和育肥方法等有直接关系。羔羊断奶一般是在 1.5 月龄，育肥期为 50～60 d，日增重达 300 g，料肉比为 3：1，当其体重达到 25～50 kg即可上市。大型肉用品种 3 月龄出栏，体重可达 35 kg，小型肉用品种相对差一些。早期断奶羔羊育肥后上市，可以填补夏季羊肉供应淡季的空缺，缓解市场供需矛盾。

（三）关键技术

1. 早期断奶

集约化生产要求全进全出，羔羊进入育肥圈时的体重应该大致相似，若差异较大不便于管理，影响育肥效果。为此，除采取同期发情，诱导产羔外，早期断奶再补以优质的植物性饲料，使羔羊瘤胃得到锻炼是其主要措施之一。提早进行断奶，再适时补草补料，可以锻炼羔羊消化系统，获得充足的营养，从而最大限度地发挥其生长优势。同时，能显著改善母羊的营养状况，为下一个繁殖期做准备，提高母羊的繁殖力。此外，断奶体重与出栏体重有一定相关性。据试验，断奶体重 12 kg 以下时，育肥后体重 25 kg，断奶体重 13～15 kg 时，育肥 50 d 体重可达 30 kg。因此，在饲养上设法提高断奶体重，就可增大出栏活重。

2. 营养调控

断奶羔羊瘤胃体积有限，精料过多缺乏饱感，粗饲料过多，营养浓度跟不上，适宜精粗比为 8：2。羔羊处于发育时期，不仅要求蛋白质、能量水平高，矿物质和维生素也要全面。若羔羊有吃土、舔墙现象，可能是日粮中微量元素不足，可将微量元素盐砖放在饲槽内，自由舔食，以防微量元素缺乏。

在开展早期断奶强度育肥时采用颗粒饲料，可比粉料提高饲料报酬 5%～10%，这是由于颗粒饲料体积小，营养浓度大，适口性好。

（四）加强饲养管理

羔羊断奶前 15 d 实行隔栏补饲或让羔羊早晚一定时间和母羊分开独处一圈活动，活动区内设料槽和饮水器，其余时间仍母仔同处。育肥全期尽量不变更饲料配方，用油饼类饲料替代黄豆饼时，需注意日粮中钙、磷比例是否平衡。

羔羊宜自由采食，且要防止四肢踩踏饲料，保证饲草料干净。饲槽应随羔羊日龄增加适当升高，以饲槽中无饲料堆积或溢出为准。

羔羊初期反刍动作较少，后期逐渐增多。因此，羔羊采食整粒玉米初期，有玉米粒从口中吐出，这些都属于正常现象，随着日龄的增长此现象逐渐消失，不影响育肥效果。在正常情况下，羔羊粪便呈黄色团状，但是在天气变化或阴雨天，羔羊可能出现拉稀。

育肥期间不能断水断料，饮水器内始终保持有清洁饮水。

三、羔羊正常断奶后育肥技术

羔羊正常断奶后进行育肥是基本的生产方式，也是向山羊集约化生产过渡的主要途径。羔羊正常断奶后，除部分羔羊选留到后备群外，其余羔羊多半出售，对体重小或体况差的羔羊进行适度育肥，而体重大的羔羊通过短期强度育肥，都可以加速出栏，进一步提高经济效益。

（一）设置预饲期

羔羊断奶后离开母羊和原来的生活环境，转移到新的饲养环境和饲料条件下，会产生较大的应激反应。因此，育肥开始后，首先设置预饲期，在预饲期内完成调教及适应环境等工作。预饲期一般为 15 d 左右。预饲前期宜用粗饲料比例相对较高的日粮饲喂，精粗比约为 35：65；预饲后期宜用精粗饲料比例接近的日粮进行饲喂。具体可按以下三步走。

第一步（1~7 d）　自由饮水，只喂干草，让羔羊适应新的环境。在这之后，仍以干草为主，但逐步添加第二步日粮。

第二步（7~10 d）　参考日粮为：玉米粒 25%，干草 64%，糖蜜 5%，油饼 5%，食盐 1%，抗生素 50 mg。这一配方含粗蛋白质 12.9%，总消化养分 57.1%，消化能 10.50 MJ/kg，钙 0.78%，磷 0.24%。精、粗饲料比为 36：64。

第三步（10~14 d）　参考日粮为：玉米粒 39%，干草 50%，糖蜜 5%，油饼 5%，食盐 1%，抗生素 35 mg。这一配方含粗蛋白质 12.2%，总消化养分 61.62%，消化能 21.71 MJ/kg，钙 0.62%，磷 0.26%。精、粗饲料比为 50：50。

预饲期的饲养管理要点：投喂饲料不宜用自动饲槽，应用普通饲喂槽，每日 2 次。饲槽长度按照羔羊的多少来定，平均每只羔羊 25~30 cm，保证羔羊在投喂时有足够的槽位。投料量以在 30~45 min 内吃尽为准。量不够要添，量过多要清扫。要注意观察羔羊的采食行为和习惯。根据羔羊大小、品种和个体间的采食差异，实施分群饲养。加大饲喂量和变换日粮配方都应在 2~3 d 完成，切忌变换过快。根据羔羊增重和采食情况及时调整饲料种类和饲喂方案。做好羔羊的免疫注射和驱虫。

(二) 正式育肥期

正式育肥期首先根据肉用山羊品种、体质、体重大小和增重要求确定育肥计划，然后再确定所采用的日粮类型——精饲料型日粮、粗饲料型日粮和青贮饲料型日粮。也可以根据当地的品种资源和饲料资源情况，确定肉用山羊育肥计划。现提供几种育肥日粮配方供参考。

1. 粗饲料型日粮——普通饲槽用

适用于普通饲槽、人工投喂的干草加玉米的育肥日粮。玉米可用整粒籽实，也可以用带穗全株玉米。干草用以豆科牧草为主的优质干草，粗蛋白质含量应不低于 14%。玉米粒或全株玉米粉碎或压扁加工，与蛋白质补充料配制成精料，每日分早、晚 2 次投喂，干草自由采食。

2. 粗饲料型日粮——自动饲槽用

适用于羔羊自由采食的自动饲槽用，干草用以豆科牧草为主的优质干草，每蛋白质含量应不低于 14%。

饲养管理要点：严格按照“渐加慢换”原则，逐渐过渡到育肥期饲喂制度，自动饲槽内必须装足 1 d 的用量，1 d 给 1 次，每只羔羊先按 1.5 kg 喂量计算，再根据实际采食量酌情调整。绝不能让槽内流空，即使是时间不长也不适宜。为保证自动饲槽内贮放的饲料上下成色一致，必须将饲料粉碎后混拌均匀。带穗玉米必须碾碎，通常过 0.65 cm 筛孔保证羔羊从中很难挑选出玉米粒。

3. 青贮饲料型日粮

以玉米青贮（占日粮的 67.5%~87.5%）为主，适用于育肥期较长、初始体重较小的羔羊育肥。例如，羔羊断奶体重只有 15~20 kg，经过 120~150 d 育肥达到屠宰体重，日增重在 200 g 左右。这种日粮饲料成本低，青贮饲料可以长期稳定供应。

4. TMR 全混合日粮

将粗饲料和精饲料按 40∶60 的比例配制日粮，加工成颗粒饲料，采用自动同槽添料，羔羊 24 h 自由采食，自由饮水。使用 TMR 全混日粮喂羊能实现肉用山羊饲养的标准化，使羔羊发挥最大的生长潜力，提高肉用山羊的饲料利用，将是肥羔生产的主要饲料形式。

(三) 饲养管理原则

羔羊育肥的方式有放牧育肥、放牧补饲育肥及舍饲育肥。目前，羔羊育肥主要实行舍饲育肥的方式，使用该方法肉用山羊增重速度快、膘情好，可缩短肉用山羊育肥时间，加快羊群周转，降低生产成本，又能提高肉用山羊出栏率和提供质优的羊肉产品。

1. 掌握粗精饲料比

饲草、饲料是肉用山羊育肥的基础，羊虽然能充分利用粗饲料，但为了提高其育肥期的日增重，必须给予一定的高能饲料。在整个育肥期每只羊每天要准备干草1~1.5 kg，或用青贮料2~3 kg，或用2~3 kg的氨化饲料等；精料则按每只羊每天0.5~1.5 kg准备，日粮精粗比为（4~6）：（6~4）。

2. 蛋白能量水平

杂交羔羊正常断奶后。按照羔羊体格大小分组，按组配合日粮。体格小的羔羊日粮中可以增大粗饲料比例，因这一类羔羊育肥期需要的时间较长，先长骨骼再育肥。体格大的大龄羔羊应该增加精料的比例，进行短期强度育肥，提早上市。进行强度育肥时，饼粕类蛋白质饲料要充足，蛋白质饲料应占混合精料的20%~25%，玉米、麸皮能量饲料占70%~75%，精料占日粮的50%~60%。

舍饲育肥的参考日粮配方为：玉米63%，豆粕15%，脱毒菜籽饼10%，麸皮8%，磷酸氢钙2%，食盐1%，微量元素、维生素及添加剂1%。粗料为秸秆或野生牧草。

3. 使用适当添加剂

添加剂又称预混料，种类很多。肉用山羊育肥上常用的主要有矿物质添加剂、维生素添加剂和氨基酸添加剂，而前者应用最为普遍。添加剂是高效畜牧业发展的产物，有研究表明，使用复合添加剂育肥羔羊，其平均日增重比不使用者提高40%~70%。可见在肉用山羊舍饲强度育肥中，添加剂是必不可少的。但鉴于目前添加剂市场管理比较混乱、产品鱼龙混杂，使用添加剂时应注意两个问题，即产品质量和添加量。选购大型生产厂家的产品或自购原料进行配制能保证质量；添加量应严格控制在占混合精料5%以下，以免影响肉的品质。

4. 饲喂量和饲喂方法

羊的饲喂量要根据其采食量来定，吃多少喂多少。其采食量与羊的品种、年龄、体格和饲料适口性、水分有关。羊采食量越大，其日增重越高。羊对干草的日采食量为2~2.5 kg，对新鲜青草为3~4 kg，精料为0.3~0.4 kg。

一般先喂精料再喂粗饲料，早、中、晚各饲喂1次，并保证定时。另外，有条件的尽可能将精粗饲料搅拌均匀后饲喂或配制成直径为1~2 cm的颗粒料进行饲喂，可有效提高采食量和日增重。育肥时饮水要供应充足，水质应良好，冬春季节，水温一般不能低于20℃。

5. 适时出栏

根据羔羊体重，合理确定育肥期长短。一般在羔羊断奶后育肥3~5个月（6~8月龄大），体重以40~45 kg，胴体重20~22 kg为宜。胴体重超过30 kg时，饲料的转化率会下降，生产成本将开始上升。此外，育肥期的设置也应与市场需求相吻合，使得出栏上市正好赶上需求高峰期（冬春季），以获得更好的经济效益。

第五节 成年羊育肥技术

成年羊育肥一般采用淘汰的老、弱、瘦以及失去繁殖机能的羊进行育肥，也可选取1~1.5岁和2岁以上的成年公羊进行育肥。成年羊育肥的实质就是增加脂肪的沉淀量和改善羊肉的品质，使其迅速达到上市的目的。育肥时单位增重需要的饲料营养比羔羊单位增重所需要的营养高，饲料转化率比羔羊和青年羊低，经济效益稍低。育肥方法主要有放牧育肥、放牧补饲混合育肥和舍饲育肥，最好使用后两种。

一、放牧补饲混合育肥

凡不作种用的公母羊和淘汰的老弱羊均可用来育肥，但为了提高育肥效益，育肥羊应体型大、增重快、健康无病，最好年龄在1.5~2岁。成年山羊体格发育基本停止，对其育肥主要是增加体内蛋白质和蓄积脂肪。根据羊只情况和牧草生长季节，可选择放牧补饲育肥，育肥期不宜太长，一般为60~75 d。

放牧育肥期分为预饲期、正式育肥期。预饲期以粗饲料为主，适量搭配精饲料，并逐步把精饲料的比例提高到40%；进入育肥期精饲料比例提高到60%。夏秋两季牧草丰盛，以放牧为主，适当补饲精料，育肥效果好。秋后牧草枯，营养价值较低，除补饲精料外，还应补饲干草或秸秆。成年山羊日采食青草5~6 kg，补饲精料0.3~0.4 kg即可。混合精料由玉米、棉籽饼、麸皮、豆粕、预混料等组成。一般早、晚补饲，补饲要定时、定量。

二、舍饲补饲育肥

（一）分段饲养

将整个育肥期分为适应期、过渡期、催肥期3个阶段。

1. 适应期

主要是让育肥山羊熟悉舍饲环境，时间约为10 d。第1至第3天，日粮以品质优良的青干草为主，不喂或少喂精料，此后随着育肥山羊的适应，日粮中可逐步增加精饲料，满足育肥山羊的生理补偿需要。

2. 过渡期

主要是适应粗粮型日粮，防止臌气、拉稀、酸中毒等疾病的发生，时间约为25 d。

3. 催肥期

提高精料比例，精料达到采食量的25%，实行强度育肥，饲喂次数由2次/d增至3次/d，提高日增重。成年羊育肥则以玉米为主，饼粕类饲料使用量较少，仅占混合精料的5%~10%。

（二）日粮配合

尽量利用天然牧草、秸秆、灌木枝叶和农副产品及其下脚料，扩大饲料来源。合理利用尿素和各种添加剂。

（三）饲喂要点

一般将干草粉碎与精料加水拌匀后饲喂，加水量以羊感到不呛为原则。饲喂顺序为上午喂粗饲料，下午喂精粗混合料。饲料转换要稳步进行，切忌突然更换。精料中要加入1%的食盐和适量添加剂，也可在圈内放置矿物质盐砖，让羊自由舔食。坚持“三定”：一是定时，每天按时饲喂、饮水；二是定量，适应期每只羊每天喂配合饲料0.2 kg，过渡期0.3~0.4 kg，催肥期0.5~0.6 kg，饲草自由采食，尽量让羊吃饱；三是定圈，固定好每个羊圈的羊群，防止羊只乱窜造成的应激等。

三、肉用山羊宰前的快速育肥

计划屠宰的肉用山羊，一般先快速催肥40 d左右。在快速催肥的过程中，要注意科学管理和合理高效的饲喂。

（一）集中舍饲

为减少育肥山羊的运动，催肥期间必须集中舍饲。一般每只羊每天投喂干草1.5~1.8 kg或秸秆粉2~2.5 kg、玉米面0.1 kg、豆类0.1 kg、食盐10 g。如果糖类不足，可将玉米面增加到0.15 kg。每天早晚各饲喂1次，每次喂完都要饮水，中午加饮1次水，饮水温度25~30℃为宜。

（二）科学管理

要将切碎的秸秆、牧草入棚，玉米、豆类与糠麸入屋保存，防止发霉变质。圈舍要做好通风换气，及时清除粪便，勤换垫草，防止潮湿。

第九章　山羊规模化饲养羊场建设

第一节　羊场选址、规划与布局

羊场合理的选址、规划与布局关系山羊的饲养管理、羊群健康、预防疾病和提高生产力、降低生产成本、延长圈舍建筑的使用寿命等各个方面。

一、场址选择基本要求

（一）地势高燥、向阳

场址应选择地势较高、地下水位低、南坡向阳、排水良好和通风干燥的地方。切忌在低洼涝地、山洪水道、冬季风口处建场。

（二）交通便利

羊场距离公路、铁路等交通干道、居民点、附近单位和其他畜群应在500 m以上，并保证能源供应充足。

（三）满足饲养品种的特殊需要

肉用种羊场或集中育肥羊场，宜建在地势较为平坦、气候温和、饲草料资源丰富及具备屠宰加工条件的地区。以农田茬子地放牧和补饲农副产品为主的羊场，最好选择种植业发达的中心地带，靠近林带或沟渠滩涂而建。气候潮湿地区的羊场，应选在中高山区或低山丘陵区建场，以防止腐蹄病和寄生虫的为害。

（四）草料、饮水供给充足

应充分考虑放牧条件和草料、饮水的供给。有草山草坡或人工草场的地区，要有足够的四季牧场，要合理安排草场的轮牧。以舍饲为主的地区及集中育肥肉羊产区，应建有充足的饲草料生产基地或有充足的饲草料来源。羊的饮水以泉水和深井水为最好，不要在水源不足或受到污染的地方建场。

（五）要全面考虑发展计划

羊场的选址既要与当地畜牧业发展规划和生态环境条件相适应，又要考虑养羊业发展趋势和市场需求的变化，以便确定生产方向和扩大生产规模。此外，种羊场最好建在肉羊生产基础较好的地区，以便就近推广和组织生产。

二、羊场规划

羊场规划必须因地制宜，综合考虑周围情况，有效利用场地的地形、地势和地貌，有利于生产、防疫和保护生态环境，有利于节约土地资源和节约建筑资金。羊场根据功能一般分为生产区、管理区、生活区和隔离观察区等。生产区是整个羊场的核心区，羊舍、饲料贮存与加工、消毒设施、兽医防疫和运动场等均集中于此。管理区是生产经营管理部门所在地。生活区是羊场从业人员生活居住的区域。

各功能区之间应保持一定的距离。管理区和职工生活区一般都放在场部内的大门口附近，以上风方向为宜。每栋羊舍之间应相距 10 m 左右；饲料储备与加工设施之间应相距较近，并尽可能靠近场部大门，以方便运输。青贮塔应建在距羊舍较近的地方，方便取用。人工授精室可放在成年公、母羊羊舍之间或附近。兽医室和病羊隔离舍应设在羊场的下风方向，距羊舍 100 m 以上，附近设置掩埋病羊尸体的深坑。

三、羊场布局基本要求

羊场内各建筑物的布局，应根据羊场规划统筹考虑。既要保证羊只正常生理健康需要和生产要求，又要便于生产管理和提高劳动生产效率，还要能合理利用土地，布局力求紧凑实用。

（一）功能分区要求科学合理

羊场至少要分为生活区、管理区、生产区、草料加工区和隔离观察区等区域，并由低矮灌木丛或矮墙将净道、污道隔离开。生活管理区应安排在地势较高的上风处，生产区的羊舍朝向应有利于冬季采光或夏季遮阳，隔离区一般位于地势较低的下风处。

（二）羊舍排列利于生产操作

生产区内建有各种用途的羊舍，一般分为种公羊舍、种母羊舍、产房、羔羊和育成羊舍、育肥羊舍等，从方便生产操作角度考虑，种公羊舍应靠近人工采精室，并与种母羊舍保持一定距离，种母羊舍与羔羊舍（或产羔舍）应相邻。

（三）布局有利于提高工作效率

生活区与羊舍等建筑物距离应较近，工人上下班步行方便。羊舍通往草料库、放牧地等设施的交通也应以方便为宜，但应保持一定距离，以利于防火。

（四）要考虑全场整体的美观

生活区要适当种植花木，以增加美观度。生产区可种植带有围护设施的乔木，既用于遮阳，又可起美观作用。围栏、房舍等要经常维修，院落、道路、羊栏等应保持清洁，并定期消毒。

第二节　羊舍建设基本要求

根据山羊喜欢游走、耐寒冷、忌潮湿和怕闷热的生活特性，修建羊舍需达到以下几个基本要求。

一、羊舍及运动场面积

羊舍面积大小，应根据饲养山羊的数量、品种和饲养方式而定。面积过大，浪费土地和建筑材料；面积过小，羊在舍内过于拥挤，环境质量差，有碍羊体健康。产羔室可按基础母羊数的20%～25%计算面积。运动场面积为羊舍面积的2～2.5倍，成年羊运动场面积可按4 m^2/只计算。

二、羊舍温湿度

冬季是羊群产羔的高峰期，羔羊怕冷，为了避免低温导致的生产损失，产羔舍冬季舍温最低应保持在5℃以上，而一般羊舍则在0℃以上。山羊对炎热比较敏感，夏季舍温不宜超过30℃。山羊对湿度的耐受性不高，过湿的养殖环境容易损害羊只的关节及引发寄生虫病。因此，羊舍应保持干燥，地面不能太潮湿，空气相对湿度以50%～70%为宜。

三、羊舍通风换气

羊舍的通风换气极为重要，尤其是在南方地区相对湿度过大的情况下，因为在饲养过程中，山羊的呼吸和有机物的分解（如尿、类、饲料、粪渣）会产生大量有害气体。在羊舍的建筑设计方面，羊舍的通风换气性能需要符合卫生要求，南方羊舍夏季特别要注意通风和防止舍内高温。为保持羊舍空气干燥清新，在舍顶上设通气孔，孔上有活门，可根据气温情况随时开关。

四、羊舍门窗高度与采光

舍要求光照充足，门窗应向阳，距地面高度不低于1.5 m，门的宽度不小于1.5 m，羊群群体大时可适当放宽至2.5 m。采光系数成年羊舍1：（15~25），高产羊舍1：（10~12），羔羊舍1：(15~20)，产羔室可适当小些。

五、羊舍长度、跨度、高度

羊舍的长度、跨度和高度应根据所选择的建筑类型和羊舍面积来确定，单坡式羊舍跨度一般为5~6 m；双坡单列式羊舍跨度一般为6~8 m，双列式一般为10~12 m；羊舍净高2.5~2.8 m，在寒冷地区可适当降低净高。单坡式羊舍，一般前高2.2~2.5 m，后高1.7~2 m，屋顶斜面呈现45°。

六、羊舍地面

地面是羊躺卧休息、排泄和生产的地方，是羊舍建筑中重要组成部分，对羊只的健康有直接的影响。通常情况下，羊舍地面要高出舍外地面20 cm以上。由于中国南方和北方气候差异很大，地面的选材必须因地制宜、就地取材。羊舍地面主要有以下几种类型。

（一）土质地面

土质地面属于软地面类型，土质地面柔软，富有弹性且不光滑，易保温，造价低廉。缺点是不够坚固，容易出现小坑，不便于清扫消毒，易形成潮湿的环境。用土质地面时，可混入石灰增强黄土的黏固性，粉状石灰和松散的粉土按3∶7或4∶6的体积比加适量水拌和而成灰土地面，也可用石灰∶黏土∶碎石、碎砖或矿渣按1∶2∶4或1∶3∶6拌制成三合土。一般石灰用量为石灰土总重的6%~12%，石灰含量越大，强度和耐水性越高。

（二）砖砌地面

砖砌地面属于硬地面类型，因砖的孔隙较多，导热性小，具有一定的保温性能。成年母羊舍粪尿相混的污水较多，容易造成不良环境，又由于砖砌地面易吸收大量水分，破坏其本身的导热性，地面易变冷、变硬。砖地吸水后，经冻易破碎，加上本身易磨损的特点，容易形成坑穴，不便于清扫消毒。因此，用砖砌地面时，砖宜立砌，不宜平铺。

（三）水泥地面

水泥地面属于硬地面，水泥地面结实、不透水、便于清扫消毒。缺点是造价高，地面太硬，导热性强，保温性差。水泥地面的羊舍内最好设木床，供羊休息、躺卧。

（四）漏缝地板

集约化羊场和种羊场多用漏缝地板，给羊提供干燥舒适的卧地。为便于清扫粪便，采用活动的漏缝木条地面，木条宽 32 mm、厚 36 mm，缝隙宽 15 mm，或用厚 38 mm、宽 70 mm 的水泥条筑成，间距为 15~20 mm。漏缝或镀锌钢丝网眼应小于羊蹄面积，以便于清除羊粪，且羊蹄不会掉下为宜。漏缝地板羊舍需配污水处理设备，造价较高。

（五）吊楼式羊舍

羊舍高出地面 1~2 m，吊楼上为羊舍，下为承粪斜坡，后与粪池相接，楼面为木条漏缝地面。这种羊舍的特点是离地面有一定高度，防潮，通风透气性好，结构简单。通常情况下饲料间、人工授精室、产羔室可用水泥或砖铺地面，以便消毒。

第三节 羊舍主要建设类型

羊舍建设的类型依气候条件、品种特点、饲养方式、建筑场地、传统习惯和经济实力等条件而定。在南方主要以防潮和隔热为目的，而在北方则以冬季保温为主要目的，因此羊舍类型有很大不同。

一、根据羊舍密闭程度划分

根据羊舍四周墙壁封闭的严密程度，可分为封闭式、半开敞式和开敞式 3 种类型。封闭式羊舍四周墙壁完整，保温性能好，冬季能防风，适合较寒冷的地区采用；半开敞式羊舍三面有墙，保温性能较差，通风采光好，适合于温暖地区，是我国较普遍采用的类型；开敞式羊舍结构比较简单，只有屋顶而没有墙壁，仅可防止太阳辐射，适合于炎热地区。

二、根据羊舍屋顶结构划分

按屋顶结构可分为单坡式、双坡式、拱式、钟楼式、双折式等类型。单坡式羊舍，跨度小，自然采光好，适合小规模羊群和简易羊舍选用；双坡式羊舍，跨度大，保暖能力强，自然采光、通风差，适合寒冷地区采用，是最常用的一种类型。在寒冷地区还可选用拱式、双折式、平屋顶等类型，在炎热地区可选用钟楼式羊舍。

三、根据羊舍平面结构划分

根据羊舍平面结构来划分，有长方形羊舍、直角形羊舍和半月形羊舍等。长方形羊舍建筑较方便，实用，采光好、均匀，温差不大，经济适用。目前我国多建长方形羊舍，这类羊舍舍前的运动场可根据分群饲养需要隔成若干小圈，羊舍面积可按羊群大小及利用方式等决定，应用较普遍。直角形和半月形羊舍采光差，且舍前运动场面积较小，故很少采用。

四、根据建筑用材划分

根据羊舍采用的建筑材料可分为砖木结构羊舍、土木结构羊舍及敞篷围栏结构羊舍等。

在我国南方地区，气候炎热、多雨、潮湿，地面潮湿，羊群容易感染疾病，适于修建楼式羊舍。楼式羊舍的楼板多用木条、竹片铺设，间缝 1.0～1.5 cm，粪尿可从缝隙中漏下，楼板离地面 1.5～2.0 m 为宜。在炎热多雨的季节可将羊圈在楼上，在寒冷季节可将羊圈在楼下，楼上还可以用来储存草料。运动场在羊舍南面，面积为羊舍的 2.0～2.5 倍。

窑洞式羊舍是一种不用木材，完全用砖结构建成的半圆拱屋面的羊舍。其特点是冬暖夏凉，舍温变化小，保温和防漏性能好，造价低，建筑方便，坚固耐用，适合土质较好的山区和木材缺乏的地区使用，但采光不足和通风性能差。建设时可适当增加门窗面积，并在洞上钻通风孔，可大大改善其不足之处。

此外，在山区多利用山坡修建地下式羊舍、简易羊舍、吊楼式羊舍等，可大大节省建筑材料，便于清扫粪便。

第四节　羊场主要设施

羊场的主要设施包括饲槽和饲草架、盐槽、颈架、活动围栏、分羊栏、活动式羔羊补饲围栏和药浴设备、青贮设备、羊场主要机械等。

一、饲槽和饲草架

（一）饲槽

饲槽主要用来饲喂饲草、饲料和青贮饲料，要求能保护饲草料不受污染和减少浪费，主要类型有移动式、悬挂式和固定式。

1. 移动式饲槽

移动式饲槽可用木板或铁皮制作，大小和尺寸可灵活掌握。为防止羊只踏翻饲槽，可在饲槽两端安装临时性、装卸方便的固定架，以防羊只进槽。若为铁皮饲槽，要在表面喷防锈涂料。此类饲槽适用各种羊只舍饲喂料。

2. 悬挂式饲槽

悬挂式饲槽是将长方形饲槽两端的木板改为高出槽缘约 30 cm 的长条形木板，在木板上端中心部位开一圆孔，用一长圆木棍从一孔中插入，另一孔中穿出，再用绳索紧扎圆棍两端后，悬挂在羊舍补饲栏上方。此类饲槽适于断奶前羔羊补饲用，高度应以羔羊吃料方便为宜。

3. 固定式饲槽

固定式饲槽可用砖石、水泥砌成，按形状可分为长形饲槽和圆形饲槽两种，适用于以舍饲为主的羊群。

长形饲槽：一般设在羊舍内、运动场上或专门的补饲场内，可平行排列或紧靠四周墙壁而设。在双列对头式羊舍内，饲槽通常修在中间走道两侧。若为单列式羊舍，饲槽应修在靠北墙的走道一侧。饲槽要上宽下窄，槽底呈半圆形，上口宽约 50 cm，深 20~25 cm，槽高 40~50 cm。

圆形饲槽：一般设在运动场或专门的补饲场。用砖或卵石先砌高 50 cm、直径 2 m 的圆形底盘，底盘边缘砌 15 cm 高的槽边，在离底盘边 15 cm 处向圆心砌一个馒头状堆，于土堆基部四周每隔 15 cm 竖一块砖。圆形饲槽方便添草料，浪费较少。

（二）饲草架

1. 靠墙固定平面草架

先用砖、石头或土坯砌一堵墙，或利用羊舍的一面墙，然后将数根木棍或木条下端埋入墙根，上端向外倾斜一定角度，并将各个竖棍的上端固定在一横棍上。横棍两端分别固定在墙上即可。草架长度，按每只成年羊 30~50 cm、羔羊 20~30 cm 设计，竖棍与竖棍之间的间距一般为 10~15 cm。

2. 两面联合草架

先制作一个高 1.5 m、长 2~3 m 的长方形立体框，再用木条制成间隔 10~15 cm的“V”形草架，然后将草架固定在立体框之间即成。这种草架的优点是易制造，能移动，方便实用。

二、盐槽

供给羊群盐和其他矿物质时，如果不在舍内或混在饲料中饲喂，为防止在舍外被雨淋潮化，可设一有顶的盐槽，任山羊随时采食。随着山羊各种营养舔砖的推广利用，部分养殖场取消了专门的盐槽设备。

三、颈架

在舍饲肉羊羊栏前设置草料槽，为固定羊只安静采食，应设置颈架。可采用简易木制颈架，也可采用钢筋焊接颈架，并用活动铁框，羊只进入饲槽铁栏后，放下活动铁框卡住羊颈，达到固定目的。

四、活动围栏

活动围栏可供随时分隔羊群之用。用于母羊产羔或弱羊的隔离饲养，一般采用木制栅板，以合页连接而成。放置于羊舍角隅摆成直角而成，固定于羊舍墙壁，围成一定大小的小间，供羊单独使用。通常有重叠围栏、折叠围栏和三脚架围栏三种类型。

五、分羊栏

分羊栏供羊分群、鉴定、防疫、驱虫、称重、打号等生产技术性活动中使用。分羊栏由许多栅板联结而成。在羊群的入口处为喇叭形，中部为一小通道，可容许羊只单行前进，但不能转身，通道长度视羊场规模、组群大小而定。沿通道一侧或两侧，可根据需要设置3~4个可以向两边开门的小圈，利用这一设备，就可以把羊群分成所需要的若干小群。

六、活动式羔羊补饲围栏和饲槽

羔羊在哺乳期补饲时，在羊舍靠墙处用数个栅栏或铁框设一围栏，内置补饲槽和栏门，门大小以母羊不能入内，羔羊则可以随意进出为宜，以保证羔羊的补饲不受干扰。

七、羊笼及磅秤

羊场要及时掌握肉羊饲养效果，必须定时称重，可设置地秤称量羊只体重。为操作方便，磅秤上可装置木制或铁架制的羊笼，尺寸为长1.4 m、宽0.6 m、高1.0 m，呈长方形，两端有活动门开关，供羊只进出。最好与分羊栏结合，用时可放置在分群栏长通道处，使用更方便。

八、药浴设备

药浴是防治羊群体外寄生虫病的有力手段，药浴设备是山羊生态养殖场必不可少的设备。根据羊群规模可建筑专门的药浴池、小型药浴槽或配备简易药浴桶、药浴缸、帆布药浴池等。

药浴池一般用水泥、砖、石等材料砌成长方形，似狭长而深的水沟。以山羊能通过而不能转身为度，深1～1.2 m。入口处设漏斗形围栏，使羊依顺序进入药浴池。浴池入口呈陡坡，羊走入时可迅速没入池中，出口有一定倾斜坡度，斜坡上有小台阶，以防止羊只滑倒以及身上存留的药液留回浴池。

小型羊场可使用容量较小的药浴槽或药浴桶，可同时将1～2只成年羊一起药浴，并可调节入浴时间。亦可用防水性能良好的帆布加工制作成小型药浴池，安装前按浴池的大小形状挖一土坑，然后放入帆布药浴池，四边的套环用铁钉固定，加入药液即可进行药浴，用后洗净、晒干。

九、青贮设备

主要的青贮设备包括青贮塔、青贮窖、青贮壕和青贮袋等。

1. 青贮塔

青贮塔分为全塔式和半塔式两种，全塔式直径为4～6 m，高6～16 m，容量75～200 t，半塔式埋在地下深度3～3.5 m，地上部分高度4～6 m，塔身用木材、砖或石块砌成。塔基必须坚实，半塔式地下部分必须用石块砌成。塔壁有足够的强度，表面光滑，不透水，不透气。塔侧壁开有取料口，塔顶用不透水、不透气的绝缘材料制成，其上有一个可密闭的装料口。这种塔由于出料口较小而深度较大，饲料自重压紧程度大，空气含量少。因此，青贮损失较小，但建筑费用昂贵，在大型牧场中使用较多。

2. 青贮窖

青贮窖分为地下式和半地下式两种。前者适用地下水位低的地区，一般要求窖底应高出地下水位0.5～1 m。建造方法是选好窖址，挖成圆形坑，可视其条件改变窖形和大小。要求窖壁光滑、平整、坚实、不透水、上下垂直，窖底呈锅底状。因建造简单，建筑成本低，易推广，适合农户建造。缺点是窖中易积水，常引起青贮料霉变，必须注意在其周围设排水沟。

3. 青贮壕

建造与青贮窖相同。近年大型羊场采用地上式青贮墙代替青贮壕，用大型机具操作填压，加盖厚塑料膜，效果好，使用极方便。

4. 青贮袋

采用特制塑料袋，使用两层帘子线增大强度、结实性。为贮用方便，袋长度可以灵活剪接。国外有厚0.2 mm、直径2.4 m的聚乙烯塑膜圆筒袋。随着塑料制品工艺的进步，目前有多种规格的塑料袋用于养殖场青贮的制备，加上袋式青贮损失少，成本低，适应性强，使用方便，可大范围推广利用。

十、羊场主要机械

饲养肉羊要达到优质、高效、规模化生产，应配置必要的养羊机械以提高劳动效率，降低生产成本。

1. 切草机

分为小型、中型、大型切草机。小型切草机适合农户采用，用于切短麦秸、稻草和青草、干草类饲草。中型切草机又称青贮料切草机。按照切割部件不同，分为滚刀式切碎机、圆盘式切碎机两种。

2. 饲料粉碎机

常用的饲料粉碎机主要为锤片式。锤片式粉碎机按进料方式不同分为切向进料式和轴向进料式两种。锤片式粉碎机安装于室内，应用水泥基座固定。锤片式粉碎机的特点：通用性广，调节粉碎度方便，粉碎质量好，对饲料湿度敏感性小，使用维修方便，生产效率高。

3. 颗粒饲料机

把粉状饲料按照比例配合，经机器压制形成柱状，经机刀切割成颗粒。羊场多采用，也便于贮藏运输，饲料营养成分全面，分布均匀，减少浪费。我国颗粒饲料机种类多，一般分成齿轮圆柱孔式、螺旋式、立轴平模式、卧轴环模式。

十一、水源

如果羊场无自来水，应自打水井。为保护水源不受污染，水井应离羊舍100 m以上，设在羊场污染源的上风方向，井口应加盖，并高出地平面，周围修建井台和护栏。

第五节　羊场环境控制

一、羊舍温度、湿度和光照控制

1. 羊舍的温度控制

（1）防寒保温。山羊虽然对寒冷有一定的耐受性，但温度过低会影响其生长，尤其在冬季的产羔高峰期，寒冷是影响羔羊成活率的重要因素之一。因此在寒冷地区的羊舍，特别是产羔舍、幼羊舍必须供暖。当羊舍保温不好或过于潮湿、空气污浊时，为保持较高的温度和有效的换气，也必须供暖。

羊舍的供暖包括集中供暖和局部供暖两种形式。集中供暖是由一个集中供暖设备，通过煤、油、煤气、电能等加热水或空气，再通过管道将热介质输送到舍内的湿热器，散热加温羊舍的空气，一般要求分娩舍温度在15~22℃，保育舍温度在20℃左右。常用的供暖设备有锅炉和热风炉。局部供暖由于针对性强，节省了费用开支，是大部分羊场首选的供暖方式，局部供暖有红外线灯、电热保温板、太阳能等，主要用于哺乳羔羊的局部供暖，一般要求达到20~28℃。生产上也可通过适当加大饲养密度，加铺垫草，控制气流、防止贼风等管理措施提高羊舍温度。

（2）防暑降温。山羊对热应激的敏感性较高，南方或夏季的山羊养殖过程中，防暑降温非常重要。舍饲养殖时舍内的降温尤为关键，一般可在进风口设置水帘使热空气冷却后进入棚舍内；用自来水冲洗地面，既保持舍内卫生，也可使舍内降温；把屋顶涂白或用麦秸或茅草覆盖屋顶，在棚舍的朝阳面搭凉棚遮阴均可收到降低舍温的良好效果，也可利用排风扇加快舍内空气流通。在运动场增设凉棚，避免太阳直晒，当出现高温天气，还应适当增加羊在棚内停留时间；在棚舍周围种植高树、草皮和藤蔓植物可营造出凉爽的小气候，起到防暑降温作用。

2. 羊舍的湿度控制

高湿对羊的体热调节、健康和生产力都有不良影响。舍内的湿度主要与粪尿、饮水、潮湿的地面以及羊皮肤和呼吸道的蒸发有关。一般情况下，舍内空气的湿度较舍外大。在通风良好的夏秋季节，舍内外湿度相差不是很大，而在冬季封闭舍通风不良时，舍内空气的湿度要明显大于舍外。在保温隔热不良的羊舍，湿度会随着温度发生较大的变化，控制湿度的主要措施是加强通风换气、地面铺垫干燥物等。

3. 羊舍的光照控制

为了让舍内得到适宜的光照，通常采用自然采光与人工照明相结合的方式来实现光照控制。开放式或半开放式羊舍的墙壁有很大的开露部分，主要靠自然采光；封闭式有窗羊舍也主要靠自然采光。自然采光的效果受羊舍方位、窗户大小、入射角与透光角大小、玻璃清洁度、舍内墙面反光率等多种因素影响。羊舍的方位直接影响羊舍的自然采光及防寒防暑，设计时应周密考虑。

羊场内植树应选用主干高大的落叶乔木，妥善确定种植位置，尽量减少遮光。封闭舍的采光取决于窗户大小，窗户面积越大，进入舍内的光线越多。但从防暑和防寒方面考虑，夏季不应有直射阳光进入舍内，冬季则希望能照射到羊床上，这些要求可以通过合理设计窗户上缘和屋檐的高度来实现。人工照明仅应用于密闭式无窗羊舍。

二、羊场绿化

羊场的绿化具有美化环境、改善小气候、净化空气、防止尘埃和噪声、防火等功效，对羊场的防疫、防污染也是有利的。

防护林：场区四周及羊场的分区界，多以乔木为主（如白杨、柳树、洋槐等）。为加强冬季防风效果，主风向应多排种植，行距幼林时 1.0~1.5 m，成林 2.5~3.0 m。

路旁绿化：既要夏季遮阴，防止道路被雨水冲刷，也可起防护林的作用。多以种植乔木为主，乔灌木搭配种植效果更佳。

遮阴林：主要种植在运动场周围及房前屋后，但要注意不影响通风采光。

美化林：多以种植花草灌木为主，羊场将种植牧草与花灌木结合进行。

三、粪便处理与利用

随着舍饲养殖的发展和规模化、工厂化生产的崛起，羊粪大量增加。如不加合理处理和利用，任其随意流散，不仅会污染人们生活的环境，也会增加羊场疫病传播风险，危害羊群的安全。随着花卉、食用菌等对畜禽粪便依赖产业的兴起，经过无害化处理后的羊粪可成为宝贵的资源，这也是提高养羊效益的一个重要手段。在工厂化高效养羊生产体系中，养羊积肥，过腹还田，粪便无害化处理是农牧业有机结合、良性循环的重要环节，种植业紧密地与养殖业联系在一起，既充分利用了资源，又从根本上治理了污染源，具有重要的生态价值。

1. 粪便还田

为了防止污染和提高肥效，粪便必须先经处理再施用。生产中主要的处理方式是进行堆肥。堆肥的优点是技术和设备简单，施用方便，无臭味；在堆制过程中，由于有机物的好氧降解，堆内温度持续15~30 d达50~70℃，可杀死绝大部分病原微生物、寄生虫卵和杂草种子；腐熟的堆肥属迟效料，对作物更安全。在经济发达的地区，多采用堆肥舍、堆肥槽、堆肥塔、堆肥盘等设施进行堆肥。堆积时先比较疏松地堆积一层，待堆温达60~70℃时，保持3~5 d，或待堆温自然稍降后，将粪堆压实，然后再堆积新鲜粪一层，如此层层堆积至1.5~2 m为止，用泥浆或塑料膜密封。为保证堆肥质量，含水量超过75%的最好中途翻堆，含水量低于60%的应适当泼水。也可以采用制作液体圈肥、复合肥料等方式处理羊场粪污。

2. 制作沼气

沼气是有机物质在厌氧环境中，在一定温度、湿度、酸碱度、碳氮比条件下，通过微生物发酵作用而产生的以甲烷为主要成分的可燃气体。利用羊粪制作的沼气可以用作生产生活所需的能源。

3. 用作其他能源

直接燃烧：含水量在30%以下的羊粪只需专门的烧粪炉即可直接燃烧用作能源。

生产发酵热：将羊粪的水分调整到65%左右，进行通气堆积发酵，在堆粪中安放金属水管，通过水的吸热作用来回收粪便发酵产生的热量，可用于羊舍取暖保温。

生产煤气：羊粪中的有机物在缺氧高温条件下发生分解，从而产生以一氧化碳为主的可燃性气体，相当于煤气，可作为能源。

四、水质和环境监测及要求

包括对羊场水源的监测和对羊场周围水体污染状况的监测。羊场水源总体要求是水量充足、水质优良。

（一）感官性状

温度、颜色、浑浊度、臭味和悬浮物等。

（二）化学指标

pH、溶解氧（DO）、化学耗氧量（COD）、硬度和氨氮等。

（三）毒理指标

水中氰化物、镉、铬（六价）、铜、砷、汞、铅、氟化物和氯化物等含量。

（四）细菌学指标

水中细菌总数、总大肠杆菌群数等。

五、空气质量监测及要求

羊场周围的空气质量主要包括温度、湿度、气流方向及速度，羊舍的通风换气量、照明度、氨气、硫化氢和二氧化碳等项目。

六、土壤质量检测

羊场在生产过程中产生的污染物，会通过多种途径进入土壤，当超过土壤容纳的能力和土壤净化速度时，就会破坏土壤的自然动态平衡。土壤中大量污染物的积累，主要表现为在其上生长的植物受到污染时，不仅影响农作物的产量和质量，还会通过作为饲料来危害家畜。因此在高效安全的羊肉生产中，对土壤质量检测是不可忽视的重要环节之一。

土壤检查的项目包括硫化物、氟化物、五项污染物（酚、氰化物、汞、砷和六价铬）、氮化合物和农药等。

第十章　山羊品种的选育与杂交改良

第一节　山羊品种的选育方法

我国是世界上羊（绵羊和山羊）存栏量最多的国家，就山羊而言，虽然地方品种资源十分丰富，但缺乏肉用型羊品种，除了南江黄羊、简州大耳羊等新培育的品种外，大多数地方品种属兼用型品种，生长速度慢，产肉性能偏低，平均胴体重低，肉羊6月龄平均胴体重只有世界水平的80%左右，只有美国的50%。20世纪90年代开始从国外引进的体型大、产肉性能好的波尔山羊在加快我国肉山羊产业发展方面发挥了重要作用，但总体而言，山羊的良种化程度依然不高，重杂交，轻选育，良莠不齐，出现了严重无序杂交的后果，甚至威胁到地方品种资源的保护。目前，羊上主要的选育方法有纯种繁育和杂交改良两种，应根据实际选择适合的品种及杂交模式。

一、纯种繁育

纯种繁育也称纯种选育或本品种选育，主要用于高水平的育成品种、具有保种和利用价值的地方良种和新育成的改良品种的巩固提高，如波尔山羊、南江黄羊和简州大耳羊等肉用良种或济宁青山羊、长江三角洲白山羊等地方良种。它是在品种或种群内，按照加性遗传效应进行选种，并在种羊间进行有计划的选配，保持和发展一个品种的优良特性，克服品种的某些缺点，以达到品种总体水平的提高。

波尔山羊是世界上最优秀的肉用山羊品种。从1995年开始，我国相继从德国、南非、澳大利亚、新西兰等国引进，饲养在江苏、陕西、四川、河南、山东、北京、广东、广西、江西、安徽等十多个省（区、市），并逐步推广到全国大部分山羊产区。但由于从国外引入波尔山羊的数量较多，品种质量得不到保证，加之引入我国后，各地的环境条件、气候、饲养管理水平等存在差异，其生产潜能未能充分发挥，应对引入的波尔山羊进一步进行风土驯化和纯种选育提高。

二、杂交改良

（一）杂交

杂交是指两个或两个以上不同品种个体间的交配。杂交能使群体各对等位基因的杂合性增加。杂交方法的广泛应用，有利于引进新的有益基因，改良现有品种的某些性状。同时，可汇合多个品种的有益基因，培育新品种。但是，杂交也存在着不利的一面，往往也引入了有害基因，产生不良的性状，或者把有害基因掩盖起来。因此，在杂交过程中必须结合严格的选择进行选育选配，而非盲目地乱交乱配。

（二）杂种优势

杂种优势是生物界普遍存在的现象，是指当无亲缘关系的两个品种或品系间的个体交配时，其后代的耐受性、生活力、生长势、生长速度、生产量和繁殖力等性状表现出比双亲优胜的现象。在畜牧业生产中，利用杂交获得杂种优势已成为增加畜产品产量和提高其品质的重要措施之一。常用的杂交方法包括级进杂交、育成杂交、经济杂交和引入杂交等。

三、常用的杂交改良方法

（一）级进杂交

级进杂交也称吸收杂交或改造杂交，即以优良品种（如波尔山羊）公羊，连续同被改良品种（如黄淮山羊）母羊及各代杂种母羊交配，一代一代配下去使其后代性能接近优良品种的生产性能。例如，用波尔山羊公羊与本地山羊的母羊进行交配，杂交后代中的公羔肥育后上市，母羔经选择后留种，继续与波尔山羊公羊进行交配。级进杂交使得后代中波尔山羊的血缘比例越来越高，是提高本地山羊生产性能的一种有效方法，连续杂交多代后，在外形、毛色等方面也已基本接近于波尔山羊。级进杂交的另一个优点是其后代比引入品种更能适应当地环境条件。

级进杂交是进行大规模改良的有效方法，也是改良我国山羊品种的主要方法。如果在某一个地区能系统、连续地使用波尔山羊进行与本地山羊的杂交改良，结合严格的选留种标准，就有可能培育出适应本地条件的新品系（种）。做好级进杂交必须注意以下几点。正确选择父系品种，应选择符合育种要求的优良品种，一般参与杂交的品种，其本身生物学特性愈接近，则愈容易获得成功；级进程度，应根据杂交的目的和后代的综合表现而定；做好选种选配工作，特别是要选择优秀公羊留种，并避免近亲繁殖；提供适合于高代杂种羊的饲养管理条件，注意保留被改良品种对当地环境条件的良好适应性；符合理想型要求的高代杂种达到一定数量时，即可进行自群繁育，以便育成新品系（种）。

（二）育成杂交

育成杂交是用两个或两个以上的品种进行杂交，创造出理想型的、生产性能高的、生命力强的新品种的一系列培育工作，目的是把两个或两个以上品种的优点保留下来，克服缺点，培育成新品种。应用育成杂交培育新品种是一项复杂而又漫长的过程，往往需要一代甚至几代人的不懈努力才能完成。育成一个新品种一般要经历 3 个阶段，即杂交创新阶段、横交固定阶段和发展提高阶段，这 3 个阶段不能截然分开，需要交错进行，即前一阶段的工作为后一阶段的工作准备条件，这样才能加快育种进程，提高育种工作效率。如简州大耳羊是利用引入的努比亚山羊与简阳本地山羊经过 60 多年的杂交和横交固定形成的一个优良品种，兼具两个亲本体型大、生长速度快、耐粗饲、繁殖力高、抗病能力强的特点。

1. 杂交创新阶段

在杂交创新阶段，强调整顿羊群，按品质分群，优质优饲。随着杂交改良的不断深入，必将有各种不同类型的优质杂种大量涌现，在注意羊群整体品质的同时，更重要的是要发现遗传上优秀的个体，当出现理想型个体时，可采用适度近交转入自群繁育，为横交打好基础。

2. 横交固定阶段

横交固定阶段又称自群繁育阶段，是对各类杂种羊进行定向选择和定向培育，使达到理想型的公母羊自群繁育。

3. 发展提高阶段

当理想型个体达到一定数量时，应同时不断提高质量，建立种群，为品系繁育做好准备。

（三）经济杂交

经济杂交目的在于生产更多更好的肉、毛、奶等产品，而不是为了生产种羊，又称简单杂交，是当前肉羊生产中最常用的杂交方式。在肉羊产业发达国家，用经济杂交生产肥羔肉的比率已高达 75%以上。杂交后代不论公母均不留种，均作为商品肉羊育肥后出售。两品种杂交易于操作，但杂交代次并非越高越好，其杂交一代获得的杂种优势最大，表现为生活力强、生长发育快。但是，并不是任何两个品种杂交后都可以取得好的效果，因此，要进行不同品种的杂交试验，筛选出最合适的杂交组合。肉羊生产的杂交组合趋向于将高繁殖力与优良肉用性能相结合。

1. 经济杂交父本品种的要求

一般应具有早熟、肉用性能好、生长速度快、体型大，且能将其特性遗传给后代等特点，应选用专门化肉羊良种，如波尔山羊等。

2. 经济杂交母本品种的要求

一般应具有肉质好、早熟、多胎、产奶量高、母性好、适应性强等特点。应选用数量大、耐粗饲的地方品种，如黄淮山羊、长江三角洲白山羊等。

（四）引入杂交

引入杂交也称导入杂交，适用于当原品种大多生产性能指标较好，但存在个别突出缺点亟须改良，而依靠纯种繁育又不易在短期内见效时，引入少量其他优良品种“血液”以克服其缺点。

其方法是将一小部分原品种母羊与引入品种公羊杂交 1 次，然后挑选出优良的 F 代母羊与原品种公羊回交 1 次或两次（使含有 1/4 或 1/8 的外血），再进行杂种的自群繁育，以固定理想的性状，获得回交杂种。待遗传性稳定后，再视情况用它与其他未经杂交的羊群配种，使更多羊群或整个品种也得到改良。

第二节　肉用山羊的性能测定和选种

一、性能测定

性能测定是指对待选肉羊个体具有特定经济价值的某一性状的表型值进行评定的一种育种措施。性能测定及其数据收集是育种工作以及遗传评估技术的先决条件，可为评价羊群的生产水平、估计群体遗传参数和评价不同杂交组合提供信息。目前，根据系谱、体型外貌、生长发育和生产力进行选种选配是基本的方法。

肉羊性能测定所涉及的性状应该具有一定的价值或与经济效益紧密相关，一般分为生长发育性状、肥育性状、胴体性状、肉质性状及繁殖性状等 5 类。

（一）生长发育性状

生长发育性状指初生重、断奶重、6 月龄重、12 月龄重、18 月龄重及体型外貌评分，各年龄阶段的体尺性状等，这类性状为中等遗传力。体重应在空腹状态下称重，体尺指标主要包括体高、体长、胸围、管围 4 项。

体高（鬐甲高）：用测杖测量鬐甲（位于颈脊与背脊之间的隆突部位）顶点至地面的垂直距离。先使主尺垂直竖立在畜体左前肢附近，再将上端横尺平放于鬐甲的最高点（横尺与主尺须成直角），读取主尺上的高度。

体长（体斜长）：为从肩端前缘到坐骨结节后缘的直线距离。可用卷尺或测杖量取，但必须注明所用测具。

胸围：从肩胛骨后缘量取的胸部垂直周径，用卷尺测量。

管围：在左前肢管部最细处量取的水平周径，用卷尺测量。

（二）肥育性状

肥育性状包括育肥开始、育肥结束及屠宰时的体重、日增重、饲料转化率等。

（三）胴体性状

胴体品质是衡量肉羊经济价值的重要指标，主要包括胴体重、屠宰率、净肉率、背膘厚、眼肌面积、优质部位肉产量等屠宰性状。

（四）肉质性状

肉质是一个综合性状，其优劣是通过许多肉质指标来判定等级，常见的有肉色、大理石纹、嫩度、肌内脂肪含量、脂肪颜色、胴体等级、pH、系水力或滴水损失、风味等指标。

（五）繁殖性状

繁殖性状包括初配年龄、性成熟年龄、产羔率、繁殖率、繁殖成活率、受胎率、情期受胎率、精液量以及精液品质等指标。

初配年龄：依据品种和个体发育不同而异，一般情况下，体重达到成年体重的70%时即可配种。

产羔率：指产活羔羊数占参加配种母羊数的百分比。

繁殖率：是指本年度出生羔羊数占上年度末适繁母羊数的百分比。

繁殖成活率：是指本年度内成活羔羊数占上年度末适繁母羊数的百分比。

羔羊成活率：是指断奶时成活羔羊数占全部出生羔羊数的百分比。

受胎率和情期受胎率：受胎率是指妊娠母羊数占参加配种母羊数的百分比，情期受胎率是指妊娠母羊数占情期配种母羊数的百分比。

精液量：健康公羊一次射出精液的体积（mL）。

精子密度：1 mL 精液中所含的精子数目。

其他主要性状的测定方法见《羊生产学》（赵有璋主编，中国农业出版社，2002 年）。

二、选种

选种是指根据预定的育种目标，在羊群中选留优秀的个体作为种用，不符合育种要求的个体予以淘汰。选种工作的实质就是限制品质差的公母个体繁殖后代，品质差的特别是公畜决不留作种用。选种可使优秀的山羊个体有更多的繁殖机会，生产更多的后代，使群体的遗传素质和生产水平不断提高。选种工作应是长期的、不间断的，一旦停止选种，羊群的品质就会很快退化。

选种是根据羊群稳定的遗传性和丰富的变异性，通过选择和繁育，利用变异，扩大变异，有目的定向变异，使羊群中不断产生有崭新遗传素质的个体。因此，选种具有丰富的创造性，世界上的优良山羊品种都是人类长期选择和培育的结果。

（一）选种的方法

1. 个体选择

选种应根据遗传性状的优劣来选择种羊，不仅要看个体本身的表现，还要看其祖先、后裔或旁系亲属的性状是否符合留作种用的要求。一般在出生、断奶、育成及产一胎后多次筛选，主要采取个体选择、系谱选择和后裔测定等方法。个体选择是指对个体本身的直接选择，是以本身选育性状表型值的高低为依据。个体的体型外貌、生长发育和生产力等都属于个体选择的范畴，主要指标如肉用山羊的日增重、乳用山羊的产奶量、绒山羊的产绒量等，同时也要考虑其他指标，如品种特征是否明显、体质是否健壮等，通过个体品质鉴定和生产性能测定来进行选择。因为这种方法简便易行，在生产实践中易推广，亦是目前育种工作中应用最广泛的一种选择方法，多用于遗传力较高的性状的选择。

2. 系谱选择

系谱记载着多代祖先的资料，如生产性能、生长发育及其他有关资料。由于祖先的品质及其遗传的稳定性在很大程度上影响着后代品质，所以如果祖先表现好、遗传性又稳定，其后代表现好的可能性更大。系谱选择就是分析各代祖先的生长发育、健康状况以及生产性能来确定山羊个体的种用价值。特别是挑选幼龄种羊时，应以系谱作为选种依据，一般要查看三代资料。系谱选择常用的方法是对比法，首先放在亲代资料的比较上，依次比较祖代、曾祖代，因为亲代的遗传影响大于祖代。系谱除作为选种的依据外，还可以从中了解到祖先们的亲缘关系，以作为个体选配的依据。

（二）后裔测定

后裔测定是以后裔的表现为基础的选择，按照后裔的平均值以确定对亲本的选留和淘汰的选择方法。后代从每个亲本获得遗传性的一半，所以后代品质是评价亲本种用价值的直接指标，通过后裔测定即可评定亲本的育种价值。后裔测定的缺点是需要较长的时间，耗费较大，一般多用于对后代影响较大的种公羊的选种。

后裔测定可通过母女比较法和同龄女儿比较法进行。母女比较法是用公畜女儿的成绩与其母亲的成绩相比较。如果女儿的成绩高于母亲，则证明父亲是优秀的，这种方法简便易行，在生产中应用最广泛，缺点是女儿和母亲的饲养管理条件很难取得一致，造成母女成绩比较的基础不一致。同龄女儿比较法是把几头被测定公畜同龄女儿的成绩进行比较，由于女儿的年龄相同，饲养管理条件一致，结果较准确，在生产实践中也广泛采用。

（三）选种的注意事项

要使山羊选种达到目的，取得好的效果，应注意以下要点：一是坚持留种标准，严格淘汰；二是注重选种方法；三是注意资料的登记、整理、分析；四是在系谱选择时应既要注意祖代的优点，也要注意祖代的缺点和缺陷；五是在个体选择时，要注意根据育种和生产需要确定鉴定项目，要注意其实效性，不宜太多；六是在后裔测定时要注意条件的一致性。

第三节 肉用山羊的选配方法

一、选配及其作用

选配是指交配时给母羊或公羊选择合适的配偶，以求将双亲的优良遗传性状结合到后代个体中，得到比较理想的后代，从而达到育种或提高生产力的目的，选种的生产实践表明，优秀的公母个体间的结合，并不能保证后代是优秀的。因为任何一个山羊后代的优劣，不仅取决于双亲的遗传素质，也取决于双亲基因结合后形成的基因型是否合适。因此，要获得理想的后代，除了做好选种工作外，还必须做好选配工作。从育种学的角度看，选种和选配是获得理想繁育成果的两个并行的重要方面，是相互依存、互为因果、互相促进的两个繁育阶段。选种可提高有利基因在群体中的频率，而选配则可以创造新的有利基因型，提高有利基因型的频率。基因型是性状表现的基础，因此，选种的效果必须通过选配才能实现。合理的选配，使羊群内优秀个体比例增加，又为下一世代的选种提供了更丰富的素材。如果羊群很小，只有 1 头公羊，就谈不上选配。如果公母羊混群饲养，那些强悍的公羊配种机会较多，留下较多的后代，其结果可能使羊群更能适应自然环境，但生产力不一定能提高。

选配的作用在于巩固选种效果，使亲代的固有优良性状稳定地传给下一代，把分散在双亲上的不同优良性状结合起来传给下一代，把细微的不甚明显的优良性状累积起来传给下一代，对不良性状、缺陷性状给予削弱或淘汰。在选种的基础上，根据母羊的特点，为其选择恰当的公羊与之配种。因此，选配是选种工作的继续，是两个相互联系、不可分割的重要环节，是改良和提高羊群品质的基本方法。

二、选配的类型

选配可分为表型选配和亲缘选配，表型选配是根据个体自身的表型品质作为选配的依据，亲缘选配则是依血缘程度进行选配。

（一）表型选配

表型选配又称品质选配，分为同质选配和异质选配。同质选配是选择性状相同、性能表现一致的优秀公母羊交配，使双方的优良性状遗传给后代，以便使相同的特点在后代得以巩固和继续提高。异质选配是性状不一致的个体进行交配，以改良某一方面的性状，或是将不同优良性状的公母羊交配，期望将双亲不同的优良性状结合于后代一身。当得到兼有父母优点的后代后，可转入同质选配，以巩固选配效果，即为结合性的异质选配。将同一性状表现优劣不同的公母羊相配，以期达到用一方优良特性改良另一方的缺点，使后代在这一性状上得到改进和提高。一般在选配时，都是选用有优良特性的公羊与表现一般或不足的母羊交配，以实现改良的目的，即为改良性的异质选配。必须指出，任何一种品质选配方法，都应坚持实施一定世代，才能获得长期性的累积效果。一次性的选配（不管是同质的还是异质的）所获得的改进，都面临着不久就会消失的可能。

（二）亲缘选配

根据交配双方亲缘关系来决定的选配组合称为亲缘选配。如果交配双方有较近的亲缘关系，称为近亲交配，简称近交；其所生后代的近交系数在 0.78 以上。而交配双方无亲缘关系时，称为非亲缘交配，简称远交。因近交有可能引起繁殖率下降、生活力下降、对环境耐受力差、体质变弱、生产性能降低等“近交衰退”现象，因此一般在制订繁育方案时，首先强调避免近交。然而在家畜育种中，为了达到某些特殊目的，可以合理地采用近交，同时应制订科学的繁育方案，以防止近交衰退现象的出现。

有目的的近交在羊的繁育中的用途包括以下 4 点。

1. 固定优良性状

近交可使基因纯化，因此，可以通过近交来固定一些优良性状。有一定近交程度的种羊，可以表现出良好的生产性能和体型外貌，而且优良的性状可以稳定地遗传给后代。

2. 保持优良个体的血缘

在非近交中，随世代的更迭，一个优良种羊的血统逐渐会在羊群中消失，只有借助适当近交，才可能将优秀祖代的血统在羊群中长期保存一定水平。

3. 暴露有害基因

有害基因大多是隐性的，在近交时，由于基因趋于纯合，有害基因暴露的机会增多，借此可通过表型选择将不良个体淘汰，使有害基因在羊群中的频率降低。

4. 提高羊群的同质性

近交能使基因纯合。经过近交的羊群，后代中出现基因型的分化现象，出现不同类型的纯合体。再经严格的选择，就可以得到同质的羊群。

三、选配应遵循的原则

公羊等级应优于母羊。为母羊选配公羊时，在综合品质和等级方面公羊必须优于母羊。

以公羊优点弥补母羊缺点。为具有某些方面缺点和不足的母羊选配公羊时，必须选择在这方面有突出优点的公羊与之配种。

不宜滥用亲缘选配。采用亲缘选配时应当特别谨慎，切忌滥用。

及时总结选配效果。对选配效果良好的方案，可按原方案再次进行选配。否则应及时修正选配方案，另选公羊。

第四节　肉用山羊的引种

一、品种的选择

在引种前，根据引入地农业生产、饲草饲料、地理位置、气候环境等因素加以分析，有针对性地考察几个待引入品种的特性及对当地的适应性，进而确定引进山羊还是绵羊、引进的品种、引进后做种羊还是做商品肉羊等。

要选择好的肉羊品种，肉羊杂交生产父本品种可以选择波尔山羊等专门化肉羊良种。肉羊杂交生产母本应选择繁殖性能良好、肉用性能较好、数量大的优良品种，例如黄淮山羊、长江三角洲白山羊等地方品种。

二、引种的方法

（一）选择引羊季节

引羊最适宜的季节为春、秋两季，这是因为春、秋两季温度适宜。最忌在夏季引种，因夏季炎热多雨，不利于远距离运输。若必须在高温天气引羊，应尽量在夜间运输。如果引羊距离较近，运输时间不超过 1 d，可不考虑引羊的季节。

（二）羊场及羊只的挑选

首先要了解该羊场是否有畜牧部门签发的《种畜禽生产经营许可证》《种羊合格证》及《系谱耳号登记表》等。挑选种羊时，要看它的外貌特征是否符合本品种特征。公羊要选择 1~2 岁，睾丸富有弹性，膘情中上等但不要过肥。母羊多选择周岁左右，乳头大而均匀。视群体大小确定公羊数，一般公母比例要求 1：（15~20）。种羊场不宜全部引进同龄羊，成年羊和育成羊要有适宜的比例。挑选育肥羊时，最好是断奶后至 1 周岁的公羔，建议育肥场一次性引进同龄羊，对所选的羊应进行布病检疫。

（三）运羊的注意事项

要办好各种手续，如检疫、调运许可证及发票等。

车辆要严格消毒，提前选好行程路线，备足草料、饮水用具及其他用品。

装车前 1 h 应适量喂食 1 次，并饮足水。

装车时，应注意清点羊数，避免拥挤。

途中应时常停车检查羊只，及时拉起趴卧的羊。

（四）引种后的工作

准备好隔离羊舍，要求清洁卫生、干燥通风等。

卸羊时应搭建木板缓坡，入圈后即可让其饮用电解多维水或 3.5% 葡萄糖水，防止暴饮，连饮 5 d。为减少应激，半日内不用喂草料，此后先喂干草再喂少量精料。10 d 内，只让羊吃七八分饱，控制精料喂量。

经常观察羊只表现，如停食、乏弱和发病等应及时治疗。做好消毒、驱虫、防疫等疫病防控工作，隔离观察 20~40 d，确定无传染病后方可混养。

第十一章 山羊主要疾病的防治技术

第一节 羊病种类

羊病种类很多，为了便于介绍和掌握，按照病原或病因将羊病归为3类，即微生物疾病、寄生虫疾病和普通疾病。根据病原不同将微生物疾病分为细菌性、病毒性和其他微生物疾病；将寄生虫疾病分为蠕虫病、蜘蛛昆虫病和原虫病；普通疾病按照疾病特点和学科分为内科、外科和产科病；根据疾病的病程不同又分为最急性型、急性型和慢性型疾病，最急性型、急性型多发病快、病程短，慢性型则发病慢、病程较长。

一、微生物疾病

微生物疾病是由于细菌、病毒、支原体等病原微生物侵入机体，致使机体发病，并能在个体及群体间传播的一类疾病。病原感染羊后在体内大量繁殖，产生大量毒素和致病因子造成羊发病，再通过病羊与健康羊直接接触，或通过空气、饮水、饲料、器具、昆虫、老鼠等媒介间接接触传播给健康羊，造成疫病流行。除了接触传播，病原微生物还可经母羊胎盘、公羊精液垂直传播给子代。羊群一旦感染发生疫病，多具有来势猛、发病急、死亡率高的特点，对生产造成严重的危害。

羊的细菌性疾病主要有炭疽、羊猝狙、羊快疫、羊黑疫、羊肠毒血症、布鲁氏杆菌病、破伤风、羊副结核、羔羊痢疾、羊沙门氏菌病、羔羊大肠杆菌病、羊链球菌病、羊地方性流产等。

羊的病毒性疾病主要有羊的口蹄疫、蓝舌病、羊传染性脓疱（羊口疮）、羊痘、小反刍兽疫、山羊关节炎-脑炎等。羊的其他微生物疾病主要有山羊传染性胸膜肺炎、羊的衣原体病、弓形虫病、原虫病等。

二、寄生虫疾病

寄生虫疾病是由寄生在机体内外的蠕虫、昆虫和原虫等寄生虫通过侵害机体组织、器官，夺取机体营养致使机体发生营养不良、生产性能降低，免疫力下降甚至死亡的一类疾病。寄生虫病与传染病有类似之处，具有传染性，可通过感染羊或其排泄物感染健康羊，常在同一地方或同一羊场的个体或群体间传播，造成零星或整群发生寄生虫病。羊寄生虫病种类多，在一定程度上会给羊业生产造成很大的经济损失。

蠕虫病主要有羊的片形吸虫病、前后盘吸虫病、肺线虫病、绦虫病、脑多头蚴（脑包虫）病、消化道线虫病等。

蜘蛛昆虫病主要有羊疥癣、羊鼻蝇蛆、羊虱、羊蜱病等。

原虫病主要有羊的环形泰勒焦虫（梨形虫）病、弓形虫（附红细胞体）病、球虫病等。

三、普通疾病

普通疾病是由饲养管理不当、营养代谢失调或障碍、应激、食物或药物中毒、机械损伤等因素造成的一些疾病。

羊内科病主要有胃肠道疾病（前胃弛缓、瘤胃臌气、瘤胃积食、胃肠阻塞肠扭转、胃肠炎）、肺炎、心包炎、应激、白肌病、酮尿病、脱毛症、尿石症（尿结石）、佝偻病及中毒病（氢氰酸中毒、有机磷中毒）等。

羊外科病主要有创伤、脓肿等。

羊产科病主要有子宫内膜炎、生产瘫痪、胎衣不下、阴道脱出、子宫脱出，乳房炎等。

第二节 羊场防疫技术措施

一、羊场卫生防疫措施

（一）卫生防疫的基本要求

羊场卫生防疫要坚持“以防为主，防重于治”的原则，同时必须遵守《中华人民共和国动物防疫法》的规定。

羊场选址应远离居民生活区，生产区大门分设车辆通道、人员进出通道，同时车辆通道规划消毒池，人员通道设置更衣消毒间。

所有人员进入羊场前，都应更换已消毒的工作服和胶鞋，且经消毒间严格消毒。

羊场应在每年定期做好安全措施条件下，对供水塔进行清理和消毒，以确保水源干净卫生。同时场区内的污水、污物应及时处理，确保环境卫生。

（二）场区及羊舍卫生消毒

消毒是实现“预防为主”方针的一项重要措施，其目的是消灭散播于外界环境中作为传染源的病原微生物，以切断疫病传播途径，因此羊场应建立科学合理的消毒制度与程序并严格执行。

1. 车辆及人员消毒

在羊场大门入口处应设立消毒池。车辆通行的消毒池池宽与大门等同，长约为机动车车轮 2 周左右，深度约 0.1 m；人员通行的消毒池大小为长 2.5 m、宽 1.5 m、深 0.05 m。内蓄 2%NaOH 溶液，每周至少更换 1 次。所有进入生产区的人员，必须在更衣室更换场区工作服、工作鞋，通过消毒池后进入消毒室，经 5~10 min 紫外线照射或喷雾消毒后，方可进入工作区。严禁饲养人员相互串圈。

2. 圈舍消毒

做到每天对羊舍、料槽、水槽进行打扫，保持清洁卫生。带畜消毒频率保证 5 d 进行 1 次。

3. 空羊舍的常规消毒

首先彻底清扫干净羊舍内的粪尿，再用清水冲洗栏舍，接着用 3% NaOH 溶液喷洒和刷洗墙壁、用具及地面。充分消毒 12 h 后，再用清水冲洗。待圈舍及用具干燥后，用 0.5%过氧乙酸进行喷洒消毒。羊舍土壤表面可用含 5%有效氯的漂白粉溶液、4%福尔马林或 10%的氢氧化钠溶液进行消毒。非封闭（敞篷）圈舍一般可利用自然因素（如阳光）来消除病原微生物，如发生病原体污染也可使用化学消毒剂进行消毒；对于密闭的圈舍，可使用 40%甲醛按 45 mL/m^3配比进行熏蒸消毒（加入高锰酸钾 20 g），但应注意熏蒸室温不要低于 15℃，12~24 h 后打开门窗，散去甲醛气味。

4. 羊圈外环境消毒

羊圈外环境及道路要定期进行消毒，清除杂物、垃圾，填平低洼地，铲除杂草，杀灭“四害”。

5. 生产区专用设备消毒

生产区专用送料车每周消毒 1 次，可用 0.3%过氧乙酸溶液进行喷雾消毒。进入生产区的药品、器械、物品、用具等应经过专门消毒后才能进入羊圈。

6. 消毒剂的选择

优先选用广谱消毒剂。如需对特定病原体进行消毒，则可选用对其作用较强的消毒药物。在使用消毒剂时，应准确把握消毒药物的稀释度，确保既能有效杀灭病原微生物，又能防止腐蚀、中毒等问题发生。有条件或必要的情况下，应对消毒质量进行监测，检测各种消毒药的使用方法是否正确，能否达到相应的消毒效果。同时注意消毒药之间的相互作用，防止拮抗作用降低药效。禁止将不同有效成分的消毒药物混合使用，或用来消毒同一种物品，防止药物发生配伍禁忌而失效。避免长时间使用同一种消毒药物，应定期更换，避免造成病原菌产生耐药性，影响消毒效果。

二、免疫接种

规模化羊场的免疫一般分为春、秋两季。根据周边疫病发生情况结合自身实际需要，可对羊痘、口蹄疫、小反刍兽疫等传染病进行免疫接种。预防接种前，应对被接种羊群的健康状况、年龄、怀孕、泌乳以及饲养管理情况进行检查和了解。每次接种后应做好免疫档案记录，有条件的场应定期进行抗体监测，以实时了解免疫效果。

三、疾病防控

按影响和危害肉羊生产的严重程度可将肉羊疾病划分为病毒性传染病、细菌性传染病、寄生虫病、内科病和中毒病五大类。要做好规模化羊场疾病控制，需注意以下几个方面。

（1）饲养员需密切观察饲养羊只情况，发现异常及时报告，发现病羊及时隔离，立即诊治，同时做好详细记录。

（2）每年对全群羊群进行一次布鲁氏杆菌病和结核病检疫，以及其他需要检疫的项目。凡发生流产的母羊必须在 1 周内进行布鲁氏杆菌病检测。

（3）从外地引进羊时，应了解当地羊只传染病流行情况，做好产地检疫，购入当地后实施 1 个月以上的隔离饲养，确保羊只健康，并完成相应的免疫注射、驱虫后方可混群饲养。

（4）病死羊只必须进行无害化处理，并对埋尸场进行严格彻底消毒。

（5）加强羊场寄生虫防治。坚持选择广谱、副作用小的驱虫药物，注意用药事项。体外寄生虫可采用药浴、涂擦等方式进行防治。

第三节　羊病预防技术

在疾病防治中“防重于治”，坚持科学饲养管理，保持良好环境卫生，加强检疫，做好防疫和定期驱虫是预防羊病的有效措施。

一、羊场管理和消毒

（一）管理

按品种、性别、大小、年龄等合理分群，不同饲养阶段科学配比饲粮，提供充足优质的饲料，不喂不洁或发霉变质饲料。

加强羊的运动，增强和提高羊群的抗病能力。舍饲非育肥羊要每天定时在舍外运动 2 h 以上，俗话说“羊儿壮，百病传不上”。

生产场区门口设立消毒池、紫外线灯，进入羊场更衣换鞋；坚持自繁自养，尽量减少羊及人员流动，及时隔离病羊并淘汰病、老、弱羊，防止病原传入或扩散。

（二）消毒

做好日常消毒是预防疾病的有效措施。首先每天要清扫圈舍、运动场，清洗食槽等用具，然后用消毒药液定期消毒。产房在产前、产后和产羔高峰期要多次消毒，在安全浓度下可带羊一起消毒。

1. 消毒剂

可选生石灰、10%～20%石灰乳、5%～10%漂白粉、0.5%～1.0%菌毒敌（农乐、农福、菌毒灭等）、0.5%～1.0%三氯异氰尿酸钠（强力消毒灵、灭菌净抗毒威）、0.5%过氧化乙酸、0.1%新洁尔灭、福尔马林等作为消毒剂。

2. 圈舍或用具消毒

新购进的羊在入羊舍之前用高锰酸钾和福尔马林熏蒸消毒羊舍，福尔马林用量为每立方米空间 20～50 mL，先将等量水加入福尔马林中，再将高锰酸钾 25～50 g 加入福尔马林中使其产热蒸发，消毒时密闭羊舍 12～24 h，然后通风 24 h 以上。

用 10%～20%生石灰溶液、0.5%过氧化乙酸溶液喷洒或喷雾圈舍的地面墙壁和顶棚、食槽等用具，消毒时密闭 2～3 h，然后通风，清洗食槽等饲养用具，洗去消毒剂和气味。羊圈消毒顺序：离门远处地面—墙壁—顶棚—地面；羊床下亦可撒生石灰粉。

3. 带羊消毒

常用 0.5%～1%强力消毒剂、0.015%～0.025%百毒杀、1%新洁尔灭、0.3%～0.5%过氧乙酸等消毒剂喷雾消毒。喷雾法用高压动力喷雾器或背负式手摇喷雾器，喷雾时喷嘴向上，先内后外画圆式均匀喷雾，喷到墙体、屋顶、地面和羊体，以稍湿为宜。

4. 场地、饮水、污水、粪便及其他消毒

10%～20%生石灰溶液、2%～4%的氢氧化钠溶液、5%～20%漂白粉液、抗毒威 1/400 稀释液用于被病原污染的圈舍周围、场地和运输车辆的消毒；在羊场门口可放置 20%漂白粉液浸湿的垫草对过往人员和车辆消毒。

饮水消毒用 0.02%漂白粉（50 g 水加 1 g 漂白粉），污水用氯制剂（0.5%～2%氯胺溶液）消毒。

粪便消毒采用生物热消毒方法进行。收集粪、尿等排泄物堆积在远离羊舍100~200 m的地方，粪堆上覆盖10 cm厚的沙土，堆积发酵30~60 d，就可杀灭其中的微生物和芽孢。

人员手臂消毒用0.1%新洁尔灭、0.02%醋酸氯己定、5%聚维酮碘等；工作服、胶靴和器械消毒用0.04%~0.2%过氧乙酸、0.1%新洁尔灭，毛皮用环氧乙烷气体消毒；灭蚊蝇可用溴氰菊酯等杀虫药喷洒。

二、检疫和防疫

（一）检疫

1. 定期检疫

羊场应根据当地（场、群）疫情对全群进行定期检疫，及时检出、淘汰、处理阳性及可疑病羊，以防止病的扩散传播和流行。

2. 进场前检疫

从外进羊到达饲养场时，应隔离1个月进行检疫，对经检疫阴性的健康羊接种相关疫苗并驱虫，经观察检查确认无任何异常反应，并经过消毒后方准入场（群）混养。对检疫出传染病的阳性或可疑病羊，及时进行隔离并复查确诊，普通传染病可酌情治疗，烈性传染病按有关规定一律就地扑杀、销毁或深埋（2 m以上）。

（二）防疫

1. 接种

防疫通常采用常规预防接种和紧急接种两种。常规预防接种通常在某种传染病常发的、受威胁的或潜在的地区进行。通过接种使机体获得主动的免疫力。紧急接种多在发生传染病时，为防止疫情扩大，对疫区、受威胁地区尚未发病的羊进行接种免疫。紧急接种时可先用特异性抗病血清使羊获得被动免疫抗体，接着再用疫苗接种，以达到迅速控制疫病的目的。

根据不同性质的生物制剂可采取皮下、皮内、肌内注射或皮肤划痕、点眼，滴鼻、喷雾、口服等不同方法接种，在接种后数日至数周使动物获得数月至1年以上的免疫力。

2. 制定合理的免疫程序做好防疫

免疫程序没有统一标准，只能根据当地羊病流行状况和规律，结合羊场实际情况制定。依据NY 5149—2002《无公害食品 肉羊饲养兽医防疫准则》，羊场可根据当地疫情流行情况或羊场疫病发生情况制订免疫计划或程序，合理选择疫苗免疫的种类，安排免疫时间和免疫次数。在实际应用中常常只免疫当地和本场经常发生或流行的传染病，如羔羊痢疾、羊快疫、羊猝狙、羊肠毒血症、山羊痘、山羊传染性胸膜肺炎、羊传染性脓疱、羔羊大肠杆菌病和羊小反刍兽疫等，这些疫病在许多地区均经常发生，宜列入羊场免疫程序。

常接种的疫苗有：羊三联四防灭活苗、羊痘弱毒苗、山羊传染性胸膜肺炎灭活苗、羔羊痢疾灭活苗、羊口疮弱毒细胞冻干苗、羔羊大肠杆菌灭活苗、小反刍兽疫弱毒苗等。在布鲁氏杆菌病、羊口蹄频发或流行的地区，羊场应将它们也应列入免疫程序，用布鲁氏杆菌猪型 2 号弱毒疫苗或布鲁氏杆菌羊型 5 号弱毒疫苗、口蹄疫 O 型灭活苗进行接种，但在这两种病基本控制的地区则不接种布鲁氏杆菌病疫苗和羊口蹄疫苗，其防控措施是以扑杀、淘汰净化为主。羊炭疽、羊伪狂犬病、羊气肿疽等疫苗多在当地或相邻地区发生疫情时，作为紧急免疫接种使用。

常见羊场免疫时间安排可参考以下时间进行。

（1）春季（按顺序打疫苗）

①破伤风类毒素：怀孕母羊产前 1 个月接种。

②母羊分娩前 20~30 日接种羔羊痢疾灭活疫苗，经乳汁使羔羊被动免疫。

③每年 2 月底至 3 月初接种羊三联四防疫苗。

④每年 3 月中旬接种羊痘弱毒疫苗。

⑤每年 3 月下旬接种山羊传染性胸膜肺炎氢氧化铝灭活疫苗。

⑥每年 3—4 月接种羊口疮弱毒细胞冻干疫苗。

⑦每年 3—4 月接种羊链球菌氢氧化铝菌苗。

⑧每年 4—5 月接种布鲁氏杆菌猪型 2 号弱毒疫苗（布鲁氏杆菌病基本控制地区不免疫）。

⑨羔羊 1 月龄以后接种小反刍兽疫疫苗。

（2）秋季（按顺序打疫苗）

①每年 9 月接种第Ⅱ号炭疽芽孢疫苗。

②每年 9 月接种羊三联四防疫苗。

③每年 9 月接种羊黑疫菌苗。

④每年 9 月接种羊口疮弱毒细胞冻干疫苗。

⑤每年 9—10 月接种羊链球菌氢氧化铝菌苗。羔羊 1 月龄以后接种小反刍兽疫疫苗。

3. 免疫注意事项

免疫前后几天停用抗生素，以防止干扰免疫应答和降低免疫效果。同时注意补充富含营养及维生素饲料，减缓羊的应激反应。

接种前要检查并记录疫苗生产日期和有效期、生产厂家和批次；疫苗保存和运输必须在 4℃以下，能冷冻保存的尽量置于-20~0℃保存，以防疫苗失效。

一般在疫苗接种时，先小群（区）试验，证明安全后再全群开展。

冻干苗接种按疫苗说明书进行操作，用自带稀释液或生理盐水稀释疫苗，气温高时注意在接种过程中要将稀释后疫苗置于凉水或冰块中，最好在 2 h 内用完，以免疫苗效价降低而失效。

疫苗剂量严格按照说明书的规定剂量使用。注射时将疫苗准确推入皮下或肌肉，防止溢漏流出，以保证达到规定剂量。

接种的针头、棉签等用具要一只羊一换，用后及时收纳于医疗垃圾中，不可随手乱丢，针头、消毒棉签、手套等用具使用后须经过高压或蒸煮等方式彻底消毒，防止人为传播疫病。

半月龄以内羔羊、体弱或患病羊除发生疫情需紧急免疫外，一般暂不免疫。

（三）控制和扑灭

羊场发生疫情时，应及时采取以下措施。

报告疫情。

立即封锁现场，驻场兽医应及时进行诊断，并尽快向当地动物防疫监督机构确诊发生口蹄疫、小反刍兽疫时，肉羊饲养场应配合当地动物防疫监督机构，对羊群实施严格的隔离、扑杀措施。

发生蓝舌病时，应扑杀病羊，如果仅是血清学反应的抗体呈阳性，而并不表现临床症状，则需采取清群和净化措施。

发生炭疽时，应焚毁病羊，并对可能污染点彻底消毒。

发生羊痘、布鲁氏杆菌病、山羊关节炎-脑炎等疫病时，应对羊群实施清群和净化措施。

全场进行彻底清洗消毒，病死或淘汰羊的尸体严格按动物防疫法的有关规定进行深埋、焚烧等无害化处理。

三、定期驱虫

多数寄生虫病尚无有效的疫苗，因此，定期驱虫是预防寄生虫病的有效措施。

（一）制订定期检查和驱虫计划

对羊群的寄生虫定期抽样监测。抽检比例按羔羊 20%、周岁羊 40%、成年羊 40%进行，单群抽样总量不少于 30 只，抽样量要达到羊群总数的 10%~20%。

根据当地寄生虫病发生的情况和季节，每年定期安排 2~3 次预防性驱虫。一般在 3—4 月、12 月至翌年 1 月各进行 1 次，这样有利于羊长膘、安全度过冬季枯草期和春乏期。

（二）合理选择驱虫药

根据本地区常见或常发的内外寄生虫种类，依据 GB/T 19526—2004、NY 5148—2002 标准选择高效、低毒、抗虫谱广的药物进行驱（杀）虫。

（三）做好粪便无害化处理

驱虫地点选择在远离羊舍 100~200 m 或指定的地方，驱虫后 5 d 内排的粪便、虫卵及虫体集中堆积一起，进行生物热发酵。

（四）驱虫时注意事项

预防性驱虫一般安排在春秋寄生虫活跃、寄生虫病高发季节，以及雨季之后或牧草被污染时。

夏季、初秋蚊蝇滋生盛期，用防蝇剂喷洒或拌料饲喂控制蚊蝇时，要注意停药期并控制药物对环境的危害。

新引进羊在隔离观察期间要选择适当时机及时驱虫。母羊驱虫时间宜选在产羔前，羔羊抵抗力弱，驱虫时要防止药物中毒。

驱虫药要交替使用，不能长期使用一种药物，以防止寄生虫产生抗药性。抗寄生虫药物一般对虫卵无效，所以对寄生虫感染比较严重的羊，7 d 后必须重复用药 1 次（因为虫卵的孵化周期一般为 7 d 左右）。

第四节　羊病诊断技术

准确诊断是有效治疗羊病的前提。羊病诊断技术包括临床诊断、病理学诊断和实验室诊断。在生产中掌握临床诊断技术较为重要。

一、临床诊断

临床诊断是最直接、最基本的诊断方法，是进一步检验的前提和依据，也是对疾病快速判断并采取措施的主要依据之一。

（一）问诊

询问了解饲养管理情况，如品种、年龄、饲养方式、饲料、饮水情况，调查了解疾病发生发展的全部概况，包括羊的进出、活动状况，饲养管理和卫生防疫情况，发病时间、地点、羊群分布、发病率和病死率及已采用的治疗情况等。既往病史、当地常发疾病和疫病流行情况等。

（二）临床观察

观察羊精神状态、行为、采食、饮水、外貌、活动情况，以及眼、鼻、口分泌物性状和粪、尿等排泄量及其形状、色泽、气味等。

1. 整体观察

健康羊：精神状态好，争相采食或饮水，膘情良好；眼睛有神、反应敏捷，步态平稳、行动灵活，放牧时与羊群奔走快慢一致，不离群、不掉队。

病羊：精神沉郁或兴奋不安，采食减少或停食，消瘦；呆立、反应迟钝，个别有异常行为如转圈、撞墙、蹭痒，敏感狂躁等，步态不稳、跛行或四肢僵直，放牧时常落群、掉队。

2. 休息观察

健康羊：休息时呼吸均匀；多成群卧在一起，遇异常声音或生人时，立刻远避；反刍正常，一般在采食后 30~60 min 开始反刍，白天和夜间均时常有反刍；瘤胃蠕动正常，山羊 2~4 次/min，绵羊 3~6 次/min。

病羊：休息时呼吸急促，呼吸困难，严重时呈腹式呼吸；常独自卧在群外或阴暗潮湿处；对异常声音或生人走近不愿理睬；反刍间断或停止；瘤胃蠕动减少甚至停止。

3. 被毛、皮肤及可视黏膜观察

健康羊：被毛致密、顺滑、有光泽，不易脱落；皮肤红润，无溃烂、结痂等病变；眼结膜、鼻镜和鼻腔黏膜呈粉红色、湿润，表面无异常分泌物；口腔和舌黏膜红润，表面光滑，无分泌物和溃烂，口内无异味。阴门、肛门光滑、粉红色，无异物附着。

病羊：被毛蓬乱、逆燥、无光泽，易脱落或局部成片脱毛；皮肤干燥增厚，弹性降低或消失，有的皮肤有痂皮或龟裂，流脓、血水；眼结膜苍白或发红，个别呈黄色、紫蓝色，流眼泪；鼻镜干燥或龟裂，鼻腔中流出黏性或脓性分泌物；口腔较干燥，舌苔呈黄色或黑、赤色，舌表面有溃烂等现象，口内有异臭味。阴门、肛门发红或溃烂，常有黏性或脓性分泌物附着。

4. 排泄观察

健康羊：每天排尿 3~4 次，尿液清亮无色或微黄；粪便呈小球状，硬度适中，颜色因饲料而异，且无异常附着物。

病羊：排尿少、排尿表现痛苦、尿闭或尿失禁，尿液颜色变化表现尿液混浊、血尿等；粪便干燥或稀软不成形，粪内常混有黏液、脓血或虫卵、虫体。

（三）触诊

用于检查体表温度、皮肤弹性、肌肉收缩和敏感度、体表淋巴结、脉搏等。

1. 体温检查

测量体温采用肛门测温或手触摸角根、耳、舌、四肢内侧毛少部及躯干部皮肤测温。用体温计肛门测温时，先在体温计上涂上水或油，并将体温计水银柱甩到37℃以下，慢慢插入肛门，体温计深度为在肛门外留1/3，体内停留2~5 min后取出体温计读取体温。正常体温山羊为38.0~40.0℃。发病羊则体温升高或下降，偶见神经传导障碍导致皮温分布不均匀。

2. 脉搏检查

手指触摸颌外动脉或股内侧动脉测脉搏，正常脉搏每分钟70~80次，搏动有力，发热、疼痛、兴奋、运动时脉搏加快，贫血、心衰时脉搏减慢、搏动无力。主要检查皮肤弹性、敏感性和肿胀情况。

3. 皮肤检查

捏紧并提起皮肤，然后突然松开，皮肤立即复原者为弹性正常；患皮肤病、营养不良或全身脱水时，羊皮肤弹性下降或无弹性；神经麻痹时皮肤敏感性下降或消失；当皮下水肿时触压呈生面团状，有压痕，无热痛感；炎性肿胀时触压有热痛感，无压痕并发硬；皮下血肿、脓肿或淋巴外渗时，触压柔软、有弹性和波动感，无压痕；皮下气肿时触压柔软、有气泡窜动感并有捻发音。

4. 体表淋巴结检查

触摸颌下、肩前、膝上、乳房淋巴结检查其形状、大小、硬度、温度、活动性和敏感性。羊患结核病、伪结核病或链球菌病时体表淋巴结肿大。

（四）听诊

用于检查心、肺及胃肠道疾病。分为直接听诊和间接听诊。直接听诊是用听诊布（一块布）铺在羊身上，将耳朵直接贴在布上听诊。常用于胸、肺部听诊。间接听诊是用听诊器听诊。

1. 呼吸检查

包括呼吸次数和呼吸音检查。

呼吸次数可通过观察鼻孔呼吸次数、胸腹壁起伏次数或听呼吸音来确定。健康羊10~20次/min，发病山羊呼吸数会增多或减少。

听诊气管或肺部区域检查呼吸音。健康羊肺部可听到柔和的肺泡呼吸音，吸气时为“呋”音，呼气时为“呼”音；在肺脏的前下部可听到较粗的支气管呼吸音，类似“赫”音；病羊的肺泡呼吸音、支气管呼吸音会变强，在不同疾病或疾病的不同病程中常常伴有干啰音、湿啰音、捻发音和摩擦音。

2. 心音检查

心脏听诊时听诊器要贴在心区（在站立保定时左侧肘关节内侧第3~5肋间）。

健康羊：第一心音低、钝、长、间隔时间短，第二心音高、锐、间隔时间长，二者交替发出，且整齐规律，无杂音；每分钟心跳次数为 70～80 次，与脉搏次数一致。

病羊：心律不整齐，心音增强或减弱，个别有杂音如摩擦音、拍水音、第三心音（奔马调）；心跳（脉搏）加快见于运动、兴奋、恐惧、发热、疼痛；心跳（脉搏）减慢见于胸膜炎、心包炎等心脏机能减弱等。

3. 胃肠蠕动检查

在左侧肷窝处可听到瘤胃蠕动音，右侧腹部可听到肠蠕动音。

健康羊：瘤胃蠕动音从小到大、从远到近，然后再由大到小、由近到远直到停止。这一过程对应 1 次瘤胃的收缩运动。肠蠕动音短而少，像流水声；瘤胃蠕动音减弱或消失，如发热或前胃弛缓。肠蠕动音在肠炎发病初期加强，发生便秘时肠蠕动音减弱或消失。

（五）叩诊

清音：叩击健康羊胸廓时发出的持续、高而清亮的声音。

常用于诊断胸、肺和瘤胃发生的病变。是根据手指或叩诊锤叩击体表某部位或叩击体表垫着物（手指或垫板）发出的声音判断相应部位有无病理变化的一种诊断方法。叩诊时发出 4 种音，清音、浊音、半浊音和鼓音浊音：叩击健康羊臀部、肩部肌肉或不含空气的脏器时发出的弱而钝浊的声音。在羊胸腔积水时叩诊有水平浊音区域，其区域界线会因羊体位改变而变。半浊音：介于清音与浊音之间，叩击含气体较少的脏器组织发出的声音。患支气管肺炎时，肺泡中气体减少，叩诊为半浊音。

鼓音：叩击健康羊左侧瘤胃处发出的声音，患瘤胃臌气时鼓音增强。

（六）病理剖检

临床检查获得初步判断后，需做进一步病理剖检，羊患病后其身体的组织器官会发生不同程度的病变，这些病变成为疾病诊断的依据，如除了肠黏膜出血坏死或溃疡外，真胃出血性炎症和肾脏软化如泥是区分“羊快疫”和“羊肠毒血症”的特征性病变，“肺实质肝变（肺脏肉变或实变）、切面呈大理石样变”是诊断“山羊传染性胸膜肺炎”的特征性病变，肝片吸虫慢性病例“肝脏有淡白色索状瘢痕、呈绳索状突出于肝表面”，肺线虫病“在支气管中有黏性或脓性混有血丝的分泌团块，并有成虫、幼虫和虫卵”。因此，病理剖检是建立在临床诊断基础上现场诊断羊病的重要方法，是疾病初步诊断的重要依据。然而，最急性型病例往往缺少特定的典型病变，因此，要尽可能多解剖不同类型、病程的病例，必要时还需要进行组织学检查。

1. 剖检前准备

首先准备好剖检器械如刀、锯、斧、剪、镊子、注射器、针头、器皿及塞子，并分别消毒，同时准备好处理尸体的消毒药品。

选择合适地点和时间，地点要远离居民区、羊圈、水源和道路，时间不超过死亡后 6 h。

取末梢（耳尖静脉）血液涂片检查，排除炭疽杆菌，注意患炭疽的病羊不得剖检。

2. 剖检要点

外观检查：看品种、性别、年龄等特征，营养状况，皮肤、死后变化，天然孔（口、鼻、耳、肛门、外生殖器）及可视黏膜的变化。

皮下检查：看皮下脂肪、血管、血液、皮下淋巴结、肌肉、乳房、外生殖器官、喉、舌、食管、气管等的变化。

脏器检查：看心、肝、脾、肾、肺、淋巴结、胃肠消化道的变化。

病料采集与保存：如果需要进一步确诊，还需在剖检同时采集有病变的脏器、组织、体液、排泄物等病料。供病理组织学检查的病料应保存于 10%甲醛溶液或 95%酒精中固定，病料样本与保存液的比例为 1：10，样本块不要太大。

3. 剖检后处理

对剖检后的场地、尸体和污染物进行消毒、焚烧或深埋处理。对剖检器具、工作服等进行灭菌消毒。

二、实验室诊断

采取病变的器官、组织、体液、分泌物、排泄物等病料，进一步实验室检验，是确诊羊病的重要步骤。包括血、尿、粪的常规和生化分析，细菌学检验，病毒学检验，免疫学或分子生物学检验技术（凝集反应、沉淀反应、补体结合反应、中和试验、酶联免疫吸附试验、琼脂扩散试验、荧光抗体技术、聚合酶链式反应技术等）、寄生虫病检验，毒物分析等。实验室诊断是羊病确诊的重要方法。

第五节　羊病治疗技术

羊病的治疗是养羊生产中的重要一环。其中临床治疗技术是控制和消除羊病的主要手段，对消除病原、控制疾病扩散和蔓延，促使病羊康复，减少损失有重要意义。

在肉羊生产中应采取措施减少疾病发生、降低发病率，尽量不用或少用药。如羊发生腹泻是机体对进入肠道有害物质及机体排出有害物质的保护性反应，发现羊腹泻时应先找出病因，并消除腹泻的致病因素，加强对病羊观察和护理，一般不必立即用药，当腹泻严重且时间长时才需用止泻药和抗生素。如果需要用药，必须符合《兽药管理条例》的规定。药品须来自正规生产和经销单位，兽药质量要符合国家相关标准或规定。羊病治疗中一般都遵循“对因治疗与对症治疗相结合，局部治疗与全身治疗相结合，疾病预防与疾病治疗相结合”的综合治疗原则。

羊病临床治疗技术包括药物治疗和手术治疗。

药物治疗是所有疾病治疗中普遍应用的有效措施。药物分为化学药品和生物制品。选择适合的药物、给药途径和治疗方法，可以最大限度地发挥药效，促使疾病好转或痊愈。

化学药品：目前广泛应用于各类疾病的治疗。

生物制品：主要用于微生物病和一些寄生虫病。

手术治疗主要针对药物治疗效果不好且有经济价值的羊。常见有羊腹腔手术和羊的圆锯术等。羊腹腔手术治疗的疾病有尿结石、肠套叠、肠扭转、难产等，羊的圆锯术主要治疗羊脑病，如脑包虫、额窦炎等。

一、药物投放技术

（一）内服

自由采食或饮用法：将药物拌入饲料或饮水中通过羊采食或饮水给药。常用于需要用药羊的个体数量多，药物为片剂或粉剂。

1. 长颈瓶给药法和药板给药法

将稀释或配制好的药液装入长颈瓶（塑料瓶、酒瓶均可），左手食指和中指伸进羊口中压住舌面。右手将药瓶口插入舌面中部，左手拿出，抬高瓶底将药灌入；或将药物混入面糊中制成舔剂，左手食指和中指伸进羊口中压住舌面，并抵住上颌使口张开，右手用光滑的舌形板刮取药剂送入羊口中，将其抹在舌根部并使羊咽下。常用于液体药物，如中药或粉剂。

2. 胃管灌服法

将一端带漏斗的橡皮管温水浸泡后，一端投入石蜡油或植物油，使橡皮管涂上油润滑，另一端接上漏斗。将橡皮管涂油的一端从鼻腔或口腔轻轻插入，经咽部吞咽进入食道最终送入胃中，确认无误后将药液慢慢倒入漏斗灌入胃中。常用于灌服大量水剂和有刺激性的液体药物。

3. 灌肠法

常用小橡皮管一端连接在漏斗或盛药容器上，另一端插入直肠，将配制好的液体药液经漏斗直接灌入肠内。灌肠前先要清除直肠中的粪便，在橡皮管进入肠道一端涂上凡士林或食用油，然后插入直肠，高举漏斗或容器将药液灌入直肠，注意药液温度应与体温一致。完毕后用手压住肛门，防止药液流出，停留一会儿后再拔出橡皮管。可用于治疗羊肠道疾病和产科疾病。

4. 瘤胃穿刺法

消毒刺入部位，用套管针在左肷窝中央或瘤胃臌气的最高处穿刺，向右侧肘方向穿透皮肤及瘤胃壁，一只手固定针，另一只手拔出针芯使气体缓缓放出，放气后拔出套管针并消毒刺入部位。严重时通过套管针可直接向瘤胃中注入药物。

常用于瘤胃臌气治疗。

（二）注射

注射给药法常用皮下注射、肌内注射和静脉注射 3 种方式。易溶、无刺激性药物或疫苗常用皮下注射，注射部位选择在颈侧或股内侧皮肤处；刺激性较大、不易吸收的药物常用肌内注射，注射部位常在颈侧肌肉丰厚处；不适合用皮下和肌内注射的药物或羊的病情严重时采用静脉注射，注射部位在颈静脉上 1/3 处。

（三）药浴

药浴多用于驱除体外寄生虫，尤其是螨虫。有淋浴和池浴，规模羊场建有淋浴场所或浴池供羊药浴。饲养头数较少，规模不大的养羊专业户或个体户，也可将羊放进大盆或浴缸中药浴。淋浴可在淋浴场所进行，也可喷雾或浇淋，注意事项参照池浴。浇泼剂是目前使用方便的驱虫新药，如莫西菌素，可将药物泼洒于耳根部驱虫。

药浴注意事项如下。

（1）池浴前 8 h 停止喂料，一般可选在早晨、天暖、无风的晴天进行。临浴前应给羊饮足水，以免羊进入浴池后吞饮药液，造成中毒。

（2）公羊、母羊和羔羊分别入浴。入浴顺序为健康的羊先入浴，患皮肤病或外寄生虫病的羊后入浴。病羊、有外伤羊及妊娠期的母羊，暂时不能药浴。

（3）药浴的水温宜保持在 30~38℃，药液的深度以没及羊体为适宜。

（4）浴后要让羊停留一段时间，使羊身残余药液滴流回药池，然后在阴凉处休息 1~2 h，并饲喂一些干草和其他饲料。

（5）药浴后的药液不能随意乱倒，以防羊误食中毒。

二、常用药物的选择与使用

（一）药物选择

肉羊生产要遵守《无公害食品 肉羊饲养兽药使用准则》（NY 5148—

2002）的相关规定，建立健全药物使用和治疗记录，禁止使用未经批准和已经淘汰的兽药，以及《食品动物禁用的兽药及其他化合物清单》中的药物。选择兽药时要考虑针对性强、疗效好、副作用小、毒性低且价廉易得的药物。

1. 感染性疾病

它指细菌、病毒、真菌、立克次氏体、支原体、衣原体、原虫等病原感染引起的疾病。氟苯尼考有胚胎毒性，妊娠羊禁用。

一些传染病也可用特异性高免（抗病）血清进行治疗，同源或异源动物的均有特效，单价或多价血清同样有效；痊愈动物的全血或血清因含有大量特异性抗体常有很好的疗效。此外对经济价值大的种羊，也可用免疫球蛋白等生物制剂。

2. 泌尿、生殖系统疾病

常用双氢克尿噻（速尿）、乌洛托品、促卵泡素、三合激素、催产素、黄体酮等。

3. 消化系统疾病

常用人工盐、硫酸镁、硫酸钠、胃蛋白酶、鞣酸蛋白、氨甲酰胆碱、氯化氨甲酰甲胆碱（比赛可灵）、鱼石脂等。

4. 寄生虫病

常用阿维菌素、驱虫净、敌百虫等。

5. 体液补充剂及电解质平衡

常用葡萄糖、生理盐水、碳酸等。

（二）药物使用方法

治疗时要在初步诊断明确的情况下选择最佳给药途径、适当剂量剂型和合理配伍，注意用药时机、间隔时间和重复次数。

用药物之前要仔细阅读使用说明，要了解其适应证、用量、用法、疗程、间隔时间、有何副作用及其处理方法，特别要注意使用说明中有关用药禁忌的内容。

严格控制剂量和疗程。首次用药要高于规定剂量，以后按规定剂量、用法、疗程用药。

经过一定疗程用药后或在药物治疗中，发现症状无减缓或出现加重时，应怀疑所用药物无效或出现耐药性，要立即更换药物或实施联合用药。

用药时要注意配伍禁忌，如要了解联合用药时药物之间的协同与拮抗作用。在抗生素使用中，要掌握抗生素的抗菌谱和适应证，注意交替使用。肉羊屠宰上市前按照国家规定的不同停药期停止用药，以保证肉品的安全性。生物制剂（如抗血清等）通常首次剂量要足，必要时在12~24 h后再注射1次。

第六节　山羊常见病防治

一、羊炭疽

炭疽病是由炭疽杆菌引起的一种急性、热性、败血性人畜共患传染病，常呈散发性或地方性流行，绵羊最易感染。病羊体内以及排泄物、分泌物中含有大量的炭疽杆菌。健康羊采食被污染的饲料、饮水或通过皮肤损伤感染炭疽杆菌，或吸入带有炭疽芽孢的灰尘，均可导致发病。

[**防治措施**]

经常发生炭疽及受威胁地区的易感羊，每年均应作预防接种。山羊和绵羊的炭疽，病程短，常来不及治疗。对病程稍缓和的病羊治疗时，必须在严格隔离条件下进行。可采用特异血清疗法结合药物治疗。病羊皮下或静脉注射抗炭疽血清30~60 mL，必要时于12 h后再注射1次，病初应用效果好。炭疽杆菌对青霉素、土霉素及氯霉素敏感。其中青霉素最为常用，剂量按每千克体重15万IU，每8 h肌内注射1次，直到体温下降后再继续注射2~3 d。

有炭疽病例发生时。应及时隔离病羊，对污染的羊舍、用具及地面要彻底消毒，可用10%热氢氧化钠液或20%漂白粉连续消毒3次，间隔1 h。病羊群除去病羊后，全群应用抗菌药3 d，有一定预防作用。

二、羊布氏杆菌病

布氏杆菌病是由布氏杆菌引起的人、畜共患的慢性传染病。主要侵害生殖系统。羊感染后，以母羊发生流产和公羊发生睾丸炎为特征。本病分布很广，不仅感染各种家畜，而且易传染给人。

[**防治措施**]

1. 治疗

本病无治疗价值，一般不予治疗。但对价格昂贵的种羊，可在隔离条件下，用0.1%高锰酸钾溶液冲洗阴道和子宫，必要时用磺胺和抗生素治疗。

2. 预防

（1）最好进行自繁自养，不从疫区引进羊。引进羊时必须严格检疫。定期进行血清学检查，对阳性羊扑杀淘汰。

（2）疫区定期进行预防接种。

（3）发病后的防治措施。用试管凝集反应或平板凝集反应进行羊群检疫，发现呈阳性和可疑反应的羊均应及时隔离，以淘汰屠宰为宜，严禁与假定健康羊接触。

（4）必须对污染的用具和场所进行彻底消毒。流产胎儿、胎衣、羊水和产道分泌物应深埋。

（5）兽医、病畜管理人员、接羔员、屠宰加工人员，要严守卫生防护制度，特别在产仔季节更要注意。最好在从事这些工作前 1 个月进行预防接种，且需年年进行。

三、破伤风

破伤风是一种急性中毒性传染病，多发生于新生羔羊，绵羊比山羊多见。其特征为全身或部分肌肉发生痉挛性收缩，表现出强硬状态。本病为散发，没有季节性，必须经创伤才能感染，特别是创面损伤复杂、创道深的创伤更易感染发病。破伤风是由破伤风梭菌经伤口感染引起的急性、中毒性传染病。

［**防治措施**］

1. 治疗

治疗时可将病羊置于光线较暗的安静处，给予易消化的饲料和充足的饮水。彻底清除伤口内的坏死组织，用 3%过氧化氢、1%高锰酸钾或 5%～10%碘酊进行消毒处理。病初应用破伤风抗毒素 5 万～10 万 IU 肌内或静脉注射，以中和毒素；为了缓解肌肉痉挛，可用氯丙嗪（每千克体重 0.002 g）或 25%硫酸镁注射液 10～20 mL 肌内注射，并配合应用 5%碳酸氢钠 100 mL 静脉注射。对长期不能采食的病羊，还应每天补糖、补液，当病羊牙关紧闭时，可用 3%普鲁卡因 5 mL 和 0.1%肾上腺素 0.2～0.5 mL，混合注入咬肌。

2. 预防

（1）预防注射。破伤风类毒素是预防本病的有效生物制剂。羔羊的预防，以母羊妊娠后期注射破伤风类毒素较为适宜。

（2）创伤处理。羊身上任何部位发生创伤时，均应用碘酒或 2%的红汞严格消毒，并应避免泥土及粪便侵入伤口。对一切手术伤口，包括剪毛伤、断尾伤及去角伤等，均应特别注意消毒。对感染创伤进行有效的防腐消毒处理。彻底排出脓汁、异物、坏死组织及痂皮等，并用消毒药物（3%过氧化氢、2%高锰酸钾或 5%～10%碘酊）消毒创面，并结合青链霉素，在创伤周围注射，以清除破伤风毒素来源。

（3）注射抗破伤风血清。早期应用抗破伤风血清（破伤风抗毒素）。可一次用足量（20 万～80 万 IU），也可将总用量分 2～3 次注射，皮下、肌内或静脉注射均可；也可一半静脉注射，一半肌内注射。抗破伤风血清在体内可保留 2 周。应注意在发生外伤时立即用碘酊消毒；阉割羊或处理羔羊脐带时，也要严格消毒。

四、羊放线菌病

放线菌病是牛羊等其他家畜及人的一种非接触传染的慢性病。其特征为局部组织增生与化脓，形成放线菌肿。皮下及皮下淋巴结呈现有脓性的结组织肿胀。本病为散发性，很少呈流行性。

[防治措施]

1. 治疗

硬结可用外科手术切除，若有漏管形成，要连同漏管彻底切除。切除后的新创腔，用碘酊纱布填塞，1~2 d 更换 1 次；伤口周围注射 10%碘化钠或 2%鲁戈氏液。内服碘化钾，每天 1~3 g，可连用 2~4 周；在用药过程中如出现肝中毒现象（脱毛、消瘦和食欲缺乏等），应暂停用药 5~6 d 或减少剂量。抗生素治疗本病也有效，可同时用青霉素和链霉素注射于患部周围，青霉素每千克体重 1 万~1.5 万 IU，链霉素每千克体重 10 mg，每日 2 次，连用 5 d 为 1 个疗程。

2. 预防

（1）因为粗硬的饲料可以损伤口腔黏膜，促进放线杆菌的侵入，所以为了预防，必须将秸秆、谷糠或其他粗饲料浸软以后再喂。

（2）注意饲料及饮水卫生，避免到低湿地区放牧。

五、羊李氏杆菌病

李氏杆菌病是单核细胞李氏杆菌引起的一种急性或慢性传染病，也是畜禽、啮齿动物和人共患的传染病。本病可分为子宫炎型、败血型和脑炎型。在家畜中，绵羊的李氏杆菌病最为常见，并几乎全为脑炎型，各种年龄和性别的绵羊都可患病；败血型间或发生于 10 日龄以下的羔羊；子宫炎型多发生于怀孕最后两个月的头胎绵羊。山羊的病型与绵羊的相同。临床特征是病羊神经系统紊乱，表现转圈运动，面部麻痹，孕羊可发生流产。

[防治措施]

早期大剂量应用磺胺类药物，或与抗生素并用，有良好的治疗效果。用 20%磺胺嘧啶 5~10 mL，青霉素按每千克体重 10 万~15 万 IU，庆大霉素每千克体重 1 000~1 500 IU，均肌内注射，每日 2 次。病羊有神经症状时，可对症治疗。预防本病平时应注意清洁卫生和饲养管理，消灭老鼠，防止疫病传播；发病地区应将病畜隔离治疗，病羊尸体要深埋，并用 5%来苏尔对污染场地进行消毒。

严格防疫制度。不从有病地区引入羊、牛或其他家畜。驱除鼠类和其他啮齿动物。由于本病可感染人，故畜牧兽医人员应注意保护。

六、羊坏死杆菌病

坏死杆菌病是由坏死杆菌引起的畜禽共患慢性传染病，以蹄部、皮下组织或消化道黏膜的坏死为特征。有时转移到内脏器官（如肝、肺）形成坏死灶，有时引起口腔、乳房坏死。

[防治措施]

保持畜舍干燥，避免皮肤黏膜损伤，发现外伤及时处理。放牧应选择高燥地区，避免到潮湿或污染的地区放牧。及时清洗伤口，用药后包扎。

防治时主要采取以下措施。

（1）平时要保持羊舍及放牧场地的干燥，避免造成蹄部、皮肤和黏膜的外伤，一旦出现外伤应及时消毒。

（2）清除蹄部的坏死组织，用1%高锰酸钾或3%来苏尔冲洗，也可用10%硫酸铜溶液进行温脚浴，然后用碘酊或龙胆紫涂擦。

（3）对坏死性口炎，用1%高锰酸钾冲洗，涂碘甘油或龙胆紫。

（4）对内脏转移坏死灶，可用抗生素结合强心、利尿、补液等药物进行治疗。

七、山羊伪结核病

山羊伪结核病是由伪结核棒状杆菌感染所引起的一种接触性、慢性传染病，其特征为局部淋巴结发生干酪样坏死，有时在肺、肝、脾和子宫角等处发生大小不等的结节，内含淡黄、绿色干酪样物质。

[防治措施]

伪结核棒状杆菌对青霉素高度敏感，但因脓肿有厚包囊，疗效不好。据报道，早期用0.5%黄连素10 mL静脉注射有效，如与青霉素并用，可提高疗效。对脓肿按一般外科常规连同包膜一并摘除。平时预防须做好皮肤和环境的清洁卫生工作，皮肤破伤应注意及时处理，发现病畜应及时隔离治疗。

八、羊土拉杆菌病

羊土拉弗氏菌病，是一种细菌性人畜共患疾病，本病发生于所有品种、性别和年龄的绵羊，但以哺乳羔羊和周岁母羊更为易感。山羊亦易感，人也可以受到感染。是羔羊的一种急性败血性疾病，病羊有发热、肌肉僵硬等症，危害人们的生产生活。

[防治措施]

本病治疗以链霉素最为有效，其次是土霉素、金霉素，每日2次，肌内注射，连用5~7 d。用量是：链霉素按每千克体重10 mg，土霉素和金霉素按每千克体重5~10 mg。当大量已感染的蜱活动时，使羊群离开有蜱的放牧场或过路的草场，以避免土拉杆菌病的感染。为了防止蜱对羊群的侵袭，可用灭蜱药物进行全群药浴；病死羊及鼠类尸体要深埋，以免污染环境。由于人类对土拉杆菌病有易感性，放牧人和看护者应避免剖开死羊。病死羊的尸体以及各种啮齿动物的尸体要深埋，以免污染环境。

九、羔羊大肠杆菌病

羔羊大肠杆菌病是由致病性大肠杆菌所引起的一种幼羔急性、致死性传染病。临床上表现为腹泻和败血症。

[**防治措施**]

治疗：大肠杆菌对土霉素、磺胺类和呋喃类药物都有敏感性，但必须配合护理和其他对症疗法。土霉素按每日每千克体重20~50 mg，分2~3次口服；或按每日每千克体重10~20 mg，分两次肌内注射。20%磺胺嘧啶5~10 mL，肌内注射，每日两次；或口服复方新诺明，每次每千克体重20~25 mg，每日2次，连用3 d。呋喃唑酮，按每日每千克体重5~10 mg，分2~3次内服。也可使用微生态制剂，如促菌生等，按说明拌料或口服，使用此制剂时，不可与抗菌药物同用。新生羔再加胃蛋白酶0.2~0.3 g。对心脏衰弱的，皮下注射25%安钠咖0.5~1.0 mL；对脱水严重的，静脉注射5%葡萄糖盐水20~100 mL；对有兴奋症状的病羔，用水合氯醛0.1~0.2 g加水灌肠。

预防：首先要加强怀孕母羊的饲养管理，做好抓膘保膘工作。保证饲料中蛋白质、维生素和矿物质的含量。定期运动，以利于胎儿的发育，提高初乳的生物学价值。做好临产母羊的准备工作，严格遵守临产母羊及新生羔羊的卫生制度。对产房进行消毒，可用3%~5%的来苏尔喷洒消毒。其次是加强新生羔羊的饲养管理。搞好新生羔羊的环境卫生，哺乳前用0.1%的高锰酸钾水擦拭母羊的乳房、乳头和腹下，让羔羊吃到足够的初乳，做好羔羊的保暖工作。对于缺奶羔羊，一次不要喂饲过量。对有病的羔羊及时进行隔离。对病羔接触过的房舍、地面、墙壁和排水沟等，要进行严格的消毒，可用3%~5%来苏尔，也可根据病原的血清型，选用同型菌苗给孕羊和羔羊进行预防注射。

十、羊钩端螺旋体病

钩端螺旋体病是由钩端螺旋体引起的人畜共患的一种自然疫源性传染病。临床特征为黄疸、血色素尿、黏膜和皮肤坏死、短期发热和迅速衰竭。羊感染后多呈隐性经过。全年均可发病，以夏、秋放牧期间更为多见。

[防治措施]

1. 治疗

一般认为链霉素和四环素族抗生素对本病有一定疗效。链霉素按每千克体重15~25 mg，肌内注射，每天2次，连用3~5 d；土霉素按每千克体重10~20 mg，肌内注射，每天1次，连用3~5 d。如使用青霉素，必须大剂量才有疗效。

2. 预防

（1）经常注意环境卫生，做好灭鼠、排水工作。

（2）不许将病畜或可疑病畜（钩端螺旋体携带者）运入安全牧场、队。对新进入场的羊只，应隔离检疫30 d，必要时进行血清学检查。

（3）饮水为本病传播的主要方式，因此在隔离病羊以后，应将其他假定健康的羊转移到具有新饮水处的安全放牧地区。

（4）彻底清除病羊舍的粪便及污物，用10%~20%生石灰水或2%苛性钠严格消毒。对于饲槽、水桶及其他日常用具，应用开水或热草木灰水处理，将粪便堆集起来，进行生物热消毒。

（5）当羊群或牧场发生本病时，应当宣布为疫群或疫场，采取一定的限制措施。在最后一只病羊痊愈后30 d，并进行预防消毒的情况下，才可解除限制措施。

（6）在常发病地区，应有计划地进行死菌苗或鸡胚化菌苗或多价浓缩菌苗注射。免疫期可达1年。

十一、绵羊巴氏杆菌病

巴氏杆菌病主要是由多杀性巴氏杆菌所引起的各种家畜、家禽和野生动物的一种传染病，在绵羊主要表现为败血症和肺炎。本病分布广泛。主要发生于断奶羔羊，也发生于1岁左右的绵羊，山羊较少见。本病在冬末春初呈散发或地方性流行，应激因素对其发生影响很大。

[防治措施]

发现病羊和可疑病羊立即隔离治疗。庆大霉素、四环素以及磺胺类药物都有良好的治疗效果。庆大霉素按每千克体重1 000~1 500 IU，四环素每千克体重5~10 mg，20%磺胺嘧啶5~10 mL，均肌内注射，每日2次。或使用复方新诺明或复方磺胺嘧啶，口服，每次每千克体重25~30 mg，每日2次。直到体温下降，食欲恢复为止。预防本病平时应注意饲养管理，避免羊受寒。发生本病后，羊舍用5%漂白粉或10%石灰乳彻底消毒；必要时用高免血清或疫苗给羊作紧急免疫接种。

十二、肉毒梭菌中毒症

肉毒梭菌中毒症是由于食入肉毒梭菌毒素而引起的急性致死性疾病。其特征为运动神经麻痹和延脑麻痹。

[**防治措施**]

特异性治疗可用肉毒毒素多价抗血清，但须早期使用，同时使用泻剂和进行灌肠，以帮助排出肠内的毒素。遇有体温升高者，注射抗生素或磺胺类药物以防发生肺炎。预防本病，平时应注意环境卫生，在牧场畜舍中如发现动物尸体和残骸应及时清除，特别注意不用腐败饲料喂羊。平时在饲料中配入适量的食盐、钙和磷等，以防止动物发生异嗜癖，舔食尸体和残骸等。发现该病时，应查明毒素来源，予以清除。

十三、羊沙门氏菌病

羊沙门氏菌病包括绵羊流产和羔羊副伤寒。发病羔羊以急性败血症和泻痢为主。

[**防治措施**]

病羊可隔离治疗或淘汰处理。对该病有治疗作用的药物很多，但必须配合护理及对症治疗。可用土霉素和新霉素，羔羊按每日每千克体重 30~50 mg，分 3 次内服；成年羊按每次每千克体重 10~30 mg，肌内或静脉注射，1 日 2 次。呋喃唑酮也可应用，按每日每千克体重 5~10 mg，分 2~3 次内服，连续用药不得超过 2 周。也可试用促菌生、调痢生、乳康生等微生态制剂，按说明拌料或口服，使用时不可与抗菌药物同用。预防的主要措施是加强饲养管理。发现病羊应及时隔离并立即治疗；被污染的圈栏要彻底消毒，发病羊群进行药物预防。注意环境卫生消毒，制造良好的饲养环境。冬天做好保温防风工作，秋季做好防潮工作。产羔房最好不连续使用，每次产羔完和临产前要彻底消毒，地面可铺撒石灰，并用 2%至 4%火碱彻底对地面、墙面喷雾，然后密闭用福尔马林或过氧乙酸熏蒸消毒。产羔期最好能每天喷雾消毒 1 次。消毒药物选择 3~4 种轮流替换使用。羔羊在出生后应及早吃初乳，并注意保暖。

十四、羊弯杆菌病

羊弯杆菌病原名羊弧菌病，由弯杆菌属中的胎儿弯杆菌诸亚种引起，主要使羊暂时性不育和流产。弯杆菌病是由弯杆菌属细菌引起的人和动物不同疾病的总称。胎儿弯杆菌可引起牛、羊不育与流产；空肠弯杆菌可引起人、马、牛的急性肠炎。

[防治措施]

(1) 严格执行兽医卫生防疫措施。产羔季节流产母羊应严格隔离并进行治疗。流产胎儿、胎衣以及污染物要彻底销毁；粪便、垫草等要及时清除并进行无害化处理；流产地点及时消毒除害。染疫羊群中的羊不得出售，以免扩大传染。

(2) 本病流行区可用当地分离的菌株制备弯杆菌多种灭活疫苗，对绵羊进行免疫接种，可有效预防流产。

(3) 发病羊用四环素内服治疗，按每千克体重日服 20~50 mg，分 2~3 次服完，连用 2~3 d，早期治疗能减少流产损失。

十五、羊链球菌病

羊链球菌病是严重危害山羊、绵羊的疫病，它是由溶血性链球菌引起的一种急性热性传染病，多发于冬春寒冷季节（每年 11 月至翌年 4 月）。本病主要通过消化道和呼吸道传染，其临床特征主要是下颌淋巴结与咽喉肿胀。链球菌最易侵害是绵羊，山羊也很容易感染，多在羊只体况比较弱的冬春季节呈现地方性流行，老疫区一般为散发，临床上表现的特征为发热，下颌和咽喉部肿胀，胆囊肿大和纤维素性肺炎。

[防治措施]

(1) 改善放牧管理条件，保暖防风，防冻，防拥挤，防病源传入。

(2) 定期消灭羊体内外寄生虫。

(3) 做好羊圈及场地、用具的消毒工作。入冬前，用链球菌氢氧化铝甲醛菌苗进行预防注射，羊不分大小，一律皮下注射 3 mL，3 月龄内羔羊 14~21 d 后再免疫注射 1 次。

(4) 发病后，对病羊和可疑羊要分别隔离治疗，场地、器具等用 10%的石灰乳或 3%的来苏尔严格消毒，羊粪及污物等堆积发酵，病死羊进行无害化处理。

(5) 每只病羊用青霉素 30 万~60 万 IU 肌内注射，每日 1 次，连用 3 d。肌内注射 10 mL 10%的磺胺噻唑，每日 1 次，连用 3 d。也可用磺胺嘧啶或氯苯磺胺 4~8 g灌服，每日 2 次，连用 3 d。

(6) 高热者每只用 30%安乃近 3 mL 肌内注射，病情严重食欲废绝的给予强心补液，5%葡萄糖盐水 500 mL，安钠咖 5 mL，维生素 C 5 mL，地塞米松 10 mL 静脉滴注，每天 2 次，连用 3 d。

(7) 加强饲养管理，做好抓膘、保膘及保暖防风、防冻、防拥挤。做好羊圈及场地、用具的消毒工作。入冬前应用链球菌氢氧化铝甲醛菌苗进行预防注射。羊只不分大小，一律皮下注射 3 mL，3 月龄内羔羊 14~21 d 后再免疫注射 1 次。在流行地区给每只健康羊注射抗羊链球菌血清或青霉素等抗生素有一定的效果。

(8) 未发病地区勿从疫区引入种羊、购进羊肉或皮毛产品，加强防疫检疫工作。

十六、羊快疫

羊快疫是由腐败梭菌经消化道感染引起的主要发生于绵羊的一种急性传染病。本病以突然发病，病程短促，真胃出血性炎性损害为特征。

[防治措施]

(1) 常发病地区，每年定期接种“羊快疫、肠毒血症、猝死三联疫苗”或“羊快疫、肠毒血症、猝死、羔羊痢疾、黑疫五联疫苗”，羊不论大小，一律皮下或肌内注射 5 mL，注苗后 2 周产生免疫力，保护期达半年。

(2) 加强饲养管理，防止严寒袭击。有霜期早晨放牧不要过早，避免采食霜冻饲草。

(3) 发病时及时隔离病羊，并将羊群转移至高燥牧地或草场，可收到减少或停止发病的效果。

(4) 本病病程短促，往往来不及治疗。病程稍拖长者，可肌内注射青霉素，每次 80 万~100 万 IU，每日 2 次，连用 2~3 d；内服磺胺嘧啶，1 次 5~6 g，连服 3~4 次；也可内服 10%~20%石灰乳 500~1 000 mL，连服 1~2 次。必要时可将 10%安纳咖 10 mL 加于 500~1 000 mL 5%~10%葡萄糖溶液中，静脉滴注。

十七、羊肠毒血症

羊肠毒血症又称“软肾病”或“类快疫”，是由天型魏氏梭菌在羊肠道内大量繁殖产生毒素引起的，主要发生于绵羊。本病以急性死亡、死后肾组织易于软化为特征。

[防治措施]

(1) 常发病地区，每年定期接种“羊快疫、肠毒血症、猝狙三联疫苗”或“羊快疫、肠毒血症、猝狙、羔羊痢疾、黑疫五联疫苗”，羊只不论大小，一律皮下或肌内注射 5 mL，注苗后 2 周产生免疫力，保护期达半年。

(2) 加强饲养管理，农区、牧区春夏之际少抢青、抢茬，秋季避免采食过量结籽牧草。发病时及时转移至高温牧地草场。

(3) 本病病程短促，往往来不及治疗。羊群出现病例多时，对未发病羊只可内服 10%~20%石灰乳 50~100 mL 进行预防。

十八、羔羊梭菌性痢疾

羔羊梭菌性痢疾简称羔羊痢疾，是初生羔羊的一种毒血症，以剧烈腹泻和小肠发生溃疡为特征。

[防治措施]

(1) 加强饲养管理，增强孕羊体质；产羔季节注意保暖，防止羔羊受冻；合理哺乳，避免饥饱不均；产前产后或接羔过程中都要注意清洁卫生。

(2) 每年产前定期接种“羊快疫、肠毒血症、猝狙、羔羊痢疾、黑疫五联疫苗”(参见羊快疫)。也可接种羔羊痢疾灭活疫苗，怀孕母羊分娩前20~30 d皮下注射2 mL，再于分娩前10~20 d第二次注苗3 mL，第二次接种后10 d产生免疫力，经初乳可使羔羊获得被动免疫力。

(3) 发病时，对病羔要做到及早发现，及早治疗，仔细护理。羔羊出生后12 h，可灌服土霉素0.15~0.20 g，每日1次，连服3 d，有一定预防效果。治疗羔痢的方法很多，可结合当地实际，因地制宜，合理选用。内服土霉素0.2~0.3 g或再加等量胃蛋白酶，水调灌服，每日2次，连服2~3 d；用磺胺嘧啶0.5 g、鞣酸蛋白0.2 g、次硝酸钠0.2 g、碳酸氢钠0.2 g或再加呋喃唑酮0.1~0.2 g，水调灌服，每日3次，连服2~3 d。也可用微生态制剂（如促菌生、调痢生、乳康生等）按说明拌料或口服。同时进行对症施治，如强心补液、解痉镇静、调理胃肠功能、保持电解质平衡等。中草药也有一定疗效。

十九、羊黑疫

羊黑疫又称“传染性坏死性肝炎”，是由B型诺维氏梭菌引起的绵羊、山羊的一种急性高度致死性毒血症。本病以肝实质发生坏死性病灶为特征。

[防治措施]

(1) 流行本病的地区应搞好控制肝片吸虫感染的工作。

(2) 常发病地区定期接种“羊快疫、肠毒血症、猝狙、羔羊痢疾、黑疫五联疫苗”，每只羊皮下或肌内注射5 mL，注苗后2周产生免疫力，保护期达半年。

(3) 本病发生、流行时，将羊群移牧于高燥地区。可用抗诺维氏梭菌血清进行早期预防，每只羊皮下或肌内注射10~15 mL，必要时重复1次。

(4) 病程稍缓的羊只，肌内注射青霉素80万~160万IU，每日2次，连用3 d；或者发病早期静脉或肌内注射抗诺维氏梭菌血清50~80 mL，必要时重复用药1次。

二十、羊衣原体病

羊衣原体病是由鹦鹉热衣原体引起的绵羊、山羊的传染病。临床上以发热、流产、死产和产出弱羔为特征。在疾病流行期，也见部分羊表现多发性关节炎、结膜炎等疾患。

[防治措施]

(1) 加强饲养卫生管理，消除各种诱发因素，防止寄生虫侵袭，增强羊群体质。

(2) 流行本病的地区，用羊流产做原体灭活苗对母羊和种公羊进行免疫接种，可有效控制羊衣原体病的流行。

(3) 发生本病时，流产母羊及其所产弱羔应及时隔离。流产胎盘、产出的死羔应予无公害化处理。污染的羊舍、场地等环境用2%氢氧化钠溶液、2%来苏尔溶液等进行彻底消毒。

(4) 治疗。肌内注射青霉素，每次80万~160万IU，每日2次，连用3 d。也可将四环素族抗生素拌于饲料中饲喂，连用1~2周。结膜炎患羊可用土霉素软膏点眼治疗。

二十一、羊支原体性肺炎

羊支原体性肺炎又称羊传染性胸膜肺炎，是由支原体引起的羊的一种高度接触性传染病。本病以发热，咳嗽，浆液性和纤维蛋白性肺炎以及胸膜炎为特征。

[防治措施]

(1) 坚持自繁自养，勿从疫区引进羊只；加强饲养管理，增强羊的体质；对从外地引进的羊，严格隔离，检疫无病后方可混群饲养。

(2) 本病流行区坚持免疫接种。山羊传染性胸膜肺炎氢氧化铝灭活疫苗，半岁以下羊只皮下或肌内注射接种3 mL，半岁以上羊接种5 mL；如当地羊群疾病系由于羊肺炎支原体所引起，可使用新近研制成的绵羊肺炎支原体灭活疫苗。

(3) 羊群发病，及时进行封锁、隔离和治疗。污染的场地、圈舍、饲管用具以及粪便、病死羊的尸体等进行彻底消毒或无害处理。

(4) 治疗可选用土霉素，每日每千克体重20~50 mg，分2~3次服完。也可使用磺胺类药物如复方新诺明等进行治疗。

二十二、羊腐蹄病

腐蹄病也称为蹄间腐烂或趾间腐烂，秋季易发病，是羊、牛、猪、马都能够发生的一种传染病，羊腐蹄病有传染性和非传染性两类，是由坏死杆菌侵入羊蹄缝内，造成蹄质变软、烂伤流出脓性分泌物。其特征是局部组织发炎、坏死。因为该病常侵害蹄部，所以称“腐蹄病”。此病在我国各地都有发生，尤其在西北的广大牧区常呈地方性流行，对羊只的发展危害很大。

[预防]

(1) 消除促进发病的各种因素。①加强蹄子护理，经常修蹄，避免用尖硬多荆棘的饲料，及时处理蹄子外伤；②注意圈舍卫生，保持清洁干燥，羊群不可过度拥挤；③尽量避免或减少在低洼、潮湿的地区放牧。

（2）当羊群中发现本病时，应及时进行全群检查，将病羊全部隔离开进行治疗。对健羊全部用30%硫酸铜或10%福尔马林进行预防性浴蹄。对圈舍要彻底清扫消毒，铲除表层土壤，换成新土。对粪便、坏死组织及污染褥草彻底进行焚烧处理。发现腐蹄病羊，要及时隔离治疗。健康羊关在一起或在同一草场放牧。如果患病羊只较多，应该倒换放牧场和饮水处；选择高燥牧场，改到沙底河道饮水。停止在污染的牧场放牧，至少经过两个月以后再利用。

（3）注射抗腐蹄病疫苗。最初注射两次，间隔5~6周。以后每6个月注射1次。疫苗效果很好，但只有在最好的管理条件下才能达到100%的效果。

该疫苗亦可用于治疗但其将来的主要作用还是作部分预防措施，最重要的是同良好的管理相结合。由于疫苗昂贵，一般只是用于公羊。

对死羊或屠宰羊，应先除去坏死组织，然后剥皮，待皮、毛干燥以后方可外运。

[治疗]

首先进行隔离，保持环境干燥。然后根据疾病发展情况，采取适当的治疗措施。

（1）除去患部坏死组织，到出现干净创面时，用食醋、4%醋酸、1%高锰酸钾、3%来苏尔或双氧水冲洗，再用10%硫酸铜或6%福尔马林进行浴蹄。如果大批发生，可每日用10%龙胆紫或松馏油涂抹患部。

（2）若脓肿部分未破，应切开排脓，然后用1%高锰酸钾洗涤，再涂擦浓福尔马林，或撒以高锰酸钾粉。

（3）除去坏死组织后，涂以10%氯霉素酒精溶液，也可用青霉素水剂（每毫升生理盐水含100~200 IU）或油乳剂（每毫升油含1 000 IU）局部涂抹。

对于严重的病羊，例如有继发性感染时，在局部用药的同时，应全身用磺胺类药物或抗生素，其中以注射磺胺嘧啶或土霉素效果最好。

（4）用浸透了2%的福尔马林酒精液纱布塞入蹄叉腐烂处，用药用纱布包扎24 h解除包扎。

（5）患重病蹄叉内流脓性分泌物，用高锰酸钾液洗净分泌物，用青霉素粉剂塞蹄叉内用纱布包扎24 h解除包扎。

（6）在肉芽形成期，可用1∶10土霉素、甘油进行治疗；肉芽过度增生时，可涂用10%卤碱软膏或撒用卤碱粉。为了防止硬物的刺激，可给病蹄包上绷带。

（7）用1%的高锰酸钾液，浸泡患处5~10 min。每天早、晚各1次。

（8）先洗净蹄腐烂物后，用5%碘酊涂擦，外部再用松馏油涂上。每天1次。

二十三、传染性结膜角膜炎

俗称“红眼病”，是由嗜血杆菌、立克次氏体引起的反刍家畜的一种急性传染病，损害部位仅限于眼部，使眼结膜和角膜发生明显炎性变化，怕光流泪，结膜潮红充血，眼角流出黏液性或脓性分泌物，少数形成角膜云翳、白斑或造成失明。本病常发于温度较高、蚊蝇较多的夏秋高温季节和空气流通不畅、氨气浓度较高的环境。

[**防治措施**]

(1) 病羊隔离，圈舍及时清扫消毒。

(2) 2%~5%的硼酸水或淡盐水或0.01%呋喃西林洗眼，擦干后可选用红霉素、氯霉素、四环素、2%黄降汞或2%可的松等眼膏点眼。

(3) 也可用青霉素或氯霉素加地塞米松 2 mL、0.1%肾上腺素 1 mL 混合点眼 2~3 次/d。

(4) 出现角膜混浊或白内障的，可滴入拨云散；或用青霉素 50 万 IU 加病羊全血 10 mL，眼睑皮下注射；或用 50 万 IU 链霉素溶液 5 mL 眶上孔注射，两天 1 次。

第七节　羊的主要病毒病的防治

一、口蹄疫

口蹄疫又称“口疮”“蹄癀”，是由口蹄疫病毒引起的偶蹄兽的一种急性、热性、高度接触性传染病。本病以口腔黏膜、蹄部和乳房部皮肤发生水疱、溃烂为特征。本病广泛流行于世界各地，传染性极强，不仅直接引起巨大经济损失，而且影响经济贸易活动，对养殖业危害严重。

[**防治措施**]

(1) 无病地区严禁从有病国家或地区购进动物及动物产品、饲料、生物制品等。来自无病地区的动物及其产品，也应进行检疫。检出阳性动物时，全群动物销毁处理，运载工具、动物废料等污染器物应就地消毒。

(2) 无口蹄疫的地区，一旦发生疫情，应采取果断措施，患病动物和同群动物全部扑杀销毁，被污染的环境严格、彻底消毒。

(3) 口蹄疫流行区，坚持免疫接种、用与当地流行毒株同型的口蹄疫灭活疫苗接种动物。

(4) 当动物群发生口蹄疫时，应立即上报疫情，确定诊断，划定疫点、疫区和受威胁区，实施隔离封锁措施，对疫区和受威胁区未发病动物进行紧急免疫接种。

二、羊传染性脓疱

羊传染性脓疱俗称“羊口疮”，是由羊口疮病毒引起的绵羊和山羊的一种传染性疾病。本病以患羊口唇等部位皮肤、黏膜形成丘疹、脓疱、溃疡以及疣状厚痂为特征。

[防治措施]

（1）勿从疫区引进羊或购入饲料、畜产品。引进羊须隔离观察 2~3 周，严格检疫，同时应将蹄部多次清洗、消毒，证明无病后方可混入大群饲养。

（2）保护羊的皮肤、黏膜勿受损伤，捡出饲料和垫草中的芒刺。加喂适量食盐，以减少羊只啃土啃墙，防止发生外伤。

（3）本病流行区用羊口疮弱毒疫苗进行免疫接种，使用疫苗毒株型应与当地流行毒株相同。也可在严格隔离的条件下，采集当地自然发病羊的痂皮回归易感羊制成活毒疫苗，对未发病羊的尾根无毛部进行划痕接种，10 d 后即可产生免疫力，保护期可达 1 年左右。

（4）病羊可先用水杨酸软膏将痂垢软化，除去痂垢后再用 0.1%~0.2%高锰酸钾溶液冲洗创面，然后涂 2%龙胆紫、碘甘油溶液或土霉素软膏，每日 1~2 次，至痊愈。蹄型病羊则将蹄部置 5%~10%福尔马林溶液中浸泡 1 min，连续浸泡 3 次；也可隔日用 3%龙胆紫溶液、1%苦味酸溶液或土霉素软膏涂拭患部。

三、狂犬病

狂犬病俗称“疯狗病”，又名“恐水病”，是由狂犬病病毒引起的多种动物共患的急性接触性传染病。本病以神经调节障碍、反射兴奋性增高、发病动物表现狂躁不安、意识紊乱为特征，最终发生麻痹而死亡。

[防治措施]

（1）扑杀野犬、病犬及拒不免疫的犬类，加强犬类管理，养犬须登记注册，并进行免疫接种。

（2）疫区和受威胁区的羊只以及其他动物用狂犬病弱毒疫苗进行免疫接种。

（3）加强口岸检疫，检出阳性动物就地扑杀无害化处理。进口犬类必须有狂犬病的免疫证书。

（4）当人和家畜被患有狂犬病的动物或可疑动物咬伤时，迅速用清水或肥皂水冲洗伤口，再用 0.1%升汞溶液、碘酒、酒精溶液等消毒防腐处理，并用狂犬病疫苗进行紧急免疫接种。有条件时可用狂犬病免疫血清进行预防注射。

四、伪狂犬病

伪狂犬病又名“奥耶斯基氏病”“传染性延髓麻痹”“奇痒病”，是由伪狂犬病病毒引起的家畜和野生动物共患的一种急性传染病。为损害神经系统的急性传染病，绵羊和山羊均可发生。

[防治措施]

(1) 病愈羊血清中含有抗体，能获得长时期的免疫力。狂犬病与伪狂犬病无交叉免疫。在发病羊场，可使用伪狂犬病疫苗，作两次肌内注射，间隔6~8 d，注射部位为大腿内侧或颈部（第一次左侧，第二次改为右侧）。接种量：1~6个月龄的羊只，第一次接种2 mL，第二次3 mL；6月龄以上的羊只，第一次和第二次均接种5 mL。

(2) 羊群中发现伪狂犬病后，应立即隔离病羊，停止放牧，严格进行圈舍消毒。

(3) 与病羊同群或同圈的其他羊只应注射免疫血清。当出现新病例时，经14 d后，再注射一次免疫血清。如果没有出现新病例，应对所有羊只进行疫苗接种。

(4) 进行灭鼠，避免与猪接触，防止散播病毒。

(5) 治疗用伪狂犬病免疫血清或病愈家畜的血清可获得良好效果，但必须在潜伏期或前驱期使用。应用硫酸镁、水合氯醛、酒精以及青霉素和磺胺噻唑钠等都无疗效。

五、山羊痘

由山羊痘病毒引起的热性接触性传染病。以全身皮肤，有时也在黏膜上出现典型痘疹为特征。OIE将其列为A类疫病。

[防治措施]

1. 预防

采用弱毒疫苗接种预防。平时加强饲养管理，抓好秋膘，特别是冬春季节适当补饲，注意防寒过冬。

2. 处理

一旦发现病畜，立即向上报告疫情，按《中华人民共和国动物防疫法》规定，采取紧急、强制性的控制和扑灭措施。扑杀病羊深埋尸体。畜舍、饲养管理用具等进行严格消毒，污水、污物、粪便无害化处理，健康羊群实施紧急免疫接种。

六、蓝舌病

蓝舌病是由蓝舌病病毒引起的主要侵害绵羊的一种以库蠓为传播媒介的传染病。本病以发热，消瘦，口腔黏膜、鼻黏膜以及消化道黏膜等发生严重的卡他性炎症为特征，病羊蹄部也常发生病理损害，因蹄真皮层遭受侵害而发生跛行。由于病羊特别是羔羊长期发育不良以及死亡、胎儿畸形、皮毛损坏等，可造成巨大的经济损失。

[防治措施]

（1）加强口岸检疫和运输检疫，严禁从有本病的国家和地区引进牛、羊及其冻精、胚胎。为防止本病传入，进口动物应选在媒介昆虫不活动的季节。

（2）加强国内疫情监测，非疫区一旦发生本病，要采取果断措施，扑杀、无害化处理发病羊和同群动物，污染的环境严格消毒。

（3）在流行地区可在每年发病季节前 1 个月接种疫苗；在新发病地区可用疫苗进行紧急接种。目前所用疫苗有弱毒疫苗、灭活疫苗和亚单位疫苗，以弱毒疫苗比较常用，二价或多价疫苗可产生相互干扰作用，因此二价或多价疫苗的免疫效果会受到一定影响。控制、消灭本病媒介昆虫——库蠓，防止其叮咬家畜，夏秋季节提倡在高燥地区放牧并驱赶畜群回圈舍过夜。

（4）对病畜要精心护理，严格避免烈日风雨，给予易消化的饲料，每天用温和的消毒液冲洗口腔和蹄部。预防继发感染可用磺胺药或抗生素，有条件时病畜或分离出病毒的阳性畜应予以扑杀；血清学阳性畜，要定期复检，限制其流动，就地饲养使用，不能留作种用。

七、山羊关节炎-脑炎

山羊关节炎-脑炎是由山羊关节炎-脑炎病毒引起的山羊的一种慢性病毒性传染病。其主要特征是成年山羊呈缓慢发展的关节炎，间或伴有间质性肺炎和间质性乳房炎；2~6 月龄羔羊表现为上行性麻痹的神经症状。本病最早可追溯到瑞士（1964）和德国（1969），称为山羊肉芽肿性脑脊髓炎、慢性淋巴细胞性多发性关节炎、脉络膜-虹膜睫状体炎，实际上与 20 世纪 70 年代美国山羊病毒性白质脑脊髓炎在症状上相似。1980 年有人从美国一患慢性关节炎的成年山羊体内分离到一株合胞体病毒，接种 SPF 山羊复制本病成功，证明上述病是该同一病毒引起的，统称为山羊关节炎-脑炎。

[防治措施]

本病目前尚无疫苗和有效治疗方法。防治本病主要以加强饲养管理和采取综合性防疫卫生措施为主。加强检疫，禁止从疫区（疫场）引进种羊；引进种羊前，应先作血清学检查，运回后隔离观察 1 年，其间再做两次血清学检查（间隔半年），均为阴性时才可混群。采取检疫、扑杀、隔离、消毒和培育健康羔羊群的方法对感染羊群实行净化。羊群严格分圈饲养，一般不予调群；羊圈除每天清扫外，每周还要消毒 1 次（包括饲管用具），羊奶一律消毒处理；怀孕母羊加强饲养管理，使胎儿发育良好，羔羊产后立刻与母羊分离，用消毒过的喂奶用具喂以消毒羊奶或消毒牛奶，至 2 月龄时开始进行血清学检查，阳性者一律淘汰。在全部羊只至少连续 2 次（间隔半年）呈血清学阴性时，方可认为该羊群已经净化。

八、痒病

痒病又称慢性传染性脑炎，又名“驴跑病”“瘙痒病”或“震颤病”，是由痒病朊病毒引起的成年山羊（也有可能是绵羊）的一种缓慢发展的中枢神经系统变性疾病。临诊特征是潜伏期特别长，患病动物共济失调，皮肤剧痒，精神委顿，麻痹，衰弱，瘫痪，最终死亡。痒病是历史最久的传染性海绵状脑病，可谓传染性海绵状脑病的原型。羊群遭受本病感染后，很难清除，几乎每年都有不少羊因患该病死亡或被淘汰。痒病的危害不仅造成羊群死亡淘汰损失，更重要的是失去了活羊、羊精液、羊胚胎以及有关产品的市场，对养羊业危害极大。

[防治措施]

（1）预防本病的主要措施是灭蜱，在蜱活动季节，定期对易感动物进行药浴或喷雾杀虫；对痒病、隐性感染羊采取扑杀后焚化。严禁从有痒病的国家和地区引进种羊、精液以及羊胚胎。引进动物时，严格口岸检疫，引入羊在检疫隔离期间发现痒病应全部扑杀、销毁，并进行彻底消毒，以除后患。不得从有病国家和地区购入含反刍动物蛋白的饲料。加强对市场和屠宰场肉类的检验，检出的病羊肉必须销毁，不得食用。

（2）无病地区发生痒病，应立即申报，同时采取扑杀、隔离、封锁、消毒等措施，并进行疫情监测。

（3）本病目前尚无有效的预防和治疗措施。常用的消毒方法有：①焚烧；②5%～10%氢氧化钠溶液作用 1 h；③浸入 5%～10%次氯酸钠溶液作用 2 h；④浸入 3%十二烷基磺酸钠溶液煮沸 10 min。

九、绵羊肺腺瘤病

绵羊肺腺瘤病又名“绵羊肺癌”或“驱赶病”，是由绵羊肺腺瘤病病毒引起的一种慢性、接触传染性肺脏肿瘤病。病的特征为潜伏期长，肺泡和支气管上皮进行性肿瘤性增生，病羊消瘦，咳嗽，呼吸困难，终归死亡。

[防治措施]

（1）严禁从有本病的国家、地区引进羊。进口绵羊时，加强口岸检疫工作，引进羊应严格隔离观察，证明无病后方可混入大群饲养。

（2）本病目前尚无有效的治疗方法，也无特异性的预防制剂可供使用。羊群一经传入本病，很难清除，故须全群淘汰，以消除病原。并通过建立无绵羊肺腺瘤病的健康羊群，逐步消灭本病。

十、小反刍兽疫

小反刍兽疫俗称羊瘟，又名小反刍兽假性牛瘟、肺肠炎、口炎肺肠炎复合症，是由小反刍兽疫病毒引起的一种急性病毒性传染病，主要感染小反刍动物，以发热、口炎、腹泻、肺炎为特征。本病首次在象牙海岸发生，其后，非洲的塞内加尔、加纳、多哥、贝宁等有本病报道，尼日利亚的绵羊和山羊中也发生了本病，并造成了重大损失。亚洲的一些国家也报道了本病，根据国际兽疫局 1993 年《世界动物卫生》报道，孟加拉国的山羊有本病发生，印度德拉邦和马哈拉施特拉邦的部分地区绵羊中发生了类似牛瘟的疾病，最后确诊为小反刍兽疫。

[防治措施]

目前对本病尚无有效的治疗方法，发病初使用抗生素和磺胺类药物可对症治疗和预防继发感染。在本病的洁净国家和地区发现病例，应严密封锁，扑杀患羊，隔离消毒。对本病的防控主要靠疫苗免疫。

（1）牛痘弱毒疫苗，因为本病毒与牛瘟病毒的抗原具有相关性，可用牛瘟病毒弱毒疫苗来免疫绵羊和山羊进行小反刍兽疫病的预防。牛瘟弱毒疫苗免疫后产生的抗牛瘟病毒抗体能够抵抗小反刍兽疫病毒的攻击，具有良好的免疫保护效果。

（2）小反刍兽疫病毒弱毒疫苗目前小反刍兽疫病毒常见的弱毒疫苗为 Nigeria7511 弱毒疫苗和 Sungri/96 弱毒疫苗。该疫苗无任何副作用，能交叉保护其各个群毒株的攻击感染，但其热稳定性差。

（3）小反刍兽疫病毒灭活疫苗本疫苗，系采用感染山羊的病理组织制备，一般采用甲醛或氯仿灭活。实践证明，甲醛灭活的疫苗效果不理想，而用氯仿灭活制备的疫苗效果较好。

第八节　羊的主要寄生虫病的防治

一、片形吸虫病

片形吸虫病是羊的主要寄生虫病之一，是由肝片吸虫和大片吸虫寄生于羊的肝脏胆管所致。本病能引起急性或慢性肝炎和胆管炎，并伴发全身性中毒现象和营养障碍。

[**防治措施**]

防治该病，必须采取综合性防治措施，才能取得较好的效果。其主要措施如下。

1. 定期驱虫

通常情况下，每年可进行1次驱虫，可在秋末冬初进行；如进行两次驱虫，另一次驱虫可在翌年的春季进行。

2. 粪便处理

及时对畜舍内的粪便进行堆肥发酵，以便利用生物热杀死虫卵。

3. 消灭中间宿主

肝片吸虫的中间宿主椎实螺生活在低洼阴湿地区，可结合水土改造，破坏椎实螺的生活条件。

4. 药物治疗

驱除片形吸虫的药物，常用的有下列几种。

（1）丙硫咪唑（抗蠕敏）。为广谱驱虫药，对驱除片形吸虫的成虫有疗效，剂量按每千克体重5~15 mg，口服。

（2）硝氯酚（拜耳9015）。驱成虫有高效，剂量按每千克体重4~5 mg，口服。

（3）五氯柳胺（氯羟杨苯胺）。驱成虫有高效，剂量按每千克体重7.5 mg，口服。

（4）碘醚柳胺。驱成虫和6~12周的未成熟童虫都有效，剂量按每千克体重15 mg，口服。

（5）双酰胺氧醚。对1~6周龄肝片吸虫幼虫有高效，但随虫龄的增长，药效也随之降低。用于治疗急性期的病例，剂量按每千克体重7.5 mg，口服。

（6）硫双二氯酚（别丁）。驱成虫有效，但使用后有较强的下泻作用。剂量按每千克体重80~100 mg，口服。

（7）四氯化碳。驱成虫效果显著，但有一定副作用。剂量按成年羊每只2 mL，6~12月龄羊1 mL，与液状石蜡以1∶4的比例混合灌服；也可与等量的液状石蜡或已灭菌的植物油混合后，肌内注射。

二、双腔吸虫病

双腔吸虫病是由矛形双腔吸虫和中华双腔吸虫等寄生于家畜肝脏的胆管和胆囊内所引起的疾病。

[**防治措施**]

1. 治疗

对病羊可选用下列药物治疗。

（1）海涛林。该药是治疗双腔吸虫病最有效的药物，安全幅度大，对怀孕母羊及产羔均无不良影响；剂量按每千克体重40～50 mg，配成2%悬浮液，经口灌服。

（2）丙硫咪唑。剂量按每千克体重30～40 mg，口服。

（3）六氯对二甲苯（血防846）。剂量按每千克体重200～300 mg，口服。

（4）噻苯唑。剂量按每千克体重150～200 mg，口服。

（5）吡喹酮。剂量按每千克体重65～80 mg，口服。

2. 预防

与肝片吸虫病相同，应以定期驱虫为主；同时加强羊群的饲养管理，以提高其抵抗力；注意消灭中间宿主，阻断病原的传播途径及感染来源；粪便亦应进行堆肥发酵处理，以杀灭虫卵。

三、阔盘吸虫病

阔盘吸虫病是由阔盘属的数种吸虫寄生于宿主的胰管中所引起的疾病，亦称胰吸虫病。此外，病原偶可寄生于胆管和十二指肠。

[防治措施]

1. 治疗

可选用下列药物。

（1）六氯对二甲苯。剂量按每千克体重400 mg，口服3次，每次间隔2 d。

（2）吡喹酮。口服时，剂量按每千克体重65～80 mg；肌内注射或腹腔注射时，剂量按每千克体重50 mg，并以液状石蜡或植物油（灭菌）制成20%油剂。腹腔注射时应防止注入肝脏或肾脂肪囊内。

2. 预防

本病流行地区应在每年初冬和早春各进行1次预防性驱虫；有条件的地区可实行划区放牧，以避免感染；应注意消灭其第一中间宿主蜗牛（其第二中间宿主草螽在牧场广泛存在，扑灭甚为困难）；同时加强饲养管理，以增加畜体的抗病能力。

四、前后盘吸虫病

前后盘吸虫病是由前后盘科的各属吸虫寄生所引起的疾病。成虫寄生在羊、牛等反刍动物的瘤胃和网胃壁上，危害不大。幼虫因在发育过程中移行于真胃、小肠、胆管和胆囊，可造成较严重的病害，甚至导致死亡。

[防治措施]

1. 治疗

可选用下列药物。

（1）氯硝柳胺（灭绦灵）。该药对驱除童虫疗效良好，剂量按每千克体重75~80 mg，口服。

（2）硫双二氯酚。驱成虫疗效显著，驱童虫亦有较好的效果，剂量按每千克体重80~100 mg，口服。

（3）溴羟替苯胺。驱成虫、童虫均有较好的疗效，剂量按每千克体重65 mg，制成悬浮液，灌服。

2. 预防

可参照片形吸虫病，并根据当地的具体情况和条件，制定以定期驱虫为主的预防措施。

五、血吸虫病

羊的血吸虫病是由分体科、分体属和鸟毕属的吸虫寄生在门静脉、肠系膜静脉和盆腔静脉内，引起贫血、消瘦与营养障碍等疾患的一种蠕虫病。

[防治措施]

1. 定期驱虫

及时对人、畜进行驱虫和治疗，并做好病畜的淘汰工作。

2. 消灭中间宿主

结合水土改造工程或用灭螺药物杀灭中间宿主，阻断血吸虫的发育途径。

3. 粪便管理

在疫区内可以将人、畜粪便进行堆肥发酵和制造沼气，既可增加肥效，又可杀灭虫卵。

4. 用水管理

选择无螺水源，实行专塘用水或用井水，以杜绝尾蚴的感染。

5. 安全放牧

全面合理规划草场建设，逐步实行划区轮牧；夏季防止家畜涉水，避免感染尾蚴。

6. 药物治疗

（1）硝硫氰胺。剂量按每千克体重4 mg，配成2%~3%水悬液，颈静脉注射。

（2）吡喹酮。剂量按每千克体重20~30 mg，1次口服。

（3）敌百虫。剂量绵羊按每千克体重70~100 mg，山羊按每千克体重50~70 mg，灌服。

（4）六氯对二甲苯。剂量按每千克体重700 mg，平均分成7份，每日1次，连用7 d，灌服。

六、脑多头蚴病

脑多头蚴病（脑包虫病）是由于多头绦虫的幼虫——多头蚴寄生在绵羊、山羊的脑、脊髓内，引起脑炎、脑膜炎及一系列神经症状，甚至死亡的严重寄生虫病。

[**防治措施**]

1. 治疗

该病可实施手术摘除寄生在脑髓表层的虫体，即在多头蚴充分发育后，根据囊体所在的部位，手术开口后先用注射器吸去囊中液体，使虫体缩小，然后完整地摘除虫体。药物治疗可用吡喹酮，病羊按每千克体重每日 50 mg，连用 5 d；或按每千克体重每日 70 mg，连用 3 d。

2. 预防

该病的主要预防措施是，防止犬等肉食兽吃到带有多头蚴的脑和脊髓；对患畜的脑和脊髓应烧毁或深埋；对护羊犬应进行定期驱虫；注意消灭野犬、狼、狐、豺等终末宿主，以防病原进一步的散布。

七、棘球蚴病

棘球蚴病亦称包虫病，是由数种棘球蚴虫的幼虫——棘球蚴寄生于绵羊、山羊、牛、马、猪、骆驼及人的肝、肺等脏器组织中所引起的一种严重的人兽共患寄生虫病。成虫以肉食兽为终末宿主，寄生于犬、狼、豺、狐和狮、虎、豹等动物的小肠内。

[**防治措施**]

进行综合性防治是杜绝该病传播和发生的主要途径。目前尚无有效药物。

由于犬类动物是本病的末端宿主和主要传染源，因此对患棘球蚴病畜的脏器一律进行深埋或烧毁，以防被犬类吃入成为传染源；做好饲料、饮水及圈舍的清洁卫生工作，防止被犬粪污染。应用氢溴酸槟榔碱给犬驱虫时，剂量按每千克体重 1~4 mg，停食 12~18 h 后，口服。也可选用吡喹酮，剂量按每千克体重 5~10 mg，口服。服药后，犬应拴留一昼夜，收集所排出的粪便并与垫草等一同烧毁或深埋处理，以防病原扩散传播。

八、细颈囊尾蚴病

细颈囊尾蚴病是由泡状带绦虫的幼虫——细颈囊尾蚴寄生于绵羊、山羊、黄牛、猪等多种家畜的肝脏浆膜、网膜及肠系膜所引起的一种绦虫疾病。

[**防治措施**]

目前尚无有效方法。

含有细颈囊尾蚴的脏器应进行无害化处理，未经煮熟严禁喂犬；在该病的流行地区应及时为犬进行驱虫；注意捕杀野犬、狼、狐等肉食兽；做好羊饲料、饮水及圈舍的清洁卫生工作，防止被犬粪污染。

九、反刍兽绦虫病

反刍兽绦虫病是由莫尼茨绦虫、曲子宫绦虫及无卵黄腺绦虫寄生于绵羊、山羊和牛的小肠所引起。

[**防治措施**]

1. 治疗

可选择下列药物。

（1）丙硫咪唑。剂量按每千克体重 5~20 mg，做成 1%的水悬液，口服。

（2）氯硝柳胺。剂量按每千克体重 100 mg，配成 10%水悬液，口服。

（3）硫双二氯酚。剂量按每千克体重 75~100 mg，包在菜叶里口服，亦可灌服。

（4）砷制剂。包括砷酸亚锡、砷酸铅及砷酸钙，各药剂量均按羔羊每只 0.5 g，成年羊每只 1 g，装入胶囊口服。

（5）硫酸铜。使用时，可将其配制成 1%水溶液。为了使硫酸铜充分溶解，可在配制时每 1 000 mL溶液中加人 1~4 mL 盐酸。配制的溶液应贮存于玻璃或木质的容器内。其治疗剂量为：1~6 月龄的绵羊 15~45 mL；7 月龄至成年羊 50~100 mL；成年山羊不超过 60 mL。可用长颈细口玻璃瓶灌服。

（6）仙鹤草根芽粉。绵羊每只用量 30 g，1 次口服。

2. 预防

在虫体成熟前，即羊放牧后 30 d 内进行驱虫，再经 10~15 d 后进行第二次驱虫，此法不仅可驱除寄生的幼虫，还可防止牧场或外界环境遭受污染。有条件的地区可实行科学轮牧。尽可能避免雨后、清晨和黄昏放牧，以减少羊吃进中间宿主——地螨的机会。结合牧场改良，进行深耕，种植优良牧草或农牧轮作，不仅能大量减少地螨，还可提高牧草质量。

十、羊消化道线虫病

寄生于羊消化道的线虫种类很多，各种消化道线虫往往混合感染，对羊群造成不同程度的危害，是每年春乏季节造成羊死亡的重要原因之一。

[**防治措施**]

1. 治疗

可选择下列药物：

(1) 丙硫咪唑。剂量按每千克体重 5~20 mg，口服。

（2）左旋咪唑。剂量按每千克体重 5～10 mg，混饲喂或作皮下、肌内注射。

（3）硫化二苯胺。剂量按每千克体重 600 mg，用面汤做成悬浮液，灌服。

（4）噻苯唑。剂量按每千克体重 50 mg，口服。该药对毛首线虫效果较差。

（5）精制敌百虫。剂量按绵羊每千克体重 80～100 mg，山羊每千克体重 50～70 mg，口服。

（6）甲苯唑。剂量按每千克体重 10～15 mg，口服。

（7）硫酸铜。用蒸馏水配成 1%溶液，剂量按大羊 100 mL、中羊 80 mL、小羊 50 mL，山羊用量不得超过 60 mL，灌服。

2. 预防

应在晚秋转入舍饲后和春季放牧前各进行 1 次计划性驱虫，因地区不同，选择驱虫的时间和次数可根据具体情况酌定。羊应饮用干净的流水或井水，尽可能避免吃露水草和在低湿处放牧，以减少感染机会；粪便可进行堆肥发酵，以杀死虫卵；加强饲养管理，提高羊的抗病能力。

十一、肺线虫病

羊肺线虫病是由网尾科和原圆科的线虫寄生在气管、支气管、细支气管乃至肺实质，引起的以支气管炎和肺炎为主要症状的疾病。肺线虫病在我国分布广泛，是羊常见的蠕虫病之一。

［防治措施］

1. 治疗

可选用下列药物。

（1）丙硫咪唑。剂量按每千克体重 5～15 mg，口服，对各种肺线虫均有良效。

（2）苯硫咪唑。剂量按每千克体重 5 mg，口服。

（3）左旋咪唑。剂量按每千克体重 7.5～12 mg，口服。

（4）氰乙酸肼。剂量按每千克体重 17 mg，口服；或每千克体重 15 mg，皮下或肌内注射。

（5）枸橼酸乙胺嗪（海群生）。剂量按每千克体重 200 mg，内服；该药适合对感染早期幼虫的治疗。

2. 预防

该病流行区内，每年应对羊群进行 1～2 次普遍驱虫，并及时对病羊进行治疗。驱虫治疗期应注意收集粪便进行生物热处理；羔羊与成年羊应分群放牧，并饮用流动水或井水；有条件的地区可实行轮牧，避免在低温沼泽地区放牧；冬季羊群应予适当补饲，补饲期间每隔 1 d 可在饲料中加入硫化二苯胺，按成年羊每只 1 g、羔羊每只 0.5 g 计，让羊自由采食，能大大减少病原的感染。对小型肺线虫病，亦应注意消灭其中间宿主。

十二、螨病

羊螨病是由疥螨和痒螨寄生在体表而引起的慢性寄生性皮肤病。具有高度传染性，往往在短期内可引起羊群严重感染，危害十分严重。

[防治措施]

1. 治疗

治疗方法及注意事项如下。

（1）注射药物疗法。可选用伊维菌素（害获灭）或与伊维菌素药理作用相似的药物，此类药物不仅对螨病，而且对其他的节肢动物疾病和大部分线虫病均有良好疗效。应用伊维菌素时，剂量按每千克体重 50～100 μg。

（2）涂药疗法。适合于病畜数量少、患部面积小的情况，可在任何季节应用，但每次涂药面积不得超过体表的 1/3。可选用的药物如下。

克辽林擦剂：克辽林 1 份、软肥皂 1 份、酒精 8 份，调和即成。

5%敌百虫溶液：来苏尔 5 份，溶于温水 100 份中，再加入 5 份敌百虫即成。

此外，亦可应用林丹、单甲脒、双甲脒、溴氰菊酯（倍特）等药物，按说明书涂擦使用。

（3）药浴疗法。该法适用于病畜数量多且气候温暖的季节，也是预防本病的主要方法。药浴时，药液可选用 0.025%～0.030%林丹乳油水溶液，0.05%蝇毒磷乳剂水溶液，0.5%～1.0%敌百虫水溶液，0.05%辛硫磷乳油水溶液，0.05%双甲脒溶液等。

（4）治疗时的注意事项。

第一，为使药物有效杀灭虫体，涂擦药物时应剪去患部周围被毛，彻底清洗并除去痂皮及污物。大规模药浴最好选择山羊抓绒、绵羊剪毛后数天时进行。药液温度应按药物种类所要求的温度予以保持，药浴时间应维持 1 min 左右，药浴时应注意羊头的浸泡。

第二，大规模治疗时，应对选用的药物预做小群安全试验。药浴前让羊饮足水，以免误饮药液。工作人员亦应注意自身安全防护。

第三，因大部分药物对螨的虫卵无杀灭作用，治疗时可根据使用药物情况重复用药 2～3 次，每次间隔 5 d，方能杀灭新孵出的螨虫，达到彻底治愈的目的。

2. 预防

每年定期对羊群进行药浴，可取得预防与治疗的双重效果；加强检疫工作，对新购入的羊应隔离检查后再混群；经常保持圈舍卫生、干燥和通风良好，定期对圈舍和用具清扫和消毒；对患羊应及时治疗，可疑患羊应隔离饲养；治疗期间，应注意对饲养人员、圈舍、用具同时进行消毒，以免病原散布，不断出现重复感染。

十三、羊鼻蝇蛆病

羊鼻蝇蛆病是由羊鼻蝇的幼虫寄生在羊的鼻腔及附近腔窦内所引起的疾病。在我国西北、东北、华北地区较为常见。羊鼻蝇主要为害绵羊，对山羊为害较轻。病羊表现为精神不安，体质消瘦，甚至发生死亡。

[防治措施]

防治该病应以消灭第一期幼虫为主要措施。各地可根据不同气候条件和羊鼻蝇的发育情况，确定防治的时间，一般在每年 11 月进行为宜。可选用如下药物。

精制敌百虫。①口服。剂量按每千克体重 0.12 g，配成 2%溶液，灌服。②肌内注射。取精制敌百虫 60 g，加 95%酒精 31 mL，在瓷容器内加热溶解后，加入 31 mL 蒸馏水，再加热至 60~65℃，待药完全溶解后，加水至总量 100 mL，经药棉过滤后即可注射。剂量按羊体重 10~20 mg 用 0.5 mL；体重 20~30 kg 用 1 mL；体重 30~40 kg 用 1.5 mL；体重 40~50 kg 用 2 mL；体重 50 kg 以上用 2.5 mL。

十四、羊梨形虫病

羊梨形虫病是由泰勒科和巴贝斯科的各种梨形虫引起的血液原虫病。其中绵羊泰勒虫和绵羊巴贝斯虫是使绵羊和山羊致病的主要病原体；疾病由硬蜱吸血时传播。该病在我国甘肃、青海和四川等地均有发生，常造成羊大批死亡，危害严重。

[防治措施]

1. 治疗

（1）贝尼尔。剂量按每千克体重 7~10 mg，以蒸馏水配成溶液，肌内注射 1~2 次。

（2）阿卡普林。剂量按每千克体重使用 5%的水溶液 0.02 mL，皮下或肌内注射。脉搏加快时，可将总量分 3 次注射，每两小时 1 次。必要时，24 h 后可重复用药。

（3）黄色素。剂量每千克体重 3 mg，配成 0.5%~1.0%水溶液，静脉注射。注射时药物不可漏出血管外。注射后数天内须避免强烈阳光照射，以免灼伤。症状未见减轻时，间隔 24~48 h 再注射 1 次。

治疗同时应辅以强心、补液等措施，加强管理，以使患羊早日治愈。

2. 预防

在本病的流行地区，应于每年发病季节对羊群进行药物预防注射；同时做好灭蜱工作，防止蜱叮咬传播疾病，对输入的羊，应经隔离检疫后再合群。

十五、弓形虫病

弓形虫病是由孢子虫纲的原生动物——龚地弓形虫所引起的一种人兽共患寄生虫病。

[防治措施]

1. 治疗

对急性病例可应用磺胺类药物，与抗菌增效剂联合使用效果更好，亦可考虑使用四环素族抗生素和螺旋霉素等。上述药物通常不能杀灭包囊内的慢殖子。常用药物如下。

（1）磺胺嘧啶+甲氧苄胺嘧啶。前者每千克体重 70 mg，后者按每千克体重 14 mg，每日 2 次，口服，连用 3~4 d。

（2）磺胺甲氧吡嗪+甲氧苄胺嘧啶。前者剂量为每千克体重 30 mg，后者剂量为每千克体重 10 mg，每日 1 次，口服。连用 3~4 d。

（3）磺胺-6-甲氧嘧啶。剂量按每千克体重 60~100 mg；或配合甲氧苄胺嘧啶（每千克体重 14 mg），每日 1 次，口服，连用 4 次。可迅速改善临床症状，并有效地阻抑速殖子在体内形成包囊。

2. 预防

应做好畜舍卫生工作，定期消毒；饲草、饲料和饮水严禁病畜的排泄物污染；对羊的流产胎儿及其他排泄物要进行无害化处理，流产的场地亦应严格消毒；死于本病或疑为本病的羊尸，要严格处理，以防污染环境或被猫及其他动物吞食。

十六、羊脑脊髓丝虫病

脑脊髓丝虫病是由指形丝状线虫和唇乳突丝状线虫的晚期幼虫（童虫）迷路侵入山羊的脑或脊髓的硬膜下或实质中引起的疾病。病的特征是患羊后躯歪斜，行走困难，卧地不起，褥疮，食欲下降，消瘦，贫血而死亡。

[防治措施]

1. 治疗

应在早期诊断的基础上，进行早期治疗。以免虫体侵害脑脊髓实质，造成不易恢复的虫伤性病灶。

（1）海群生。每千克体重 50 mg，口服，隔日 1 次，2~4 次为一疗程。

（2）酒石酸锑钾。用 4%酒石酸锑钾静脉注射，按每千克体重 8 mg 计算，注射 3~4 次，隔日 1 次。

（3）左旋咪唑。对初发病羊（5 d 内），剂量按每千克体重 8 mg，配成 10%的溶液皮下注射，早、晚各 1 次，疗效 100%。

2. 预防

（1）在本病流行季节，对羊只以每 3~4 周用海群生、锑制剂或左旋咪唑的治疗剂量，普遍用药 1 次。

（2）搞好环境卫生是消灭蚊子最有效的预防方法。在蚊子飞翔季节常以杀蚊药物喷洒羊舍或烟熏。

（3）羊舍应建在高燥通风处，远离牛圈，应尽量防止羊与牛的接触。

十七、羊球虫病

羊球虫病是由艾美科艾美耳属的球虫寄生于羊肠道所引起的一种原虫病，发病羊只呈现下痢、消瘦、贫血、发育不良等症状，严重者导致死亡，主要危害羔羊。

[防制措施]

1. 治疗

据报道，氨丙啉和磺胺对本病有一定的治疗效果。用药后，可迅速降低卵囊排出量，减轻症状。

（1）氨丙啉。每千克体重 50 mg，每日 1 次，连服 4 d。

（2）氯苯胍。每千克体重 20 mg，每日 1 次，连服 7 d。

（3）呋喃唑酮。每千克体重每日 1 020 mg，连用 5 d，腹泻停止，恢复食欲和健康。

（4）磺胺二甲基嘧啶或磺胺六甲氧嘧啶。每千克体重每日 100 mg，连用 3~4 d，效果好。

可选用的治疗药物如下。

盐霉素。按每天每千克体重 0.33~1.0 mg 混饲，连喂 2~3 d。

氨丙啉。按每天每千克体重 145 mg 混饲，连喂 2~3 周。

对急性病例用磺胺二甲氧嘧啶。按每天每千克体重 50~100 mg，服用 4~5 d。

2. 预防

较好的饲养管理条件可大大降低球虫病的发病率，圈舍应保持清洁和干燥，保证饮水和饲料卫生，注意尽量减少各种应激因素。放牧的羊群应定期更换草场，由于成年羊常常是球虫病的病源，因此最好能将羔羊和成年羊分开饲养。

第九节　羊的主要普通病的防治

一、口炎

羊口炎是羊的口腔黏膜表层和深层组织的炎症。

[防治措施]

加强饲养管理，严防羊偷食谷物饲料及突然增加浓厚精饲料的喂量，应控制喂量，做到逐步增加，使之适应。

中和胃液酸度，用5%碳酸氢钠1 500 mL胃管洗胃，或用石灰水洗胃。石灰水制作：生石灰1 kg，加水5 L，搅拌均匀，沉淀后用上清液。

强心补液可用5%葡萄糖盐水500～1 000 mL，10%樟脑磺酸钠5 mL，混合静脉注射。

健胃轻泻用大黄苏打片 15 片、陈皮酊 10 mL、豆蔻酊 5 mL、石蜡油 100 mL，混合加水，1 次内服。

二、食管阻塞

食管阻塞又称食管梗阻，食物或异物突然阻塞在食管内，发生吞咽障碍。本病按发病的程度和部位分完全阻塞和不完全阻塞以及咽部、颈部、胸部阻塞。

[防治措施]

首先应消除病因，加强饲养管理，因过食引起者，可采用饥饿疗法，禁食2～3 次，然后供给易消化的饲料，使之恢复正常。

药物疗法，应先投给泻剂，清理胃肠，再投给兴奋瘤胃蠕动和防腐止酵剂。成年羊可用硫酸镁或人工盐 20～30 g、石蜡油 100～200 mL、番木鳖叮 2 mL、大黄叮 10 mL，加水 500 mL，1 次内服。10%氯化钠 20 mL、10%氯化钙 10 mL、10%安纳咖 2 mL，混合后，1 次静脉注射。

也可用酵母粉 10 g、红糖 10 g、酒精 10 mL、陈皮酊 5 mL，混合加水适量，1 次内服。瘤胃兴奋剂可用 2%毛果芸香碱 1 mL，皮下注射。防止酸中毒，可内服碳酸氢钠 10～15 g。另外可用大蒜酊 20 mL、龙胆末 10 g，加水适量，1 次内服。

三、瘤胃积食

瘤胃积食是瘤胃充满多量食物，使正常胃的容积增大，胃壁急性扩张，食糜滞留在瘤胃引起严重消化不良的疾病。

[防治措施]

严格饲养管理制度，加强对羊群检查，建立合理的饲喂和放牧操作程序。治疗应遵循消导下泻，止酵防腐，纠正酸中毒，健胃，补充液体的治疗原则。

消导下泻，可用石蜡油 100 mL、人工盐或硫酸镁 50 g，芳香氨醑 10 mL，加水 500 mL，1 次内服。

止酵防腐，可用鱼石脂 1～3 g、陈皮酊 20 mL，加水 250 mL，1 次内服。亦可用煤油 3 mL，加温水 250 mL，摇匀呈油悬浮液，1 次内服。

纠正酸中毒，可用5%碳酸氢钠100 mL，5%葡萄糖溶液200 mL，1次静脉注射。

心脏衰弱时，可用10%安钠咖注射液5 mL，或用10%樟脑磺酸钠注射液4 mL，肌内注射。呼吸系统和血液循环系统衰竭时，可用尼可刹米注射液2 mL，肌内注射。

种羊发生急性瘤胃积食，若应用药物治疗不能达到目的，宜迅速进行瘤胃切开手术，进行急救。

四、瓣胃阻塞

瓣胃阻塞是由于羊瓣胃的收缩力量减弱，食物排出作用不充分，通过瓣胃的食糜积聚，不能后移，充满瓣叶之间，水分被吸收，内容物变干而致病。

[防治措施]

1. 治疗

给病羊输液（见瓣胃阻塞治疗），可试用25%硫酸镁溶液50 mL、甘油30 mL、生理盐水100 mL混合，作皱胃注射。操作方法应按如下步骤进行：首先在右腹下肋骨弓处触摸皱胃胃体，在胃体突起的腹壁部局部剪毛，碘酊消毒，用12号针头刺入腹壁及皱胃胃壁，再用注射器吸取胃内容物，当见有胃内容物残渣时，可以将要注射的药液注入。待10 h后，再用胃肠通注射液1 mL（体格小的羊用0.5 mL），1次皮下注射，每日两次。或用比赛可灵注射液2 mL，皮下注射，亦可重复使用。

对于发病的种羊，当药物治疗无效时，可考虑进行皱胃切开术，以排除阻塞物。

羔羊哺乳期，常因过食羊奶使凝乳块聚结，充盈皱胃腔内，或因毛球移至幽门部不能下行，形成阻塞物，继发皱胃阻塞。病羔临床表现食欲废绝，腹胀疼痛，口流清涎，眼结膜发绀，严重脱水，腹泻，触诊瘤胃、皱胃松软。治疗可用石蜡油20 mL、水合氯酸1 g、复方陈皮酊3 mL、三酶合剂（胖得生）5 g，加温水20 mL，1次内服。此外，病羔可诱发胃肠炎和机体抵抗力降低，应进行全身保护性治疗。

2. 预防

加强饲养管理，除去致病因素，尤其对饲料的品质、加工调配等要特别注意。做到定时定量喂料，供给足量的清洁饮水。冬季注意圈舍保暖和环境卫生。

五、急性瘤胃臌气

急性瘤胃臌气，是羊采食了大量易发酵的饲料，迅速产生大量气体而引起的前胃疾病。

[防治措施]

加强饲养管理，严禁在苜蓿地放牧；注意饲草饲料的贮藏，防止霉败变质。

治疗原则是胃管放气，防腐止酵，清理胃肠。可插入胃导管放气，缓解腹部压力。或用5%的碳酸氢钠溶液1 500 mL洗胃，以排出气体及中和酸液胃内容物，必要时可进行瘤胃穿刺放气。具体操作如下：先在左腹部剪毛、消毒，然后以术者的拇指压迫左腹部的中心点，使腹壁紧贴瘤胃壁，用兽用套管针或16号针头垂直刺入腹壁并穿透瘤胃胃壁放气，在放气中紧紧按压住腹壁，勿使腹壁与瘤胃胃壁脱离，边放气边下压，防止胃液漏入腹腔，引起腹膜炎。

也可用石蜡油100 mL、鱼石脂2 g、酒精10~15 mL，加水适量，1次内服。或用氧化镁30 g，加水300 mL，或用8%氢氧化镁混悬液100 mL，1次内服。

六、创伤性网胃腹膜炎及心包炎

创伤性网胃腹膜炎及心包炎是由于异物刺伤网胃壁而发生的一种疾病。

[防治措施]

1. 治疗

可行瘤胃切开术，清理排除异物。如病程发展到心包积脓阶段，病羊应予淘汰。

对症治疗，消除炎症，可用青霉素40万~80万IU、链霉素50万IU，1次肌内注射。亦可用磺胺嘧啶钠5~8 g、碳酸氢钠5 g，加水内服，每日1次，连用1周以上。亦可用健胃剂、镇痛剂。

2. 预防

饲料中异物，在饲料加工设备中安装磁铁，以排除铁器，并严禁在牧场或羊舍内堆放铁器。饲喂人员勿带尖细的铁器用具进入羊舍，以防止混落在饲料中，被羊食入。

七、胃肠炎

胃肠炎是胃肠黏膜及其深层组织的出血性或坏死性炎症。

[防治措施]

消炎可用磺胺脒4~8 g、小苏打3~5 g，加水适量，1次内服。亦可用药用炭7 g、萨罗尔2~4 g、碳酸氢钠3 g，加水适量，1次内服；或用黄连素片15片、红根草粉15 g，加水适量，1次内服；或用泻速宁2号30 g，加水内服；或用青霉素40万~80万IU，链霉素50万~100万IU，蒸馏水10 mL溶解，1次肌内注射，连用5 d；或用土霉素或四环素0.5 g，溶解于生理盐水100 mL中，1次静脉注射。

脱水严重的宜补液，可用5%葡萄糖溶液300 mL、生理盐水200 mL、5%碳酸氢钠溶液 100 mL，混合后 1 次静脉注射，必要时可以重复应用。下泻严重者可用 1%硫酸阿托品注射液 2 mL，皮下注射。

心力衰竭时，可用 10%樟脑磺酸钠 3 mL，1 次肌内注射；或用尼可刹米注射液 2 mL，皮下注射。

八、小叶性肺炎及化脓性肺炎

小叶性肺炎是支气管与肺小叶或肺小叶群同时发生炎症。

羊的临床表现即可确诊。但应注意与大叶性肺炎、咽炎、副鼻窦疾病加以区别。

[防治措施]

1. 治疗

（1）消炎止咳。可应用 10%磺胺嘧啶钠 20 mL，或用抗生素（青霉素、链霉素）肌内注射；氯化铵 1~5 g、酒石酸锑钾 0.4 g、杏仁水 2 mL，加水混合灌服。亦可应用青霉素 40 万~80 万 IU、0.5%普鲁卡因 2~3 mL，气管注入。或用卡那霉素 0.5 g，肌内注射，每日两次，连用 5 d。

（2）解热强心。可用 10%樟脑水注射液 4 mL 或复方氨基比林 10 mL，肌内注射。

2. 预防

加强饲养管理，保持圈舍卫生，防止吸入灰尘。勿使羊受寒感冒，杜绝传染病感染。在插胃管时，防止误插入气管。

九、羔羊白肌病

羔羊白肌病亦称肌营养不良症，是伴有骨骼肌和心肌变性，并发生运动障碍和急性心肌坏死的一种微量元素缺乏症。

[防治措施]

应用硒制剂，如 0.2%亚硒酸钠溶液 2 mL，每月肌内注射 1 次，连用 2 次。与此同时，应用氯化钴 3 mg、硫酸铜 8 mg、氯化锰 4 mg、碘盐 3 g，加水适量内服。如辅以维生素 E 注射液 300 mg 肌内注射，则效果更佳。

加强母畜饲养管理，供给豆科牧草，母羊产羔前补硒，可收到良好效果。

十、绵羊酮尿病

绵羊酮尿病常发生在绵羊和山羊妊娠后期，以酮尿为主要症状。绵羊多发生于冬末春初；山羊发病没有严格的季节性。

[防治措施]

加强饲养管理，冬季设置防寒棚舍，春季补饲干草，适当补饲精料（豆类)、骨粉、食盐等；冬季补饲甜菜根、胡萝卜。

药物治疗，可用25%葡萄糖注射液 50~100 mL，静脉注射，以防肝脂肪变性。调理体内氧化还原过程，可每日饲喂醋酸钠 15 g，连用 5 d。

十一、尿结石

尿结石（石淋）是在肾盂、输尿管、膀胱、尿道内生成或存留以碳酸钙、磷酸盐为主的盐类结晶，使羊排尿困难，并由结石引起泌尿器官发生炎症的疾病。该病以尿道结石多见，而肾盂结石、膀胱结石较少见。其临床特征为：排尿障碍，肾区疼痛。

[防治措施]

注意对病羊尿道、膀胱、肾脏炎症的治疗。控制谷物、次数、甜菜块根的饲喂量。饮水要清洁。

药物治疗，一般无效果。种羊患尿道结石时可施行尿道切开术，摘出结石。由于肾盂和膀胱结石可因小块结石随尿液落入尿道而形成尿道阻塞，因此，在施行肾盂及膀胱结石摘出术时，对预后要慎重。

十二、氢氰酸中毒

氢氰酸中毒是羊吃了富有氰苷的青饲料，在胃内由于酶的水解和胃液中盐酸的作用，产生游离的氢氰酸而致病。其临床特征为，发病急促，呼吸困难，伴有肌肉震颤等综合征的组织中毒性缺氧症。

[防治措施]

禁止在含有氰苷作物的地方放牧。应用含有氰苷的饲料喂羊时，宜先加工调制。发病后速用亚硝酸钠 0. 2 g，配成 5%溶液，静脉注射，然后再用 10%硫代硫酸钠溶液 10~20 mL，静脉注射。

十三、有机磷中毒

有机磷中毒是由于接触、吸入或采食某种有机磷制剂所致。本病以神经过度兴奋为其特征。

[防治措施]

严格农药管理制度，勿在喷洒有机磷农药的地点放牧，拌过有机磷农药的种子不得再喂羊。治疗可用解磷定，剂量按每千克体重 15~30 mg，溶于 5%葡萄糖溶液 100 mL 中，静脉注射；或用硫酸阿托品 10~30 mg，肌内注射。症状未见减轻时，仍可重复应用解磷定和硫酸阿托品。

十四、流产

流产是指母畜妊娠中断，或胎儿不足月就排出子宫而死亡。

[防治措施]

以加强饲养管理为主，重视传染病的防治，根据流产发生的原因，采取有效的防治保健措施。对于已排出了不足月胎儿或死亡胎儿的母羊，一般不需要进行特殊处理，但需加强饲养。

对有流产先兆的母羊，可用黄体酮注射液 2 支（每支含 15 mg）。1 次肌内注射。

死胎滞留时，应采用引产或助产措施。胎儿死亡子宫颈未开时，应先肌内注射雌激素（如已烯雌酚或苯甲酸雌二醇）2~3 mg，使子宫颈开张，然后从产道拉出胎儿。母羊出现全身症状时，应对症治疗。

十五、难产

难产是指分娩过程中胎儿排出困难，不能将胎儿顺利地送出产道。其病从临床检查结果分析，难产的原因常见于阵缩无力、胎位不正、子宫颈狭窄及骨盆腔狭窄等。

（一）救治

1. 人工助产

助产的时机当母羊开始阵缩超过 4~5 h 以上，而未见羊膜绒毛膜在阴门外或在阴门内破裂（绵羊需 15 min 至 2. 5 h，双胎间隔 15 min；山羊需 0. 5~4. 0 h，双胎间隔 0. 5~10 h)，母羊停止阵缩或阵缩无力时，须迅速进行人工助产，不可拖延时间，以防羔羊死亡。

如果胎儿过大或母畜阵缩和努责微弱时，而且胎儿姿势正常，必须强行拉出。

2. 胎位矫正

（1）胎头侧转、后仰、下弯及头颈扭转时的矫正和拉出方法。

（2）胎儿前肢不正的矫正和拉出方法，如腕关节屈曲、肩关节屈曲和肘关节屈曲或两前肢置于头上等。

（3）胎儿后肢不正的矫正和拉出方法，如跗关节、髋关节屈曲的矫正。

（4）主要常见的截胎术，如不正头颈的截断术，正常前肢截断术，屈曲前肢截断术等。

阵缩及努责微弱的，可皮下注射垂体后叶素、麦角碱注射液 1~2 mL。必须注意，麦角制剂只限于子宫完全开张，胎势、胎位及胎向正常时方可使用，否则易引起子宫破裂。

当羊怀双羔时，可遇到双羔同时各将一肢伸出产道，形成交叉的情况。由此形成的难产，应分清情况，辨明关系，可触摸腕关节确定前肢，触摸跗关节确定后肢。若遇交叉，可将另一羔的肢体推回腹腔，先整顺一只羔羊的肢体，将其拉出产道，再将另一只羔羊的肢体整顺拉出。切忌将两只羔羊的不同肢体误认为同只羔羊的肢体。

3. 剖官产

子宫颈扩张不全或子宫颈闭锁，胎儿不能产出，或骨骼变形，致使骨盆腔狭窄，胎儿不能正常通过产道，在此情况下，可进行剖官产急救胎儿，保护母羊安全。

（二）注意事项

（1）在助产前，要先进行母畜和胎儿的仔细检查，确定难产的原因及发生的部位，再着手进行异常姿势的矫正，待完全符合顺产的姿势时，再进行拉出。

（2）在进行产道检查和矫正异常胎势之前，必须向产道内灌注润滑油剂，以润滑产道。

（3）使用产科器械，特别是尖锐器械（如刀、钩、剪等）时，必须注意不要损伤产道，以免引起感染。

（4）在强行拉出胎儿时，必须在母畜努责时随努责牵拉，切忌粗暴，以免损伤母子，或将子宫一起拉出而造成不良后果。

（5）在矫正时，必须使母畜处于前低后高的姿势，并将胎儿推回子宫内，腾出较大的空间，以利矫正的操作。

（6）在检查和矫正过程中，操作应尽量做到迅速准确，否则操作时间过久，手臂在产道内出入次数太多，常造成产道水肿或损伤，妨碍矫正工作的顺利进行。

十六、阴道脱

阴道脱是阴道部分或全部外翻脱出于阴户之外，阴道黏膜暴露在外面，引起阴道黏膜充血、发炎，甚至形成溃疡或坏死的疾病。

[防治措施]

体温升高者，用磺胺双甲基嘧啶 5~8 g，每日 1 次内服，连用 3 d；或用青霉素和链霉素肌内注射。用 0.1%高锰酸钾溶液或新洁尔灭溶液清洗局部，涂擦金霉素软膏或碘甘油溶液。整复脱出的阴道，用消毒纱布捧住脱出的阴道，由脱出基部向骨盆腔内缓慢地推入，至快送完时，用拳头顶进阴道；然后用阴门固定器压迫阴门，固定牢靠为止，对形成习惯性脱出者，可用粗线对阴门四周做减张缝合，待数日后，阴道脱症状减轻或不再脱出时，拆除缝线。

十七、胎衣不下

胎衣不下是指孕羊产后 4~6 h，胎衣仍排不下来的疾病。

［防治措施］

1. 药物疗法

病羊分娩后不超过 24 h 的，可应用马来酸麦角新碱 0.5 mg，1 次肌内注射；垂体后叶素注射液或催产素注射液 0.8~1.0 mL，1 次肌内注射。

2. 手术剥离法

应用药物方法已达 48~72 h 而不奏效者，应立即采用此法。宜先保定好病羊，按常规准备及消毒后，进行手术。术者一手握住阴门外的胎衣，稍向外牵拉；另一手沿胎衣表面伸入子宫，可用食指和中指夹住胎盘周围绒毛成一束，以拇指剥离开母子胎盘相互结合的周边，剥离半周后，手向手背侧翻转以扭转绒毛膜，使其从小窦中拔出，与母体胎盘分离。子宫角尖端难以剥离，常借子宫角的反射收缩而上升，再行剥离。最后用抗生素或防腐消毒药，如土霉素 2 g，溶于 100 mL 生理盐水中，注入子宫腔内；或注入 0.2%普鲁卡因溶液 30~50 mL。

3. 自然剥离法

不借助手术剥离，而辅以防腐消毒药或抗生素，让胎膜自行排出，达到自行剥离的目的。可于子宫内投放土霉素（0.5 g）胶囊，效果较好。

为了预防本病，可用亚硒酸钠维生素 E 注射液，在妊娠期肌内注射 3 次，每次 0.5 mL。

十八、子宫炎

子宫炎是由于分娩、助产、子宫脱、阴道脱、胎衣不下、腹膜炎、胎儿死于腹中等导致细菌感染而引起的子宫黏膜炎症。

［防治措施］

净化清洗子宫，用 0.1%高锰酸钾溶液或雷夫诺尔（含 2%氧氟沙星）溶液 300 mL，灌入子宫腔内，然后用虹吸法排出灌入子宫内的消毒溶液，每日 1 次，可连用 3~4 次。消炎，可在冲洗后给羊子宫内注入碘甘油 3 mL，或投放土霉素（0.5 g）胶囊；或用青霉素 80 万 IU、链霉素 50 万 IU，肌内注射，每日早晚各 1 次。治疗自体中毒，应用 10%葡萄糖液 100 mL、林格氏液 100 mL、5%碳酸氢钠溶液 30~50 mL，1 次静脉注射；肌内注射维生素 C 200 mg。

十九、乳房炎

乳房炎是乳腺、乳池、乳头局部的炎症；多见于泌乳期的绵羊、山羊。

[防治措施]

(1) 注意挤乳卫生，扫除圈舍污物，在绵羊产羔季节应经常注意检查母羊乳房。为使乳房保持清洁，可用0.1%新洁尔灭溶液经常擦洗乳头及其周围。

(2) 病初可用青霉素40万IU、0.5%普鲁卡因5 mL，溶解后用乳房导管注入乳孔内，然后轻揉乳房腺体部，使药液分布于乳房腺中。也可应用青霉素、普鲁卡因溶液在乳房基部封闭，或应用磺胺类药物抗菌消炎。为了促进炎性渗出物吸收和消散，除在炎症初期冷敷外，2~3 d后可施热敷，用10%硫酸镁水溶液1 000 mL，加热至45℃，每日外洗热敷1~2次，连用4次。

(3) 对脓性乳房炎及开口于乳池深部的脓肿，直向乳房脓腔内注入0.02%呋喃西林溶液，或用0.1%~0.25%雷佛奴尔液，或用3%过氧化氢溶液，或用0.1%高锰酸钾溶液冲洗消毒脓腔，引流排脓。必要时应用四环素族药物静脉注射，以消炎和增强机体抗病能力。

二十、创伤

创伤是指羊体局部受到外力作用而引起的软组织开放性损伤，如擦伤、刺伤、切伤、裂伤、咬伤以及因手术而造成的创伤等。创伤过程中如有大量细菌侵入，则可发生感染，出现化脓性炎症。

[防治措施]

新鲜创的治疗

(1) 创伤止血。根据创伤发生部位、种类和出血情况，应按止血方法先进行止血。

(2) 清洁创围。用灭菌纱布块放在创腔内，然后从创缘开始向外周剪毛5~10 cm，剪毛时防止被毛或泥土落入创腔内，剪毛后用肥皂水洗净创围，注意勿使刷拭液流入创腔内，而后用酒精棉球彻底清拭创围皮肤，最后用5%碘酊消毒。

(3) 清理创腔。先除去纱布块，用镊子除去可见的被毛、异物、凝血块及挫灭组织碎块。另外，根据创伤性质和损坏程度，在局部麻醉下，进行修整创缘，切除创缘挫灭的皮肤和皮下组织、扩大创口、消除创囊，除去深部挫灭组织等。最后选用生理盐水，0.1%雷佛奴尔溶液、0.1%高锰酸钾溶液、0.25%盐酸普鲁卡因溶液加入青霉素每毫升含500~1 000 IU，或用新洁尔灭(1∶2 000)或高渗硫酸镁（钠）溶液，反复冲洗，清除创内异物。最后用灭菌纱布轻轻吸干创内积液。

(4) 创伤用药。清创以后，伤面可撒布氨苯磺胺粉或青霉素粉或碘仿磺胺粉等。

(5) 创面整理。有可能第一期愈合的，可进行缝合。对污染严重，创缘不清楚，而达不到第一期愈合时，除撒布上述粉剂外，也可撒布三合粉（高锰酸钾、氯化锌、卤碱粉等各粉），或用高锰酸钾粉研磨，也可撒布中药生肌散等，行开放疗法。

（6）包扎。应根据创伤的具体情况，合理应用绷带包扎。

二十一、化脓创的治疗

（1）清洁创围。同新鲜创。

（2）冲洗创腔。用药液反复冲洗创腔，彻底洗去脓汁。当有尘土严重污染创伤时，以及有厌氧菌、绿脓杆菌、大肠杆菌感染可能时，宜选用酸性药物，如0.1%~0.2%高锰酸钾溶液，2%~4%硼酸溶液或2%乳酸溶液等。注意脓汁的色泽或涂片检查决定细菌感染的种类，以便选择药物，控制细菌的发育繁殖。此外使用高渗硫酸镁（钠）、高渗盐水冲洗也可，并能加速创伤净化。

（3）防腐药物的使用。防腐剂的选用，要根据创伤炎性净化阶段、脓汁性质的不同，而选用药物。创伤酸性反应时，宜选用碱性药物，如生理盐水、高渗盐水、2%碳酸氢钠溶液、1：（2 000~10 000）新洁尔灭溶液及0.01%~0.02%呋喃西林溶液等，其次0.1%雷佛奴尔溶液也经常使用。

（4）处理创腔。冲洗排脓后，清除创内异物、坏死组织及创囊，为创内脓汁顺利地向外排出创造有利条件。如排脓不畅，可在低位作辅助切口排脓，最后再次用防腐剂冲洗创腔。

（5）引流。冲洗干净后，根据创腔情况，而用适合创腔大小的纱布浸透药液［如硫呋液、20%硫酸镁（钠）溶液、10%食盐水、硫甘碘合剂、0.1%雷佛奴尔溶液等］，纱布一头用大镊子夹起，另一头用针将纱布条导入创腔内，使其平整全面地塞在创腔内，注意不要塞得过紧，一头留在创口下边。

（6）固定引流物。为防止引流物掉落，可用缝线将两侧创缘临时缝上1~2针，固定引流物。一般不包扎，行开放疗法。

二十二、肉芽创的治疗

（1）清洁创围。

（2）清洁创面。由于化脓性炎症逐渐停止，创内生长新鲜红色肉芽组织，因此清洁创面时要保护芽组织不受损伤。使用无刺激性的或弱防腐液浸湿棉球轻轻清拭，除去肉芽面上多量的脓性分泌物，不能粗暴冲洗。常用药物有：生理盐水、0.1%雷佛奴尔溶液，0.1%高锰酸钾溶液、0.01%~0.02%呋喃西林溶液，硫甘碘合剂等。

（3）应用药物。应选择刺激性小，促进肉芽组织生长的药物调制成流膏、油性乳、乳剂或软膏使用。也可应用松碘油膏、磺胺鱼肝油、2%~3%鱼肝油红汞或甘油红汞、青霉素鱼肝油、5%~10%敌百虫软膏等涂布，以后可应用磺胺软膏、青霉素软膏、金霉素软膏等。

①当肉芽组织充满腔内并接近创缘时，为了促进创缘上皮新生，可应用氧化锌水杨酸软膏、氢氟酸软膏、氧化锌软膏或自家血液灌注与血液湿性绷带等，此外也可于创面上涂布龙胆紫液、撒撒布剂等。

②对赘生肉芽组织的处理。赘生组织小的可用硝酸银或硫酸铜腐蚀，赘生组织较大的可用高锰酸钾粉末研磨，使之形成痂皮。

(4) 创伤检查和治疗注意事项

创伤治疗中所提到防腐剂，尽可备齐。

引流的纱布条，应根据创腔的情况来制作，一般纱布条越长，则其条幅应越宽，而用狭而长的纱布条作引流，不易达到目的。

关于用药时期对创伤愈合很重要。一般在化脓未停止前，每天用药 1 次；当化脓停止，生长肉芽时，应加强保护芽组织，并减少用药次数。

二十三、脓肿

脓肿是指羊体局部受到外力刺伤（铁丝、铁钉的锐物）或打针等造成皮下化脓性炎症。

（一）诊断

1. 临床症状

脓肿的临床症状和一般的炎症类似，都具有红、肿、热、痛等表现。

(1) 局部温度升高。一般脓肿特别是浅在性热性脓肿表现明显，寒性脓肿没有局部温度。

(2) 肿胀。

(3) 疼痛。

(4) 波动。波动对脓肿的诊断具有决定性的意义。

(5) 皮肤与皮下组织水肿，对诊断深部脓肿具有重要意义。

2. 诊断方法

为了避免诊断上的错误，可进行穿刺抽取内容物判定，最为可靠，方法是：局部剪毛消毒后，用大号注射针头，选择波动明显的低部位，垂直刺入脓肿腔，内容物可自动流出，或安上注射器吸出内容物，如流出脓汁，即可确定为脓肿。否则就不是脓肿。

（二）治疗

1. 切开

要注意切口的位置、长度和方向，即要求便于彻底排出脓汁，又不要损伤主要的血管、神经，也不宜超过脓肿的界限，以免损伤健康组织和感染扩散。由于解剖条件的限制，不能切开的脓肿，可用穿刺抽出脓汁。若脓肿过大，或其底部尚有多量脓汁，一个切口不能彻底排出脓汁时，可做一对孔切口排脓，切开时先将术部常规处理。切开时为了防止脓汁向外喷射，可先用针头穿刺排出一部分脓汁，最后选择柔软部位，先以刀尖刺入皮肤慢慢切开，下刀不宜过深，以防误伤对侧脓肿膜，而使脓汁扩散。

2. 排脓

切开脓肿后，力求彻底排出脓汁，但要注意不要破坏脓肿膜，以免损伤肉芽组织和感染扩散。其次检查脓腔，应注意有无残留的坏死组织和孔腔蓄脓，对于通过脓肿腔的血管和神经应加以保护。

3. 脓腔的处置

首先进行脓肿腔内检查，对腔内异物或坏死组织应小心除去，然后对浅在性脓肿可用防腐液反复清洗，以便除去脓腔内的残余脓汁与坏死组织。对于深在性脓肿可用挥发性防腐剂，如碘仿醚灌注，排出脓汁后，用浸有松碘油膏或磺胺碘甘油或0.1%雷佛奴尔液的纱布块放入脓肿腔内引流，以保证脓汁通畅排出和防止切口过早愈合，以后根据脓汁多少，及时更换引流物。

4. 全身疗法

根据脓肿的大小，感染程度，除局部处理外，要注意全身疗法，可用抗生素与磺胺疗法，碳酸氢钠疗法以及普鲁卡因封闭疗法等。

二十四、急性系关节扭伤

急性系关节扭伤主要是指由于羊在不平的地面上急走、急转、急停、跌倒、失足蹬空或跳跃等各种原因的外力造成羊的急性系关节扭伤。

（一）诊断

1. 问诊

系关节扭伤多在运动过程中突然发生跛行，而病情逐渐加重，跛行程度越走越重。因此，问诊时要注意了解是否有失步蹬空、滑走、急跑突然停止或急转弯、跌倒、跳跃等情况。

2. 现症检查

（1）站立。注意观察系关节站立状态，一般表现以蹄尖负重，患肢弯曲，系关节屈曲不敢下沉，膝部直立。

（2）运动。表现系关节屈伸不充分，不敢下沉，蹄负重面不全着地，常以蹄尖触地前进，行走沉重。

（3）局部检查。触诊关节内侧或外侧韧带，明显热痛、肿胀，被动运动时，疼痛剧烈，病畜反抗。

（二）治疗

治疗原则是制止出血和炎症，促进吸收，镇痛消炎，舒筋活血，预防组织增生，恢复关节机能。

1. 制止出血和渗出

在伤后 1~2 d 内，要用冷水浴或冷敷（冷醋酸铅溶液，冷醋泥贴敷）进行冷疗和包扎压迫绷带，严重时可注射加速凝血剂（10% 氯化钙溶液，维生素 K_3）使病羊安静。

2. 促进吸收

急性炎性渗出减轻后，应及时用温热疗法，促进吸收。如关节内的出血不能吸收时，可作关节穿刺排出，同时通过穿刺针向关节腔内注射 0.25% 普鲁卡因青霉素溶液。

3. 镇痛

注射安痛定等镇痛药物，也可向疼痛较重的患部注射盐酸普鲁卡因酒精溶液 10~15 mL，同时配合涂擦碘酊樟脑酒精合剂。对于转为慢性或较轻的病例，可在患部涂擦碘樟脑醚合剂，连用 3~5 d。

参考文献

刁其玉，2021. NY/T 816—2021 肉羊营养需要量［S］. 北京：中华人民共和国农业农村部.

国家统计局，2021. 中国统计年鉴 2021［M］. 北京：中国统计出版社.

黄明睿，王锋，2015. 肉用山羊养殖与疫病防治新技术［M］. 北京：中国农业科学技术出版社.

李文杨，董晓宁，刘远，等，2015. 山羊健康养殖技术［M］. 福州：福建科学技术出版社.

李文杨，刘远，陈鑫珠，等，2017. 山羊舍饲高效养殖技术［M］. 福州：福建科学技术出版社.

钱存忠，刘永旺，2009. 新编羊场疾病控制技术［M］. 北京：化学工业出版社.

王福传，段文龙，2012. 图说肉羊养殖新技术［M］. 北京：中国农业科学技术出版社.

卫广森，2009. 兽医全攻略羊病［M］. 北京：中国农业出版社.

熊朝瑞，2016. 高效养肉用山羊［M］. 北京：机械工业出版社.

闫益波，2014. 无公害羊肉安全生产技术［M］. 北京：化学工业出版社.

岳文斌，郑明学，古少鹏，2008. 羊场兽医师手册［M］. 北京：金盾出版社.

张英杰，2014. 优质肉用山羊生产技术［M］. 北京：中国农业大学出版社.

周淑兰，曹国文，付利芝，2010. 羊病防控百问百答［M］. 北京：中国农业出版社.

朱德建，汪萍，2016. 山羊养殖实用技术［M］. 北京：中国农业大学出版社.